工业机器人技术专业“十三五”规划教材

工业机器人应用人才培养指定用书

机器人系统集成技术应用

◆主　编　张明文　何定阳

◆副主编　王　伟　霰学会　顾三鸿　李　闻　沈　侃　刘涵茜

http://www.irobot-edu.com

教学视频·电子教案·技术交流论坛

哈尔滨工业大学出版社
HARBIN INSTITUTE OF TECHNOLOGY PRESS

内 容 简 介

本书基于FANUC机器人，结合工业机器人技能考核实训台（高级版），从机器人编程应用过程中需掌握的技能出发，由浅入深、循序渐进地介绍了工业机器人的系统集成技术应用；介绍了工业机器人系统集成产业概况、机器人产教系统、机器人编程基础等理论知识；依据世界技能大赛赛事需要，介绍6个核心案例，科学设置知识点，讲解了工业机器人系统集成的编程、调试及自动生产过程。通过学习本书，读者对系统集成的应用将有一个全面清晰的认识。

本书图文并茂、通俗易懂，具有很强的实用性和可操作性，既可作为高等院校和中高职院校工业机器人与视觉相关专业的教材，又可作为工业机器人与视觉培训机构用书，同时可供相关行业的技术人员参考。

图书在版编目（CIP）数据

机器人系统集成技术应用/张明文，何定阳主编
. —哈尔滨：哈尔滨工业大学出版社，2021.12
ISBN 978-7-5603-9674-3

Ⅰ. ①机… Ⅱ. ①张… ②何… Ⅲ. ①工业机器人-系统集成技术 Ⅳ. ①TP242.2

中国版本图书馆CIP数据核字（2021）第191514号

策划编辑　王桂芝　张　荣
责任编辑　王桂芝　刘　威
出版发行　哈尔滨工业大学出版社
社　　址　哈尔滨市南岗区复华四道街10号　邮编150006
传　　真　0451-86414749
网　　址　http://hitpress.hit.edu.cn
印　　刷　辽宁新华印务有限公司
开　　本　787 mm×1 092 mm　1/16　印张16.5　字数391千字
版　　次　2021年12月第1版　2021年12月第1次印刷
书　　号　ISBN 978-7-5603-9674-3
定　　价　54.00元

工业机器人技术专业“十三五”规划教材

工业机器人应用人才培养指定用书

编审委员会

序　一

现阶段，我国制造业面临资源短缺、劳动成本上升、人口红利减少等压力，而工业机器人的应用与推广将极大地提高生产效率和产品质量，降低生产成本和资源消耗，有效地提高我国工业制造竞争力。我国《机器人产业发展规划（2016—2020）》强调，机器人是先进制造业的关键支撑装备和未来生活方式的重要切入点。广泛采用工业机器人，对促进我国先进制造业的崛起，有着十分重要的意义。“机器换人，人用机器”的新型制造方式有效推进了工业转型升级。

工业机器人作为集众多先进技术于一体的现代制造业装备，自诞生至今已经取得了长足进步。当前，新科技革命和产业变革正在兴起，全球工业竞争格局面临重塑，世界各国紧抓历史机遇，纷纷出台了一系列国家战略：美国的“再工业化”战略、德国的“工业 4.0”计划、欧盟的“2020 增长战略”，以及我国推出的“中国制造 2025”战略。这些国家都以先进制造业为重点战略，并将机器人作为智能制造的核心发展方向。伴随机器人技术的快速发展，工业机器人已成为柔性制造系统（FMS）、自动化工厂（FA）、计算机集成制造系统（CIMS）等先进制造业的关键支撑装备。

随着工业化和信息化的快速推进，我国工业机器人市场已进入高速发展时期。国际机器人联合会（IFR）统计显示，截至 2016 年，我国已成为全球最大的工业机器人市场。未来几年，我国工业机器人市场仍将保持高速的增长态势。然而，现阶段我国机器人技术人才匮乏，与巨大的市场需求严重不协调。《中国制造 2025》强调要健全、完善我国制造业人才培养体系，为推动我国制造业从大国向强国转变提供人才保障。从国家战略层面而言，推进智能制造的产业化发展，工业机器人技术人才的培养极其重要。

目前，结合《中国制造 2025》的全面实施和国家职业教育改革，许多应用型本科、职业院校和技工院校纷纷开设工业机器人相关专业，但作为一门专业知识面很广的实用型学科，普遍存在师资力量缺乏、配套教材资源不完善、工业机器人实训装备不系统、技能考核体系不完善等问题，导致无法培养出企业需要的专业机器人技术人才，严重制约了我国机器人技术的推广和智能制造业的发展。江苏哈工海渡教育科技集团有限公司依托哈尔滨工业大学在机器人方向的研究实力，顺应形势需要，产、学、研、用相结合，组织企业专家和一线科研人员开展了一系列企业调研，面向企业需求，联合高校教师共同编写了“工业机器人技术专业‘十三五’规划教材”系列图书。

该系列图书具有以下特点：

（1）循序渐进，系统性强。该系列图书从工业机器人的入门实用、技术基础、实训指导，到工业机器人的编程与高级应用，由浅入深，有助于系统学习工业机器人技术。

（2）配套资源，丰富多样。该系列图书配有相应的电子课件、视频等教学资源，以及配套的工业机器人教学装备，构建了立体化的工业机器人教学体系。

（3）通俗易懂，实用性强。该系列图书言简意赅，图文并茂，既可用于应用型本科、职业院校和技工院校的工业机器人应用型人才培养，也可供从事工业机器人操作、编程、运行、维护与管理等工作的技术人员参考学习。

（4）覆盖面广，应用广泛。该系列图书介绍了国内外主流品牌机器人的编程、应用等相关内容，顺应国内机器人产业人才发展需要，符合制造业人才发展规划。

“工业机器人技术专业‘十三五’规划教材”系列图书结合实际应用，教、学、用有机结合，有助于读者系统学习工业机器人技术和强化、提高实践能力。本系列图书的出版发行，必将提高我国工业机器人专业的教学效果，全面促进“中国制造 2025”国家战略下我国工业机器人技术人才的培养和发展，大力推进我国智能制造产业变革。

中国工程院院士 蔡鹤皋

2017 年 6 月于哈尔滨工业大学

序 二

自出现至今短短几十年中，机器人技术的发展取得长足进步，伴随产业变革的兴起和全球工业竞争格局的全面重塑，机器人产业发展越来越受到世界各国的高度关注，主要经济体纷纷将发展机器人产业上升为国家战略，提出“以先进制造业为重点战略，以‘机器人’为核心发展方向”，并将此作为保持和重获制造业竞争优势的重要手段。

作为人类在利用机械进行社会生产史上的一个重要里程碑，工业机器人是目前技术发展最成熟且应用最广泛的一类机器人。工业机器人现已广泛应用于汽车及零部件制造，电子、机械加工，模具生产等行业以实现自动化生产线，并参与焊接、装配、搬运、打磨、抛光、注塑等生产制造过程。工业机器人的应用，既保证了产品质量，提高了生产效率，又避免了大量工伤事故，有效推动了企业和社会生产力发展。作为先进制造业的关键支撑装备，工业机器人影响着人类生活和经济发展的方方面面，已成为衡量一个国家科技创新和高端制造业水平的重要标志。

伴随着工业大国相继提出机器人产业政策，如德国的“工业4.0”、美国的“先进制造伙伴计划”与我国的“中国制造2025”等国家政策，工业机器人产业迎来了快速发展态势。当前，随着劳动力成本上涨、人口红利逐渐消失，生产方式向柔性、智能、精细转变，中国制造业转型升级迫在眉睫。全球新一轮科技革命和产业变革与中国制造业转型升级形成历史性交汇，中国已经成为全球最大的机器人市场。大力发展工业机器人产业，对于打造我国制造业新优势、推动工业转型升级、加快制造强国建设、改善人民生活水平具有深远意义。

我国工业机器人产业迎来爆发性的发展机遇，然而，现阶段我国工业机器人领域人才储备数量严重不足，对企业而言，从工业机器人的基础操作维护人员到高端技术人才普遍存在巨大缺口，缺乏经过系统培训、能熟练安全应用工业机器人的专业人才。现代工业是立国的基础，需要有与时俱进的职业教育和人才培养配套资源。

“工业机器人技术专业‘十三五’规划教材”系列图书由江苏哈工海渡教育科技集团有限公司联合众多高校和企业共同编写完成。该系列图书依托于哈尔滨工业大学的先进机器人研究技术，综合企业实际用人需求，充分贯彻了现代应用型人才培养“淡化理论，技能培养，重在运用”的指导思想。该系列图书既可作为应用型本科、中高职院校工业机器人技术或机器人工程专业的教材，也可作为机电一体化、自动化专业开设工业机器人相关课程的教学用书；系列图书涵盖了国际主流品牌和国内主要品牌机器人的入门实用、实训指导、技术基础、高级编程等系列教材，注重循序渐进与系统学习，强化学生的工业机器人专业技术能力和实践操作能力。

该系列教材“立足工业，面向教育”，填补了我国在工业机器人基础应用及高级应用系列教材中的空白，有助于推进我国工业机器人技术人才的培养和发展，助力中国智造。

中国科学院院士 韩杰才

2017 年 6 月

前　言

机器人是先进制造业的重要支撑装备，也是未来智能制造业的关键切入点，工业机器人作为机器人家族中的重要一员，已被广泛应用。机器人的研发和产业化应用是衡量科技创新和高端制造发展水平的重要标志，发达国家已经把机器人产业发展作为抢占未来制造业市场、提升竞争力的重要途径。在汽车、电子电器、工程机械等众多行业中大量使用机器人自动化生产线，可在保证产品质量的同时，改善工作环境，提高社会生产效率，有力推动企业和社会生产力的发展。

誉有“技能奥林匹克”之称的世界技能大赛，是世界技能组织成员展示和交流职业技能的重要平台。第 46 届世界技能大赛拟增加工业机器人系统集成赛项，所选用的机器人系统是由机器人和作业对象及环境共同构成的整体，其中包括机械系统、驱动系统、控制系统和感知系统四大部分。针对机器人系统集成赛项，为了更好地推广工业机器人技术的应用，亟须编写一本既贴合大赛要求，又能提升自身技能的集成应用教材。

本书以 FANUC 机器人为例，结合江苏哈工海渡教育科技集团有限公司的工业机器人技能考核实训台（高级版），设置了基础理论与项目应用两大部分内容。本书遵循“由简入繁、软硬结合、循序渐进”的编写原则，依据世界技能大赛赛事需要，科学设置知识点，结合实训台典型实例进行讲解，倡导实用性教学，有助于激发学生的学习兴趣、提高教学效率，便于初学者在短时间内全面、系统地了解机器人的集成应用。

本书图文并茂、通俗易懂，具有很强的实用性和可操作性，既可作为高等院校和中高职院校机器人相关专业的教材，又可作为机器人培训机构用书，同时可供相关行业的技术人员参考。

本书在编写过程中，得到了哈工大机器人集团有关领导、工程技术人员和哈尔滨工业大学相关教师的鼎力支持与帮助，在此表示衷心的感谢！

限于编者水平，书中难免存在疏漏及不足之处，敬请读者批评指正。任何意见和建议可反馈至 E-mail:edubot_zhang@126.com。

编　者

2021 年 7 月

目　录

第 1 章 工业机器人概况

1.1 工业机器人基本概念

1.1.1 工业机器人定义与特点

※ 工业机器人基本概念

工业机器人虽是技术上最成熟、应用最广泛的机器人，但对其具体的定义，科学界尚未形成统一，目前公认的是国际标准化组织（ISO）的定义。

国际标准化组织的定义为："工业机器人是一种能自动控制、可重复编程、多功能、多自由度的操作机，能够搬运材料、工件或者操持工具来完成各种作业。"

而我国国家标准将工业机器人定义为："自动控制的、可重复编程、多用途的操作机，并可对三个或三个以上的轴进行编程。它可以是固定式或移动式，在工业自动化中使用。"

工业机器人最显著的特点有：

➢ **拟人化** 在机械结构上类似于人的手臂或者其他组织结构。

➢ **通用性** 可执行不同的作业任务，动作程序可按需求改变。

➢ **独立性** 完整的机器人系统在工作中可以不依赖于人的干预。

➢ **智能性** 具有不同程度的智能功能，如感知系统等，提高了工业机器人对周围环境的自适应能力。

1.1.2 工业机器人发展历程

1954 年，美国乔治·德沃尔制造出世界上第一台可编程的机器人，最早提出工业机器人的概念，并申请了专利。

1959 年，德沃尔与美国发明家约瑟夫·英格伯格联手制造出第一台工业机器人——Unimate，如图 1.1 所示。随后，成立了世界上第一家机器人制造工厂——Unimation 公司。

1962 年，美国 AMF 公司生产出 Versatran 工业机器人，这是第一台真正商业化的机器人，如图 1.2 所示。

图 1.1　Unimate 机器人

图 1.2　Versatran 机器人

1967 年，Unimation 公司推出 MarkII 喷涂机器人，将第一台喷涂机器人出口到日本。同年，日本川崎重工业公司从美国引进机器人及技术，建立生产厂房，并于 1968 年试制出第一台日本产 Unimate 机器人。

1972 年，IBM 公司开发出内部使用的直角坐标机器人，并最终开发出 IBM 7656 型商业直角坐标机器人，如图 1.3 所示。

1974 年，瑞士的 ABB 公司研发了世界上第一台全电控式工业机器人 IRB6，主要应用于工件的取放和物料搬运。

1978 年，Unimation 公司推出通用工业机器人 PUMA，如图 1.4 所示，这标志着串联工业机器人技术已经完全成熟。同年，日本山梨大学的牧野洋研制出了平面关节型的 SCARA 机器人，如图 1.5 所示。

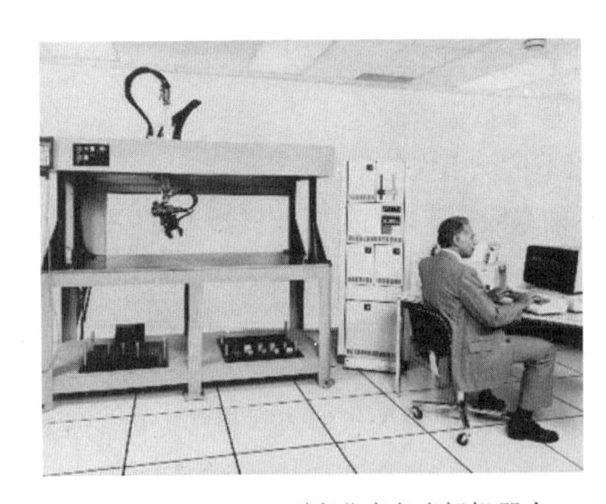

图 1.3　IBM 7656 型商业直角坐标机器人

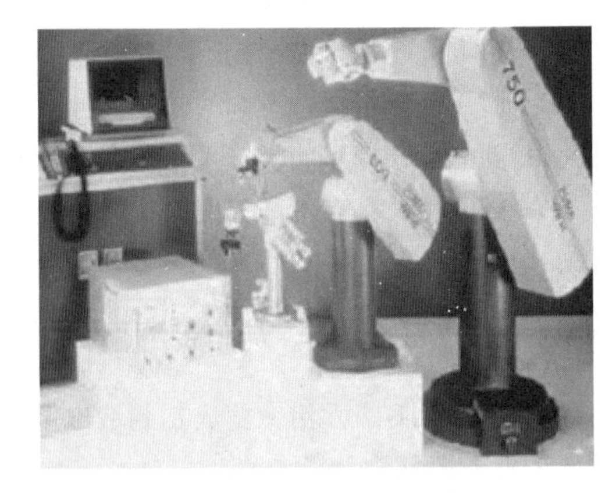

图 1.4　PUMA-560 机器人

1979 年，Mccallino 等人首次设计出了基于小型计算机控制，在精密装配过程中完成校准任务的并联机器人，从而真正拉开了并联机器人研究的序幕。

1985 年，法国克拉维尔（Clavel）教授设计出 DELTA 并联机器人。

1999 年，ABB 公司推出了 4 自由度的 FlexPicker 并联机器人，如图 1.6 所示。

图 1.5　全球第一台 SCARA 机器人

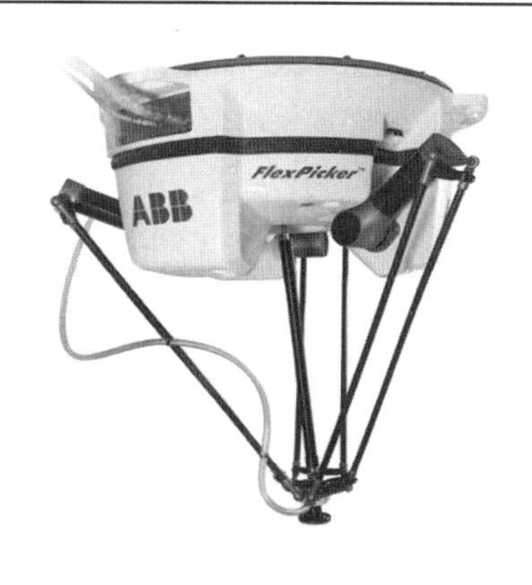

图 1.6　ABB FlexPicker 并联机器人

2005 年，日本 YASKAWA 推出了能够从事此前由人类完成的搬运和装配作业的产业机器人 MOTOMAN-DA20 和 MOTOMAN-IA20。DA20 是一款配备两个六轴驱动臂型机器人的双臂机器人，如图 1.7 所示。IA20 是一款七轴工业机器人，也是全球首次实现七轴驱动的产业机器人，更加接近人类动作，如图 1.8 所示。

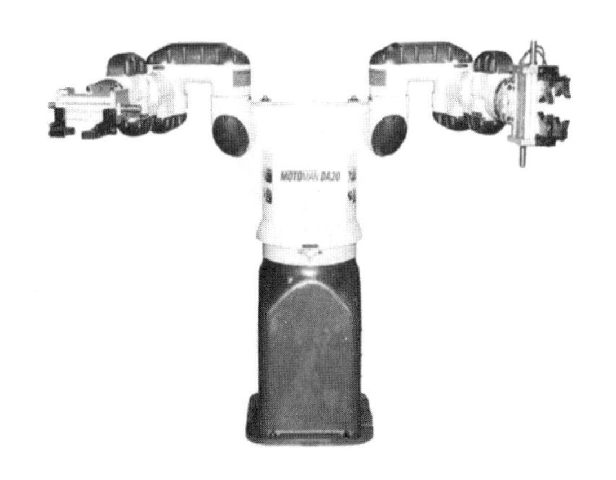

图 1.7　MOTOMAN-DA20 机器人

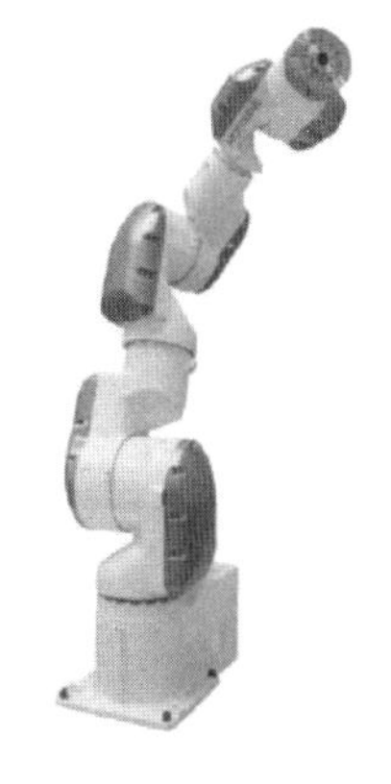

图 1.8　MOTOMAN-IA20 机器人

2008 年，Universal Robots 推出世界上第一款协作机器人产品 UR5，如图 1.9 所示。2014 年，ABB 推出了其首款双七轴臂协作机器人——YuMi，如图 1.10 所示。

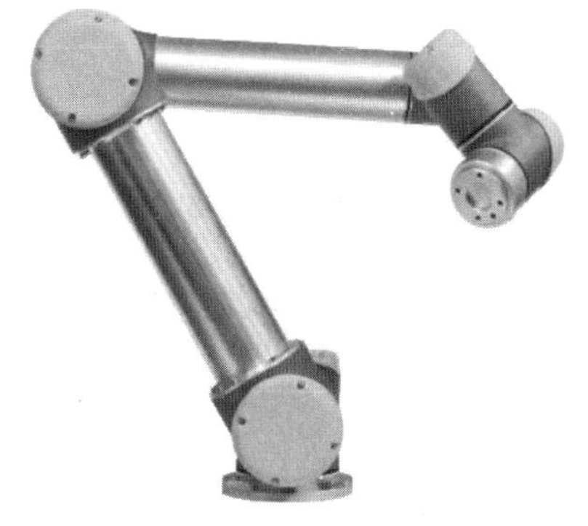

图 1.9　UR5 机器人

图 1.10　ABB YuMi 机器人

2015 年，FANUC 推出首款协作机器人——CR-35iA，如图 1.11 所示。

2017 年，哈工大机器人集团（HRG）推出了轻型协作机器人 T5，该机器人可以进行人机协作，具有运行安全、节省空间、操作灵活的特点，如图 1.12 所示。T5 协作机器人面向 3C、机械加工、食品药品、汽车汽配等行业的中小制造企业，适配多品种、小批量的柔性化生产线，能够完成搬运、分拣、涂胶、包装、质检等工序。

图 1.11　FANUC CR-35iA 机器人

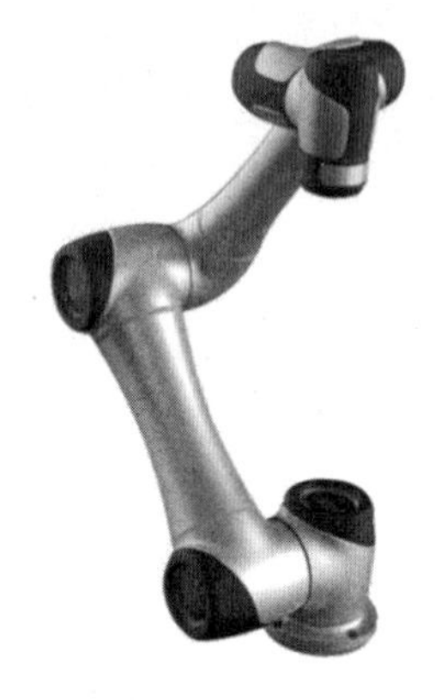

图 1.12　HRG T5 协作机器人

2020 年，ABB 推出小型六轴工业机器人 IRB1300，以满足市场对更快速、更紧凑机器人的需求。该机器人能够快速举起重型或形状复杂、不规则的物料，如图 1.13 所示。

同年，FANUC 全新推出可搬运质量为 60 kg 的高精度机器人 M-800iA/60，其可达半径为 2 040 mm。凭借 iRCalibration Signature 的高精度校准技术和高刚性特点，M-800iA/60 成为了 FANUC 公司精度最高的机器人，重复定位精度达到了±0.015 mm，如图 1.14 所示。

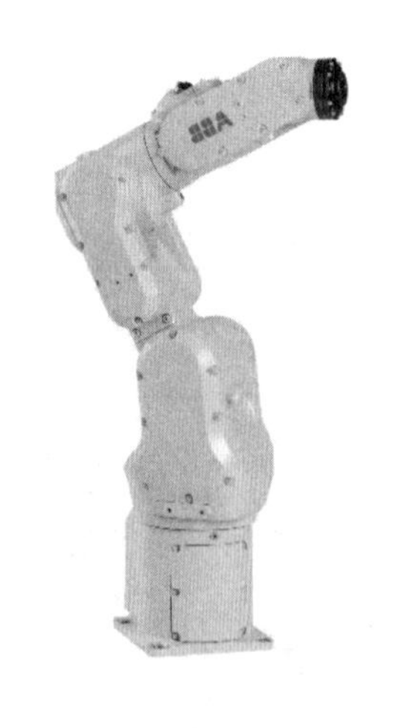

图 1.13　ABB IRB1300

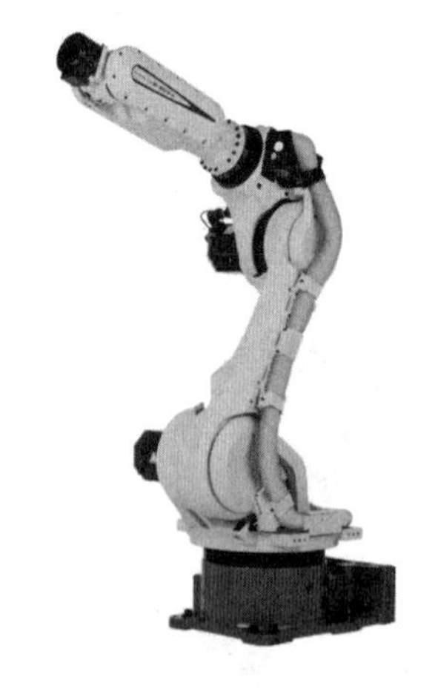

图 1.14　FANUC M-800iA/60

1.2　工业机器人产业概况

1.2.1　工业机器人产业现状

当前，新科技革命和产业变革正在兴起，全球制造业正处在巨大的变革之中，《中国制造 2025》《机器人产业发展规划（2016—2020 年）》《智能制造发展规划（2016—2020 年）》等强国战略规划，引导着中国制造业向着智能制造的方向发展。《中国制造 2025》提出了大力推进重点领域突破发展，而机器人作为十大重点领域之一，其产业发展已经上升到国家战略层面。

※ 工业机器人产业概况

工业机器人作为智能制造领域最具代表性的产品，“快速成长”和“进口替代”是现阶段我国工业机器人产业最重要的两个特征。我国正处于制造业升级的重要时间窗口，智能化改造需求空间巨大且增长迅速，因此工业机器人产业迎来重要发展机遇。

根据 2020 年国际机器人联合会（IFR）最新报告统计，目前中国工厂有 78.3 万台工业机器人在运行，较上年增长 21%。受新型冠状病毒肺炎疫情影响，2020 年全球工业机器人销量为 37.6 万台，同比下降 2%，而中国工业机器人销量为 16.7 万台，其中国外品牌销量为 12.3 万台，增速为 24%，国内品牌销量为 4.4 万台，增速为 8%。中国已连续八年成为全球最大和增速最快的工业机器人市场。图 1.16 为 2015～2020 年中国工业机器人产业销量情况。

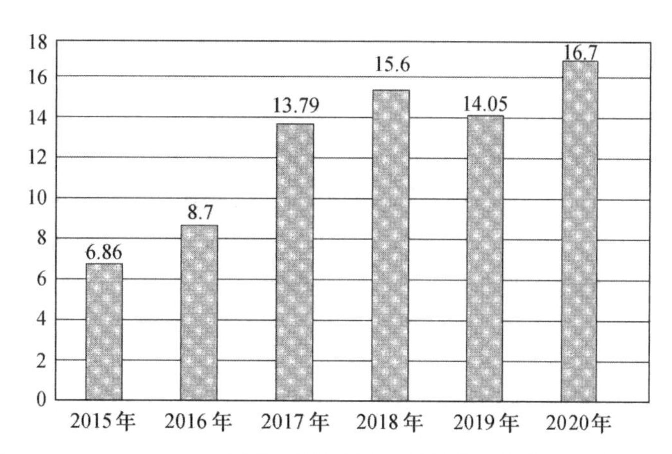

图 1.15　2015～2020 年中国工业机器人产业销量（单位：万台）

（数据来源：国际机器人联合会）

根据国际机器人联合会（IFR）数据显示，2020 年自动化生产在世界范围内不断加速，中国机器人密度的发展在全球也最具活力。由于机器人设备的大幅度增加，特别是 2013

年至2019年间，我国机器人密度从2013年的25台/万人增加至2019年的187台/万人，高于全球平均水平，未来仍有巨大发展空间。2019年全球机器人密度如图1.16所示。

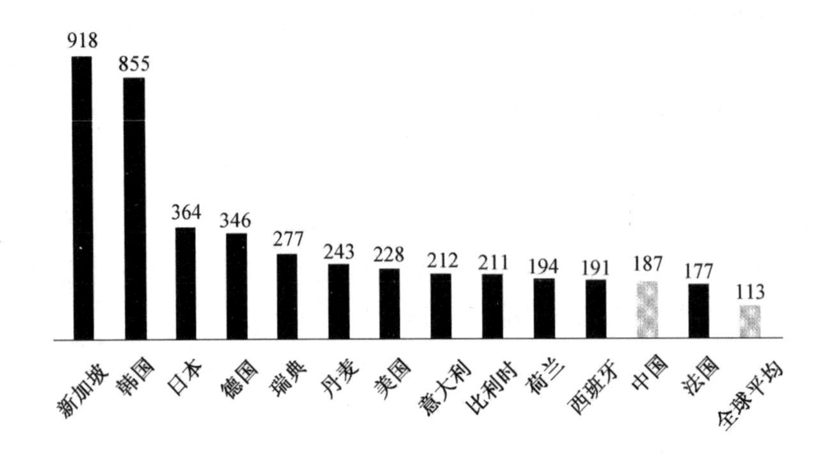

图1.16　2019年全球机器人密度（单位：台/万人）

在市场整体销售下行的背景下，工业机器人主要应用领域的销售出现不同程度下降。总体来看，目前，搬运与焊接依然是工业机器人的主要应用领域，自主品牌机器人在加工、焊接和钎焊、装配及拆卸、洁净室、涂层与胶封领域的市场占有率均有所提升。图1.17所示为2019年我国工业机器人应用领域市场需求结构分布。

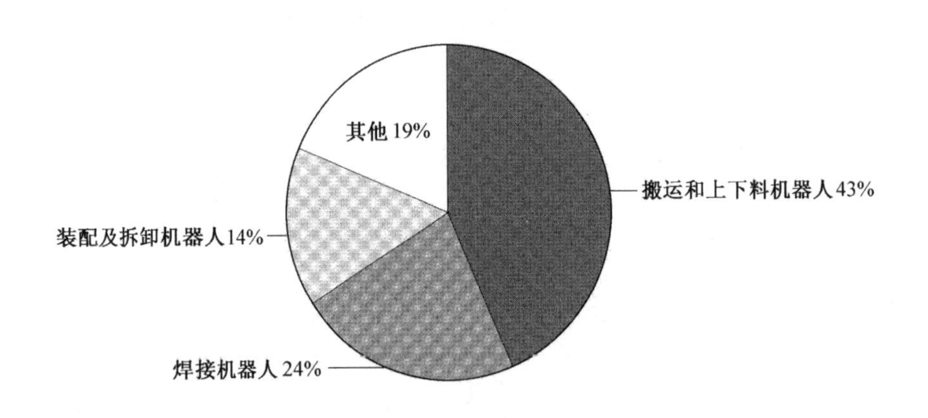

图1.17　2019年中国工业机器人应用领域市场需求结构分布

（数据来源：前瞻产业研究院）

其中，搬运和上下料作为机器人的首要应用领域，2019年销售6.2万台，同比下降4.4%，在总销量中的比重提高至43.06%；焊接与钎焊机器人销售3.4万台，同比下降16%，占比为23.61%；装配及拆卸机器人销售2万台，同比下降16.7%，占比为13.89%。

国内机器人产业所表现出来的爆发性发展态势带来对工业机器人行业人才的大量需求，而行业人才严重的供需失衡又大大制约着国内机器人产业的发展，培养工业机器人行业人才迫在眉睫。而工业机器人行业的多品牌竞争局面，迫使学习者需要根据行业特点和市场需求，合理选择学习和使用某品牌的工业机器人，以提高自身职业技能和个人竞争力。

1.2.2 系统集成产业现状

近年来，中国工业机器人市场需求快速增长，自 2013 年起，我国已成为全球第一大工业机器人应用市场。工业机器人本体厂商负责生产机器人，但刚出厂的工业机器人无法直接应用到行业中，需要系统集成商根据工厂、生产线需求将标准的工业机器人本体连同控制器软件、机器人应用软件、机器人周边设备结合在一起，形成一个能应用于某些行业的焊接、打磨、上下料、搬运、机加工等工序的自动化解决方案。这一环节便是系统集成。

根据市场调研，目前国内的系统集成行业较多，但集成商的规模都不大，汽车行业的自动化程度比较高，供应商体系相对稳定，而一般工业（非汽车行业）的自动化改造需求相对旺盛。工业机器人集成从应用角度来看“搬运”占比最高，在工业机器人销量中半数机器人用于搬运应用。现阶段我国工业机器人系统集成特点如图 1.18 所示。

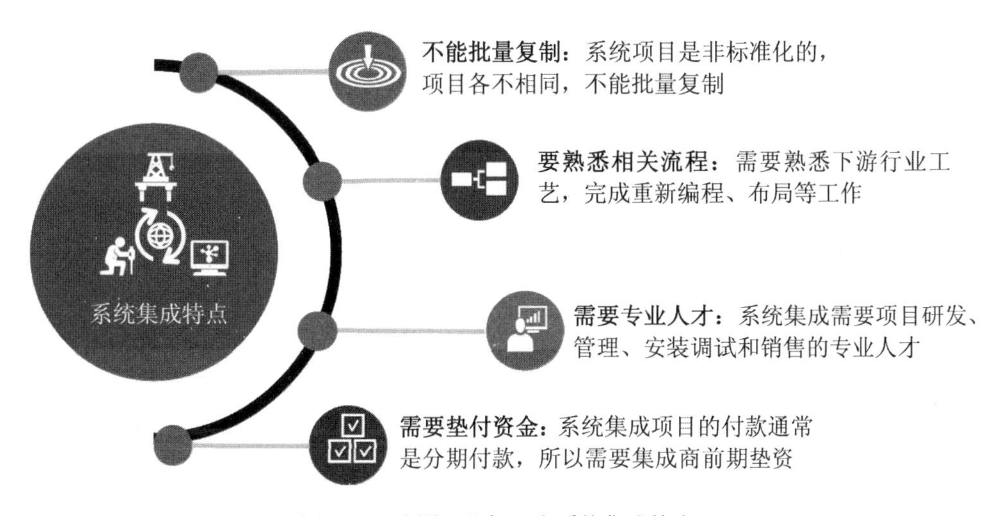

图 1.18 我国工业机器人系统集成特点

1.2.3 系统集成产业前景

随着工业机器人行业的发展，工业机器人在中国的应用范围越来越广，已广泛地服务于国民经济 44 个行业大类、126 个行业中类；下游对工业机器人的认知亦得到逐年的提升，其中工业机器人系统集成商功不可没。2019 年工业机器人系统集成市场受汽车和 3C 行业投资下滑影响，市场规模增速大幅度放缓，2020 年中国工业机器人系统集成规模为 598 亿元，同比增长 8.73%。

未来几年，5G 技术商业化将大幅度提高电子行业的投资，物流搬运领域在政策刺激和市场主流趋势下，集成规模也将持续扩容，喷涂、抛光打磨、焊接等污染性较大的制造业企业转型升级，这些因素都将带动工业机器人系统集成的市场规模正增长。电子和汽车整车行业是工业机器人系统集成下游行业中市场份额最大的两个，此外，其他行业系统集成需求也在逐年扩大，包括金属加工、仓储物流、汽车零部件、锂电池、光伏和汽车电子行业等。按行业细分，2019 年工业机器人系统集成市场占比如图 1.19 所示。

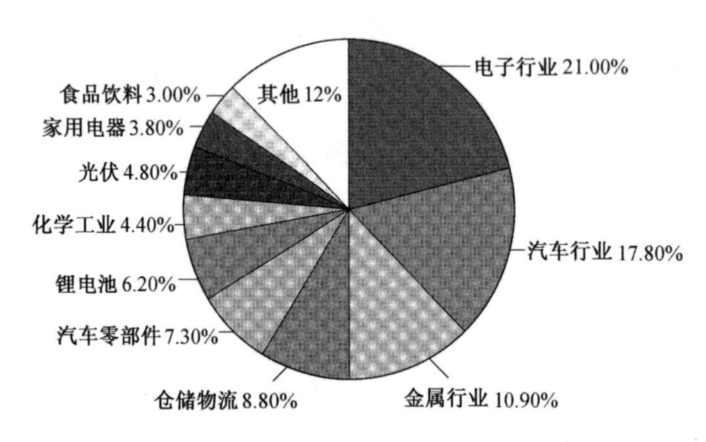

图 1.19　2019 年工业机器人系统集成市场占比

（数据来源：MIR Databank）

国内工业机器人系统集成产业发展迅速，机器人在各行业领域的渗透率在逐年提升，未来的发展趋势如图 1.20 所示。

①由产品批量大、利润高的产业向一般工业延伸

②由自动化程度高的行业向自动化程度低的行业延伸

③未来机器人集成使行业细分化

④标准化程度持续提高

⑤未来方向是智慧化工厂

⑥市场规模随用工成本增加而扩大

图 1.20　我国工业机器人系统集成发展趋势

1.3　工业机器人人才培养

1.3.1　产业人才现状

在“中国制造 2025”国家战略的推动下，中国制造业正向价值更高端的产业链延伸，加快从制造大国向制造强国转变。但与整个制造业市场需求相比，人才培养处于滞后的状态。2017 年，教育部、人力资源和社会保障部、工业和信息化部等部门对外公布的《制造业人才发展规划指南》对制造业十大重点领域的人才需求进行了预测，见表 1.1。

※ 工业机器人人才培养

工业机器人的需求正盛，其相关的人才却严重短缺。近年来的工业和信息化部发展目标指出，中国工业机器人操作维护、安装调试、系统集成等应用人才需求量不断提升，人才缺口大，并且将以每年 20%～30%的速度持续增长。工业机器人生产线的日常维护、修理、调试操作等方面都需要各方面的专业人才来处理，目前中小型企业最缺的是具备机器人操作、维修的技术人员，而机器人系统集成商较为缺乏的是项目研发设计与系统编程调试的综合性专业人才。

表 1.1　制造业十大重点领域人才需求预测

单位：万人

序号	十大重点领域	2015 年	2025 年	
		人才总量	人才总量预测	人才缺口预测
1	新一代信息技术产业	1 050	2 000	950
2	高档数控机床和机器人	450	900	450
3	航空航天装备	49.1	96.6	47.5
4	海洋工程装备及高技术船舶	102.2	128.8	26.6
5	先进轨道交通装备	32.4	43	10.6
6	节能与新能源汽车	17	120	103
7	电力装备	822	1 731	909
8	农机装备	28.3	72.3	44
9	新材料	600	1 000	400
10	生物医药及高性能医疗器械	55	100	45

1.3.2 产业人才培养

工业机器人是一门多学科交叉的综合性学科，对人才岗位的需求主要分为学术型岗位、工程技术型岗位和技术能型岗位三类，如图 1.21 所示。

学术型岗位

工业机器人技术涉及机械、电气、控制、检测、通信和计算机等学科领域，同时伴随着工业互联网及人工智能的发展，需要大量从事技术创新岗位的人才专注于研发创新和探索实践

工程技术型岗位

系统集成人员主要是设计自动化或柔性生产线，需要熟悉机器人各应用领域的集成知识和生产工艺，考虑如何提升生产线效能、节约成本及具备生产线升级改造和新工艺、新技术应用的能力

技能型岗位

在机器人生产线现场，需要专业人员能够根据生产作业要求，对工业机器人系统进行示教操作或离线编程，调整生产作业的各项参数，使机器人系统能生产出合格的产品以及对设备进行定期的维护和保养

图 1.21　人才岗位的需求分类

与整个市场需求相比，工业机器人人才培养处于严重滞后的状态。此前的社会就业结构也导致机器人相关专业出现空白，几乎很难在高校发现相关专业。

工业机器人生产线的日常维护、修理、调试操作等方面都需要专业人才来处理，目前中小型企业最缺的是先进机器人操作、运维的技术人员。在实际行业应用中，工业机器人领域的职业岗位有工业机器人系统操作员、工业机器人系统运维员、工业机器人操作调整工和工业机器人装调维修工等。这 4 种工业机器人职业岗位是企业急需的岗位，这些岗位人才按照职业规划均有中级、高级、技师和高级技师 4 个职业技能等级。

2017 年 3 月，机械工业职业技能鉴定指导中心组织国内工业机器人制造企业、应用企业和职业院校历经两年编写了两个职业技能标准：《工业机器人装调维修工》和《工业机器人操作调整工》，并授权机械行业工业机器人实训基地在智能制造领域开展这两个工种的职业技能培训和能力水平评价工作。

2019 年 1 月，人力资源和社会保障部组织专家严格按照新职业评审标准，初步确定两个拟发布的工业机器人新职业：工业机器人系统操作员和工业机器人系统运维员。

第 2 章 工业机器人集成应用系统

2.1 机器人系统集成介绍

根据工业机器人的组成以及上下游关系，工业机器人产业主要由 4 个环节构成：上游零部件、中游机器人本体制造、下游系统集成和终端行业应用。系统集成方案解决商处于机器人产业链的下游应用端，为终端客户提供应用解决方案，如图 2.1 所示。

※ 机器人系统集成介绍

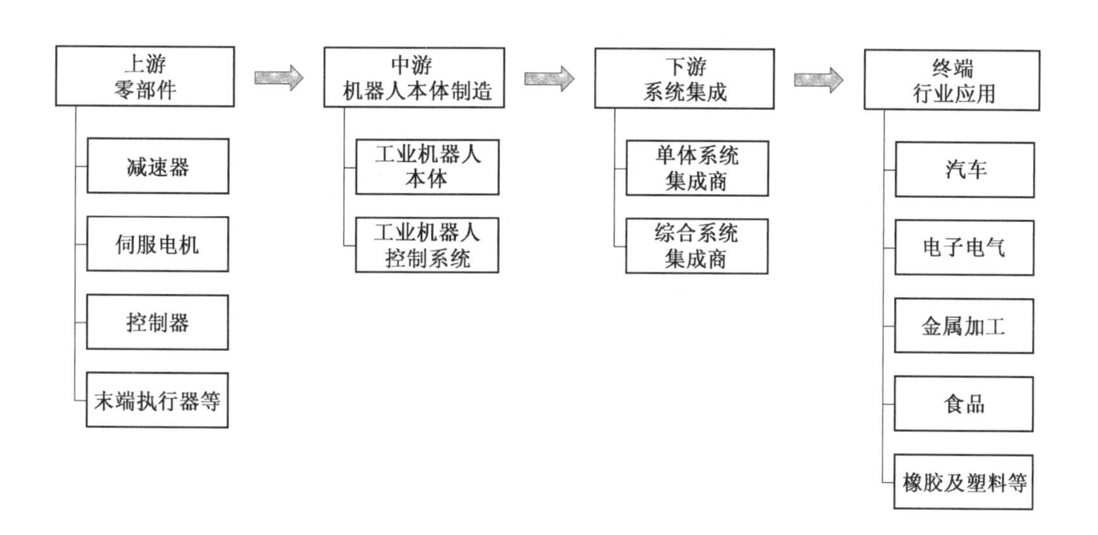

图 2.1　工业机器人产业链构成

工业机器人系统集成设计属于工业机器人应用研究范畴，通过分析工业机器人应用及其系统定义，结合丰富的项目案例，可以总结其一般流程，如图 2.2 所示。

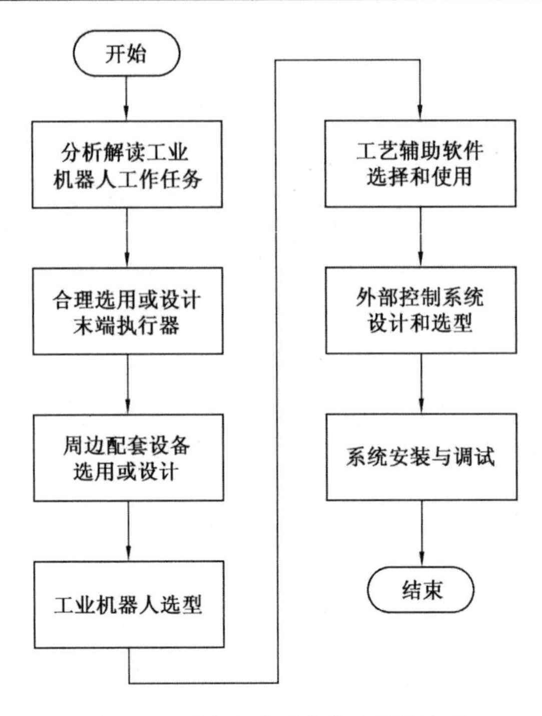

图 2.2　工业机器人系统集成设计流程

2.2　机器人系统集成应用

工业机器人系统集成设计属于工业机器人应用研究范畴，既要求具备制造这些机器人的能力，也需要具备技能的人来组装这些机器人。世界技能大赛是最高层级的世界性职业技能赛事，第 46 届世界技能大赛由中国上海在 2017 年 10 月 13 日获得承办权，将于 2022 年举行。大赛拟新增工业机器人系统集成赛项，所选用的机器人系统是由机器人和作业对象及环境共同构成的整体，其中包括机械系统、驱动系统、控制系统和感知系统四大部分。

针对学习项目的特点，为了能使机器人发挥作用，需要给机器人集成一个完整的流程，以便机器人能通过该流程进行作业。在世界技能大赛中，机器人系统集成赛项中所使用的是 FANUC 机器人系统集成技术应用实训平台。

2.2.1　系统简介

※ 机器人系统集成应用

利用FANUC机器人系统集成技术应用实训平台(图2.3)，可充分学习工业机器人系统集成项目，切实掌握相关实操技能，从而为所有或部分的系统自动化提供技术解决方案。根据机器人的应用范畴——拾取与放置、装载和卸载、转移零件配合加工等，以机器人集成者的角色进行思考并做出决定——怎样使用机器人最合适；如何安排零部件；如何最好地给机器人编程；如何使机器人单元使用安全等。

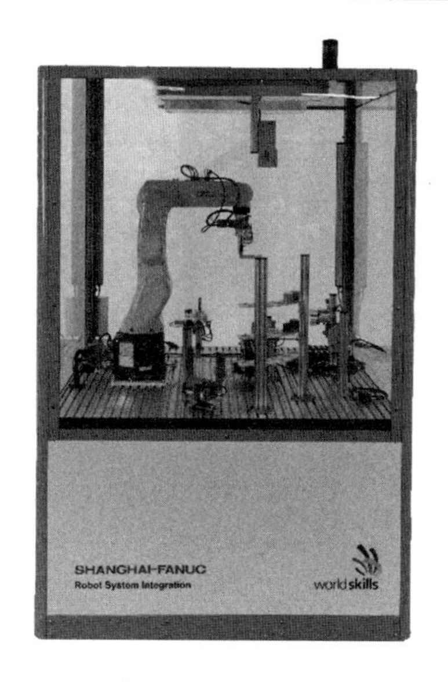

图 2.3　FANUC 机器人系统集成技术应用实训平台

2. 2. 2　基本组成

FANUC 机器人系统集成技术应用实训平台分为标准套件和未来组件两个部分，标准套件可满足参与世界技能大赛机器人系统集成赛项的基本要求，未来组件能够帮助学员学习更多的 FANUC 工业机器人相关内容，从而有助于取得更好的比赛成果。

世界技能大赛采用的工业机器人是 FANUC 机器人，赛项所使用的系统集成技术应用实训平台主要由实训工作台、打磨机、卡盘、六关节轴工业机器人（含抓手）、视觉检测、托盘、工件及控制系统等组成。FANUC 机器人系统集成技术应用实训平台组成如图 2.4 所示。

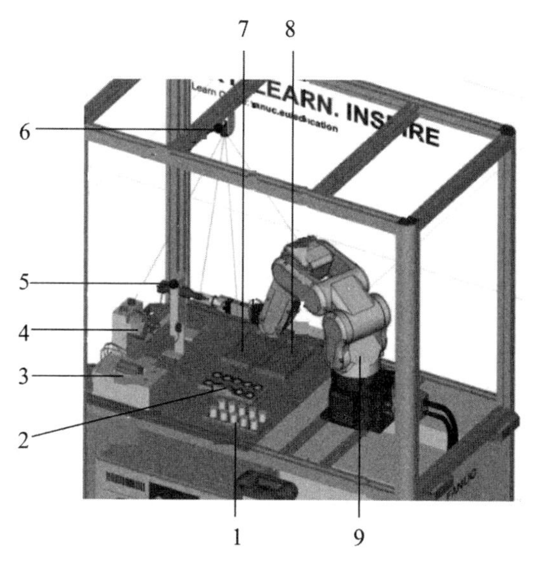

图 2.4　FANUC 机器人系统集成技术应用实训平台组成

图 2.4 中功能模块说明见表 2.1。

表 2.1 功能模块说明表

序号	配置名称	功能
1	供料托盘	提供物料
2	装配单元	模拟物料装配
3	电气接线模块	综合实训功能
4	数控加工单元	模拟数控加工
5	去毛刺单元	模拟打磨模块
6	视觉检测单元	视觉检测模块
7	次品托盘	存放不合格品
8	合格品托盘	存放合格品
9	工业机器人单元	基础功能模块

2.2.3 典型应用

FANUC 机器人系统集成技术应用实训平台综合了理（工业机器人技术基础应用专业）、虚（计算机软件机器人系统集成虚拟仿真任务）、实（机器人系统集成整体工作流程任务）一体化教学特征，选用性能优良的设备，融合“智能制造、智慧工厂”理念，采用“模块化、简易化”设计方法，可充分学习工业机器人系统集成项目，切实掌握相关实操技能，从而为所有或部分的系统自动化提供技术解决方案。通过此实训台，可以完成机器人抓取、虚拟加工、装配等系统集成整体工作流程的任务。

2.3 产教应用系统

2.3.1 系统简介

※ 产教应用系统

产教应用系统是指工业机器人集成技术应用实训平台，本书使用的是工业机器人技能考核实训台（高级版），如图 2.5 所示。围绕世界技能大赛的竞赛内容，选用主流品牌六轴工业机器人，并根据工业机器人细分知识进行周边教学功能模块的设计和搭配，可实现工业机器人的入门操作、系统集成、编程应用和虚拟仿真等方面的教学需求。该实训台功能丰富，涵盖工业常见的自动化器件（如 PLC、触摸屏、视觉系统等），构建了完整的工业机器人产教应用系统。

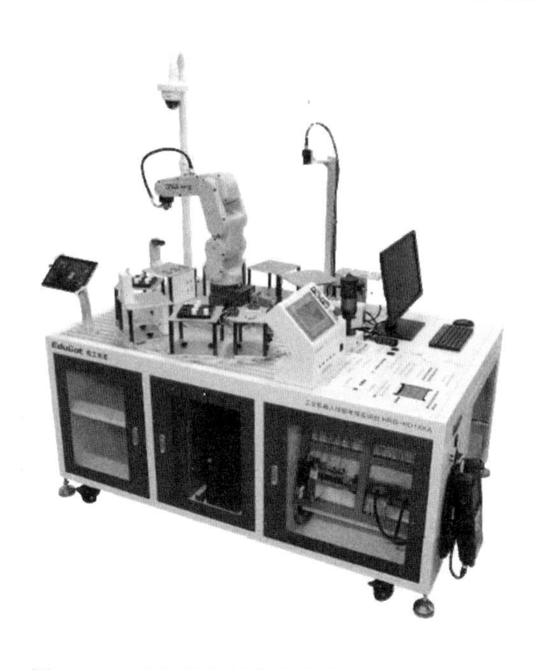

图 2.5　工业机器人技能考核实训台（高级版）

2.3.2　基本组成

产教应用系统为工业机器人技能考核实训台（高级版），包括 FANUC 机器人系统、PLC、触摸屏、视觉系统、项目应用模块等自动化器件，见表 2.2。在项目应用模块中，包括基础运动模块、供料模块、模拟数控加工模块、去毛刺模块、微动开关模块、物料装配模块、成品模块等（应用模块在相关项目中进行介绍）。

表 2.2　产教应用系统主要组成

序号	配置名称	图例
1	FANUC 机器人系统	
2	PLC	

续表 2.2

序号	配置名称	图例
3	触摸屏	
4	视觉系统	

1. FANUC 机器人系统

（1）系统组成。

工业机器人一般由三部分组成：机器人本体、控制器、示教器。

本书以 FANUC 典型产品 ER-4iA（LR Mate 200iD/4S 更新版）机器人为例进行相关介绍和应用分析，其组成结构如图 2.6 所示。

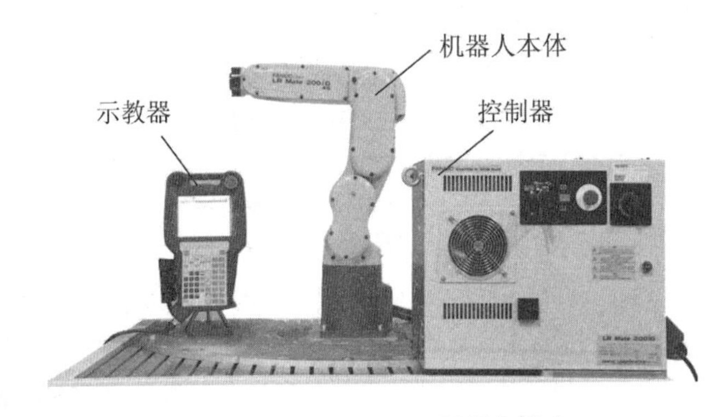

图 2.6 FANUC ER-4iA 机器人组成

①机器人本体。

机器人本体又称操作机，是工业机器人的机械主体，是用来完成规定任务的执行机构。机器人本体主要由机械臂、驱动装置、传动装置和内部传感器组成。对于六轴串联机器人，其机械臂主要包括基座、腰部、手臂（大臂和小臂）和手腕。

六轴机器人的机械臂如图 2.7 所示。

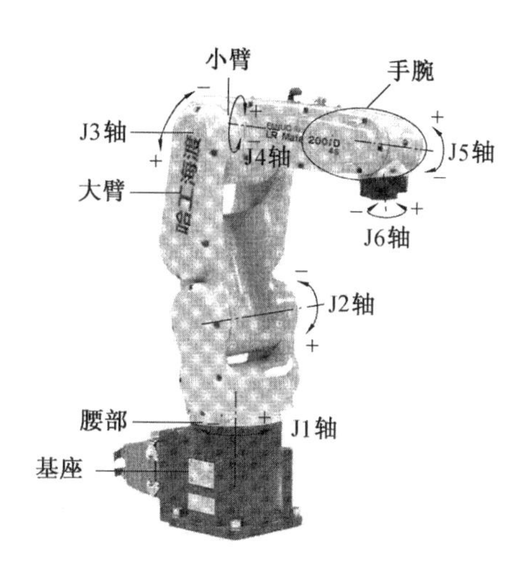

图 2.7　六轴机器人的机械臂

图 2.7 中，J1～J6 为机器人的 6 个轴。机器人的规格和特性见表 2.3。

表 2.3　机器人的规格和特性

规　　格		
型号	工作范围	额定负载
ER-4iA	550 mm	4 kg
特　　性		
重复定位精度	±0.01 mm	
机器人安装	地面安装，吊顶安装，倾斜角安装	
防护等级	IP67	
控制器	R-30iB Mate Plus	

机器人的运动范围见表 2.4。

表 2.4　机器人的运动范围

轴运动	工作范围	最大速度
J1 轴	+170°～-170°	460（°）/s
J2 轴	+120°～-110°	460（°）/s
J3 轴	+205°～-69°	520（°）/s
J4 轴	+190°～-190°	560（°）/s
J5 轴	+120°～-120°	560（°）/s
J6 轴	+360°～-360°	900（°）/s

②控制器。

ER-4iA 机器人一般采用 R-30iB Mate Plus 型控制器，其面板和接口的主要构成有：操作面板、断路器、USB 端口、连接电缆、散热风扇单元，如图 2.8 所示。

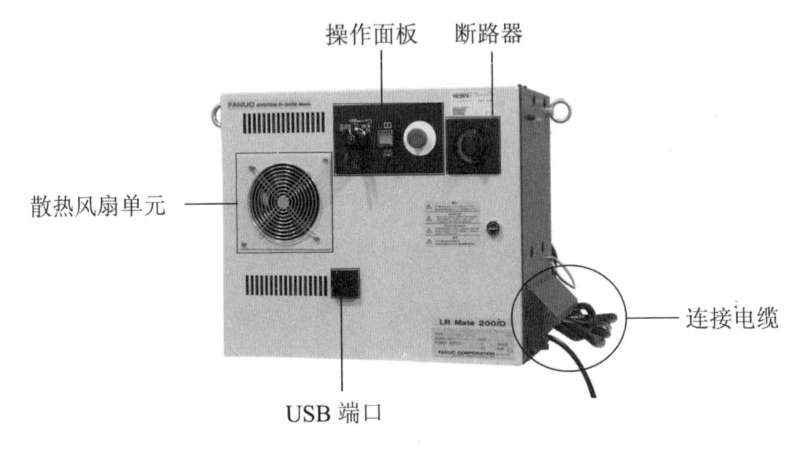

图 2.8　R-30iB Mate Plus 型控制器

a. 操作面板。

操作面板上有模式开关、启动开关、急停按钮，如图 2.9 所示。

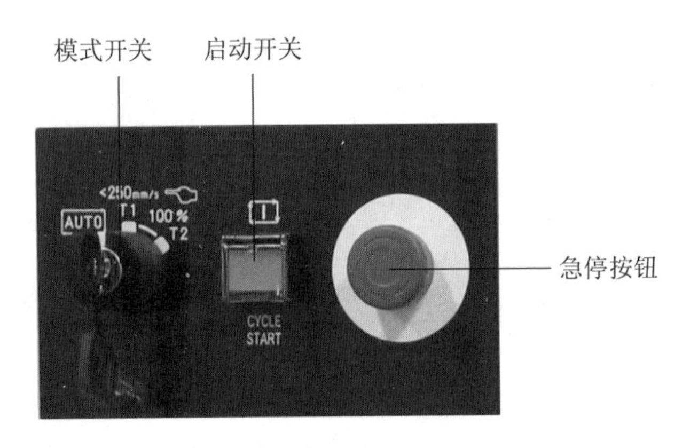

图 2.9　操作面板

➢ 模式开关。

模式开关有 3 种模式：T1 模式、T2 模式和 AUTO。

T1 模式：手动状态下使用，机器人只能低速（小于 250 mm/s）手动控制运行。

T2 模式：手动状态下使用，机器人以 100%速度手动控制运行。

AUTO：在生产运行时所使用的一种方式。

➢ 启动开关。

启动开关用于启动当前所选的程序，程序启动中亮灯。

➢ 急停按钮。

按下此按钮可使机器人立即停止，向右旋转急停按钮即可解除按钮锁定。

b. 断路器。

断路器即控制器电源开关，ON 表示上电，OFF 表示断电。当断路器处于“ON”时，无法打开控制器的柜门；只有将其旋转至“OFF”，并继续逆时针转动一段距离，才能打开柜门，但此时无法启动控制器。

③示教器。

示教器是工业机器人的人机交互接口，机器人的绝大部分操作均可以通过示教器来完成，如点动机器人，编写、测试和运行机器人程序，设定、查阅机器人状态设置和位置等。示教器通过电缆与控制器连接。

FANUC 机器人的示教器（iPendant）有 3 个开关：示教器有效开关、急停按钮、安全开关（2 个），如图 2.10 所示。

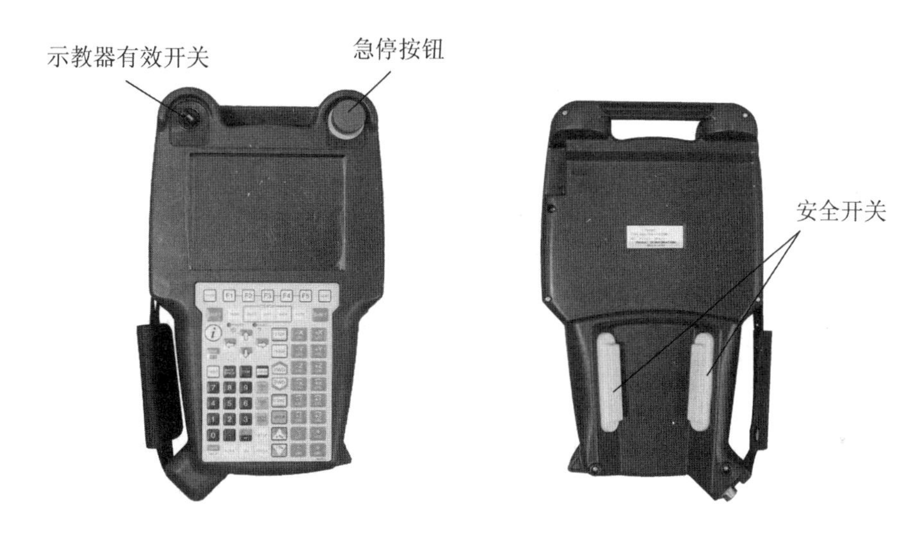

图 2.10　示教器外观图

2. 可编程控制器

（1）基本概念。

可编程逻辑控制器（Programmable Logic Controller，PLC），是一种专门为在工业环境下应用而设计的数字运算操作电子系统。它采用可编程的存储器，在其内部存储执行逻辑运算、顺序控制、定时、计数和算术运算等操作的指令，通过数字式或模拟式的输入输出来控制各种类型的机械设备或生产过程。

本书以西门子公司新一代的模块化 PLC S7-1500 为主要讲授对象，将其与机器人技术相关联，可实现逻辑控制、定时控制、计数控制与顺序控制。PLC S7-1500 是西门子公司推出的一种模块化控制系统，可广泛应用于离散式自动化领域中，其基本特性有：

➢ 人性化的外形设计。

➢ 自带以太网口。

➢ 全面控制功能，支持多种数据。

➢ 高效率组态和编程，快速采集和查看信息。

PLC S7-1500 可用于模块化结构设计，各个单独模块之间可进行广泛组合和扩展，主要由中央处理器、存储器、信号模块、通信模块和编程软件等组成。其中，CPU 是 PLC 的核心，输入单元与输出单元是连接现场输入、输出设备与 CPU 之间的接口电路，通信接口用于与编程器、上位计算机等外设连接。PLC S7-1500 外观如图 2.11 所示。

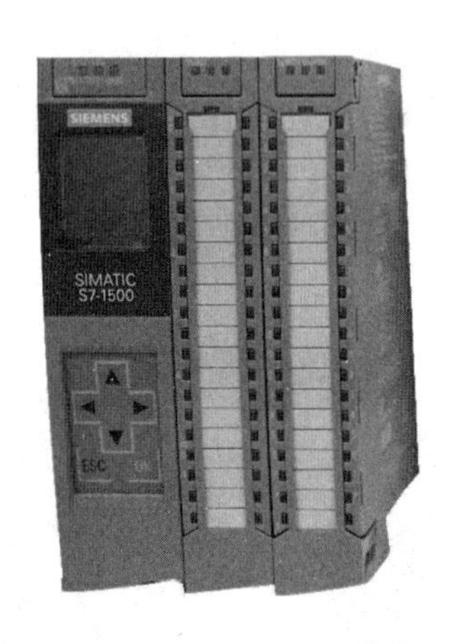

图 2.11　PLC S7-1500 外观

①中央处理器（CPU）。

中央处理器是 PLC 的控制中枢，也是 PLC 的核心部件，其性能决定了 PLC 的性能。中央处理器由控制器、运算器和寄存器组成，这些电路都集中在一块芯片上，通过地址总线、控制总线与存储器的输入/输出接口电路相连。中央处理器的作用是处理和运行用户程序，进行逻辑和数学运算，控制整个系统使之协调。

②存储器。

存储器是具有记忆功能的半导体电路，它的作用是存放系统程序、用户程序、逻辑变量和其他一些信息。其中，系统程序是控制 PLC 实现各种功能的程序，由 PLC 生产厂家编写，并写入可擦除可编程只读存储器（EPROM）中，用户不能访问。

③信号模块。

信号模块是数字量 I/O 模块和模拟量 I/O 模块的总称。信号模块主要有 SM521（数字量输入）、SM522（数字量输出）、混合模块 SM523、SM531（模拟量输入）、SM532（模拟量输出）和混合模块 SM534。

④通信模块。

通信模块用于 PLC 之间、PLC 与计算机和其他智能设备之间的通信，可将 PLC 接入以太网、PROFIBUS 和 AS-I 网络，或用于串行通信。它可以减轻 CPU 处理通信的负担，并减少对通信功能的编程工作。

（2）编程软件。

TIA 博途是西门子自动化的全新工程设计软件平台，它将所有自动化软件工具集成在统一的开发环境中，是世界上第一款将所有自动化任务整合在一个工程设计环境下的软件。

①计算机配置。

安装 TIA 博途对计算机的要求：STEP7 Professional（专业版）和 STEP7 Basic（基本版）安装前的文件大小相差不大。推荐的计算机硬件配置如下:处理器主频 3.3 GHz 或更高（最小 2.2 GHz），内存 8 GB 或更大（最小 4 GB），硬盘 300 GB，15.6″（″表示英寸，1″≈0.025 4 m）宽屏显示器，分辨率 1 920×1 080。TIA 博途 V15 SP1 要求的计算机操作系统为非家用版的 32 位或 64 位 Windows 7 SP1，或非家用版的 64 位 Windows 8.1，或某些 Windows 服务器，但不支持 Windows XP。

②安装顺序。

TIA 博途中的软件应按下列顺序安装: STEP 7 Professional、S7-PLCSIM、WinCC、Professional、Startdrive、STEP 7 Safety Advanced。具体安装步骤可自行参阅相关手册和书籍。软件安装完成后，打开 TIA 博途软件，需要添加新设备，PLC 主要编程操作界面如图 2.12 所示。

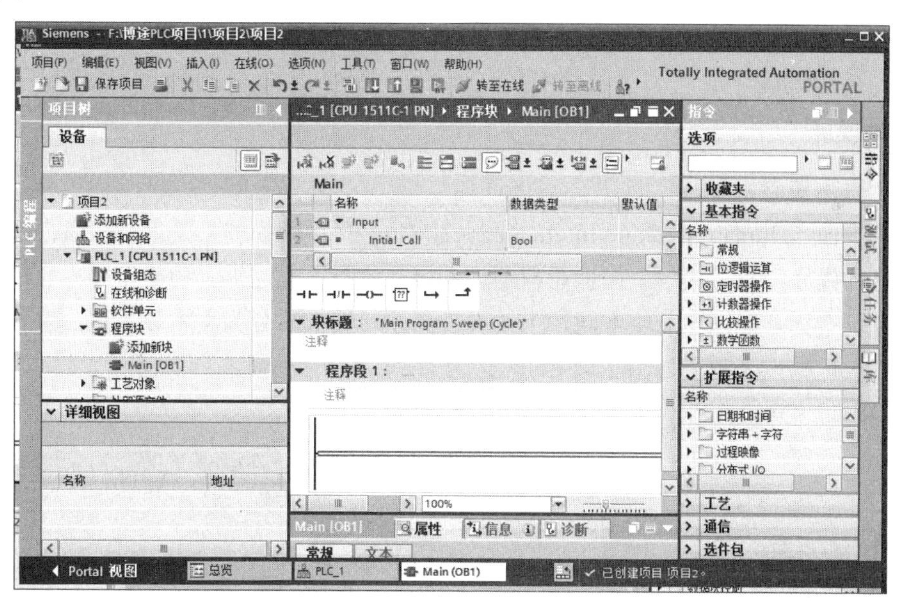

图 2.12　PLC 主要编程操作界面

（3）编程基础。

PLC S7-1500 支持梯形图和功能块图两种编程语言。程序的编写使用西门子公司开发的高度集成的工程组态系统 SIMATIC STEP 7 Basic，包括面向任务的 HMI 智能组态软件 SIMATIC WinCC Basic。本书中使用的编程语言为梯形图。

梯形图（LAD）是使用得最多的 PLC 图形编程语言。图 2.13 所示为一个 PLC 梯形图程序示例。使用编程软件可以直接生成和编辑梯形图，并将它下载到 PLC 中。

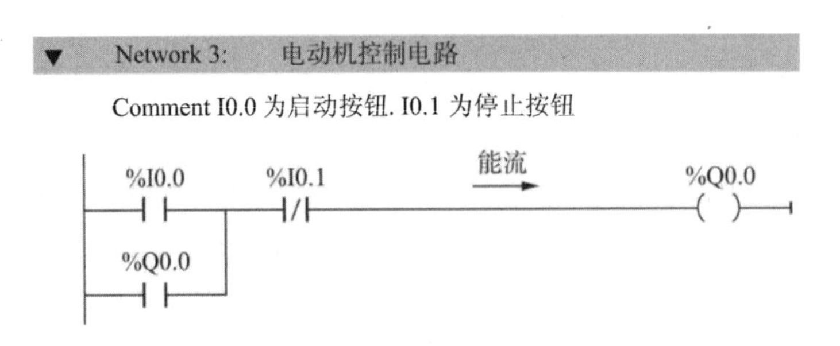

图 2.13　PLC 梯形图程序

触点和线圈等组成的电路图称为程序段，英文名称为 Network（网络），STEP 7 Basic 自动地为程序段编号。

在分析梯形图的逻辑关系时，可以想象在梯形图的左右两侧垂直“电源线”之间有一个左正右负的直流电源电压，当图 2.13 中 I0.0 与 I0.1 的触点同时接通，或 Q0.0 与 I0.1 的触点同时接通时，有一个假想的“能流”（Power Flow）流过 Q0.0 的线圈。利用能流的这一概念，可以借用继电器电路的术语和分析方法，帮助我们更好地理解和分析梯形图。能流只能从左到右流动。

3. 触摸屏

（1）基本概念。

人机界面（Human Machine Interaction，HMI），又称触摸屏，是人与设备之间传递、交换信息的媒介和对话接口。在工业自动化领域，各个厂家提供了种类型号丰富的人机界面产品可供选择。根据功能的不同，工业人机界面习惯上被分为文本显示器、触摸屏人机界面和平板电脑三大类，如图 2.14 所示。

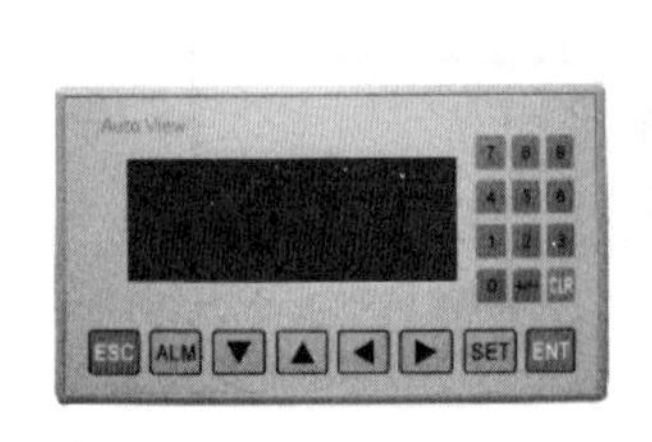

（a）文本显示器

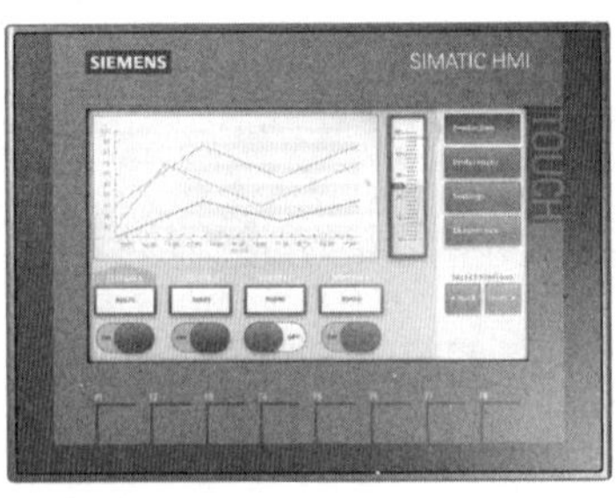

（b）触摸屏人机界面

（c）平板电脑

图 2.14　常用工业人机界面类型

西门子公司推出的精简系列人机界面拥有全面的人机界面基本功能，是适合简易人机界面应用的理想入门级面板。

工业机器人产教应用系统采用西门子 SIMATIC KTP700 Basic PN 型人机界面，其 64 000 色的创新型高分辨率宽屏能够对各类图形进行展示，提供了各种各样的功能选项。该人机界面具有 USB 接口，支持连接键盘、鼠标或条码扫描器等设备，能够通过集成的以太网接口简便地连接到西门子 PLC 控制器，如图 2.15 所示。

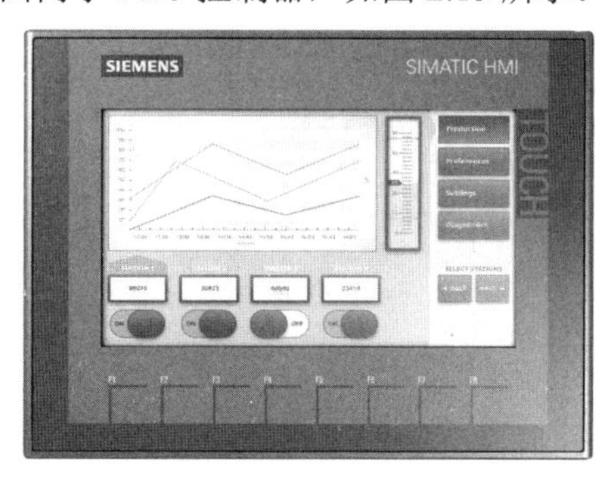

图 2.15　KTP700 Basic PN 型人机界面

①主要功能特点。

➢ 全集成自动化（TIA）的组成部分，缩短组态和调试时间，采用免维护的设计，维修方便。

➢ 具有输入/输出字段、矢量图形、趋势曲线、条形图、文本和位图等要素，可以简单、轻松地显示过程值。

➢ 使用 USB 端口，可灵活连接 U 盘、键盘、鼠标或条码扫描器。

➢ 图片库带有现成的图形对象。

➢ 可组态 32 种语言，在线模式下可在多达 10 种语言间切换。

②主要技术参数。

西门子 KTP700 Basic PN 型人机界面的主要规格参数见表 2.5。

表 2.5　KTP700 Basic PN 型人机界面的主要规格参数

型号	KTP700 Basic PN
显示尺寸	7 英寸 TFT 真彩液晶屏，64 000 色
分辨率	800×480
可编程按键	8 个可编程功能按键
存储空间	用户内存：10 MB；配方内存：256 KB；具有报警缓冲区
功能	画面数：100 个；变量：800 个；配方：50 个；支持矢量图、棒图、归档；报警数量/报警类别：1 000/32
接口	PROFINET（以太网），主 USB 口
供电电源规格	额定电压：24 V DC；电压范围：19.2～28.8 V DC；输入电流：24 V DC 时 230 mA

（2）组态软件。

KTP700 Basic PN 精简面板含有一个 PROFINET 接口，支持的协议有 PROFINET、TCP/IP、Ethernet/IP 和 Modbus TCP 等。KTP700 Basic PN 精简面板的组态软件是博途中的 WinCC 组件，软件界面如图 2.16 所示。通过使用工具箱，可以对触摸屏的画面进行编辑，工具箱的按钮位置如图 2.17 所示。

图 2.16　触摸屏软件界面

图 2.17　工具箱的按钮位置

①基本对象。

精简面板支持的基本对象有直线、椭圆、圆、矩形、文本域和图形视图，基本对象说明见表 2.6。

表 2.6　基本对象说明

名称	图形	说　明
直线		用于绘制直线图案
椭圆		用于绘制椭圆图案，可用颜色或图案填充
圆		用于绘制圆形图案，可用颜色或图案填充
矩形		用于绘制矩形图案，可用颜色或图案填充
文本域	A	用于添加文本框，可用颜色填充
图形视图		用于添加图形文件

②元素。

精简面板支持的元素有 I/O 域、按钮、符号 I/O 域、图形 I/O 域、日期/时间域、棒图和开关，具体图形和说明见表 2.7。

表 2.7　元素说明

名称	图形	说　明
I/O 域	0.12	用于输入和显示过程值
按钮		“按钮”可组态一个对象，在运行系统中使用该对象执行所有可执行的功能
符号 I/O 域		用于添加文本输入和输出的选择列表
图形 I/O 域		用于添加图形文件显示和选择的列表
日期/时间域		用于显示系统时间和系统日期
棒图		通过刻度值对变量进行标记
开关		用于在两种预定义的状态之间进行切换

（3）编程基础。

①系统函数。

西门子的精简面板有丰富的系统函数，如图 2.18 所示，可以分为报警、编辑位、画面、画面对象的键盘操作、计算脚本、键盘、历史数据、配方、其它函数、设置、系统和用户管理。

系统函数的调用需要在对象属性的事件中进行设置。例如，项目中需要在按下按钮时置位变量时，调用的步骤为选中需要设置的按钮，然后依次单击“属性”→“事件”→“按下”，最后选择“按下按键时置位位”函数进行设置。系统函数设置界面如图 2.19 所示。

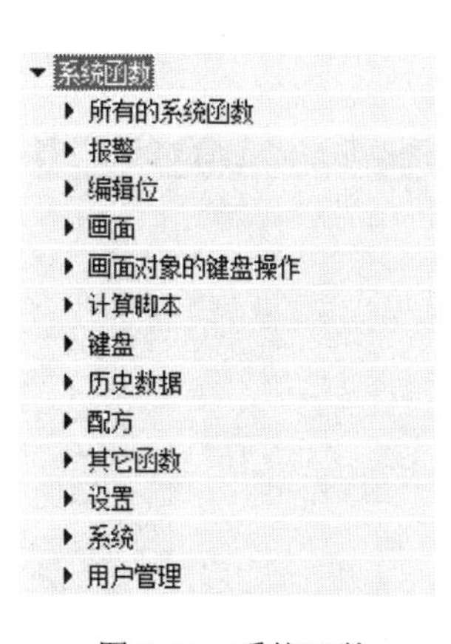

图 2.18　系统函数

图 2.19　系统函数设置界面

②变量类型。

精简面板使用两种类型的变量：内部变量和外部变量。

➢ 内部变量：只能在触摸屏内部传送值，并且只有在运行系统处于运行状态时变量值才可用。

➢ 外部变量：在完成触摸屏和 PLC 的连接后，将外部变量值与 PLC 中的过程值相对应，实现对 PLC 过程值的读取与写入。

③变量的创建与连接。

本书项目中涉及的主要是外部变量的创建。外部变量的创建有自动和手动两种方式。

➢ 自动方式：用于已包含 PLC 并支持集成连接的项目，通过选择 PLC 变量表中的变量，实现外部变量的自动创建。例如需要为画面中的按钮添加外部变量时，可以依次点击“属性”→“事件”→“按下”，选择所要调用的系统函数，并选择 PLC 变量表的变量后，软件会自动创建变量并建立与 PLC 的连接，如图 2.20 所示，本书采用此方法。

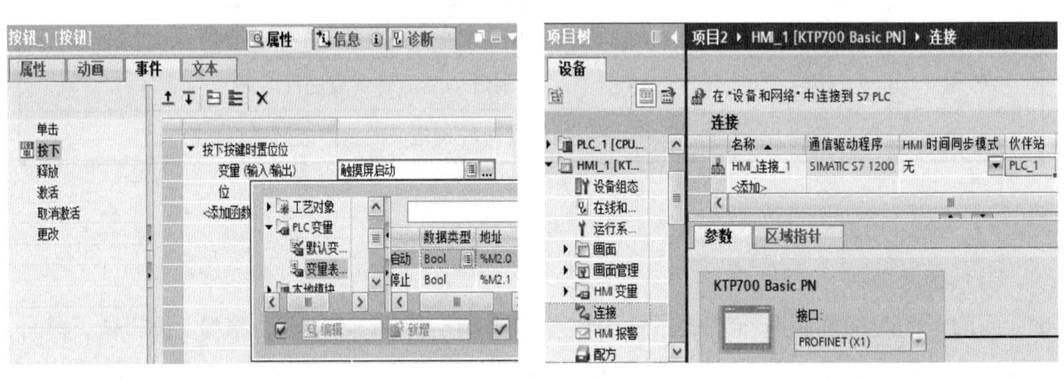

（a）变量创建　　　　（b）连接的建立

图 2.20　自动创建外部变量

➢ 手动方式：用于不包含 PLC 的项目，必须先建立连接，然后在触摸屏的变量表中手动创建外部变量。

建立连接的方法是在“HMI_1”→“连接”中设置，单击“添加”后，选择“通信驱动程序”，最后配置设备地址，如图 2.21 所示。

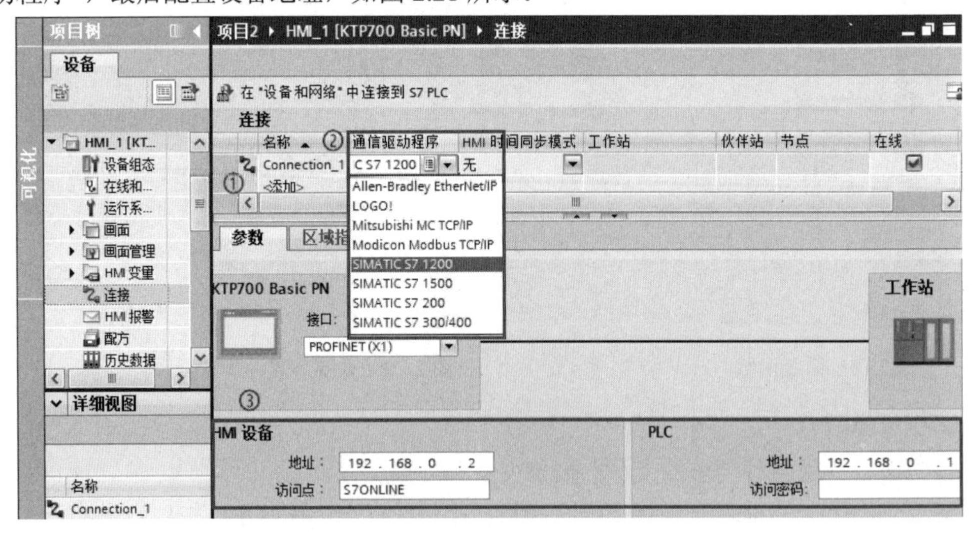

图 2.21　连接设置

连接建立后，单击“HMI_1”→“HMI 变量”→“默认变量表”，创建外部变量，如图 2.22 所示。其中访问模式有两种，绝对访问需要 PLC 变量的地址，符号访问需要变量的名称。

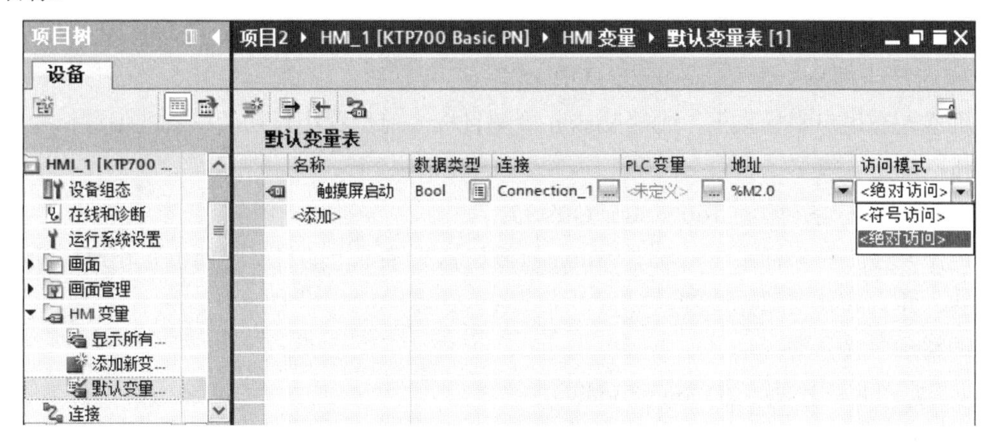

图 2.22　手动创建外部变量

4. 机器视觉系统

随着图像处理和模式识别技术的快速发展，机器视觉的应用也越来越广泛。为了实现柔性化生产模式，机器视觉与工业机器人的结合已成为工业机器人应用的发展趋势。机器人视觉诞生于机器视觉之后，通过视觉系统使机器人获取环境信息，从而指导机器人完成一系列动作和特定行为，能够提高工业机器人的识别定位和多机协作能力，增加机器人工作的灵活性，为工业机器人在高柔性和高智能化生产线中的应用奠定了基础。

（1）基本组成。

本书中的机器视觉系统采用的是 FANUC iRVision 2D 视觉系统，就是用机器代替人眼来做测量和判断。机器人视觉系统在作业时，工业相机首先获取到工件当前的位置状态信息，并传输给视觉系统进行分析处理，并和工业机器人进行通信，实现工件坐标系与工业机器人坐标系间的转换，调整工业机器人至最佳位置姿态，最后引导工业机器人完成作业。

典型的 iRVision 由相机和镜头、相机线缆、照明装置以及复用器（根据需要进行选配）组成，如图 2.23 所示。

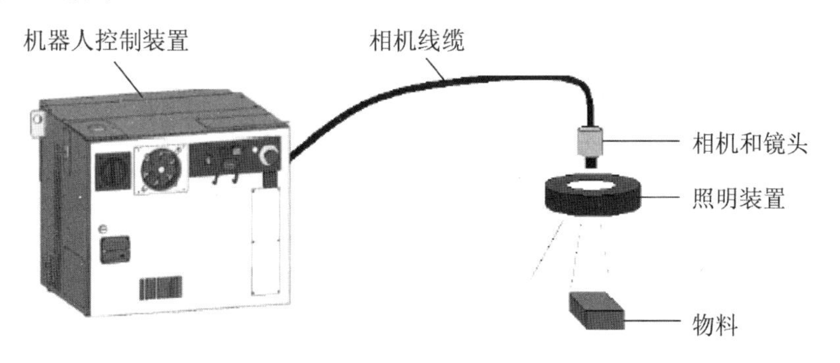

图 2.23　iRVision 的基本组成

（2）iRVision 分类。

根据 iRVision 的补偿和测量方式的不同，iRVision 可作以下分类：offset 补偿分类和测量方式分类。

①offset 补偿分类。

➢ 用户坐标系补偿（User Frame Offset）。

机器人在用户坐标系下，通过 Vision 检测目标当前位置相对初始位置的偏移，并自动补偿抓取位置。

➢ 工具坐标系补偿（Tool Frame Offset）。

机器人在工具坐标系下，通过 Vision 检测机器人手爪上的目标当前位置相对初始位置的偏移，并自动补偿放置位置。

②测量方式分类。

➢ 2D 单视野检测（2D Single View）。

➢ 2D 多视野检测（2D Multi View）。

➢ 2.5D 单视野检测（2.5D Single View / Depalletization）。

➢ 3D 单视野检测（3D Single View）。

➢ 3D 多视野检测（3D Multi View）。

（3）相机介绍。

本书使用 SONY XC-56 相机，并配备焦距为 12 mm 的镜头，该相机为模拟信号相机，如图 2.24 所示。

（a）相机外形

（b）相机接口

图 2.24　SONY XC-56 相机

SONY XC-56 相机的主要参数如下：

①成像器件：1/3 英寸逐行扫描 CCD。

②有效像素（H）×（V）：659×494。

③图像尺寸（像素）（H）×（V）：648×494。

④高帧速：120 帧/s。

2.3.3　典型应用

产教应用系统中功能模块与核心器件来源于工业实际应用，通过此产教应用系统可实现物料搬运、数控加工、装配定位、视觉检测等实际工业应用的教学项目。图 2.25 所示为产教应用系统中物料装配、模拟加工打磨、模拟数控加工和视觉定位抓取的典型应用。

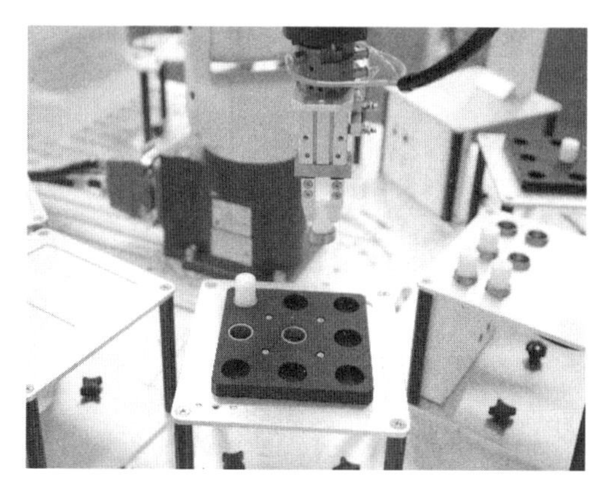

（a）物料装配教学应用

（b）模拟加工打磨教学应用

（c）模拟数控加工教学应用

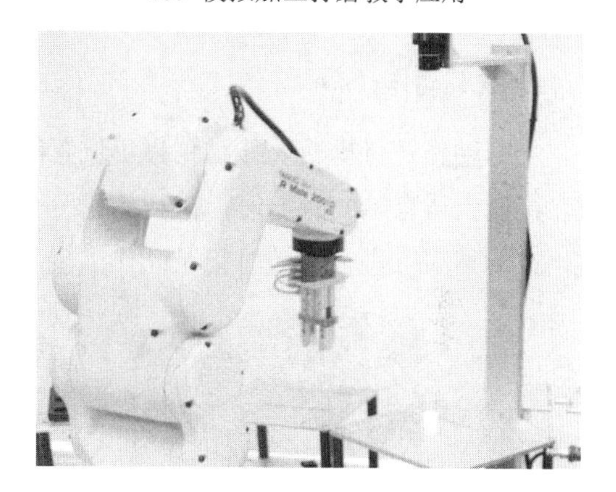

（d）视觉定位抓取教学应用

图 2.25　产教应用系统典型应用

第3章 工业机器人编程操作

3.1 工业机器人基本概念

3.1.1 动作类型

※ 工业机器人基本概念

动作类型用于规定机器人向指定位置移动的轨迹。机器人的动作类型有4种：关节动作、直线动作、圆弧动作和C圆弧动作。

1. 关节动作（J）

关节动作是将机器人移动到指定位置的基本移动方法，如图3.1所示。执行关节动作时，机器人所有轴同时加速，在示教速度下移动后，同时减速停止。移动轨迹通常为非直线，在对结束点进行示教时记录动作类型。

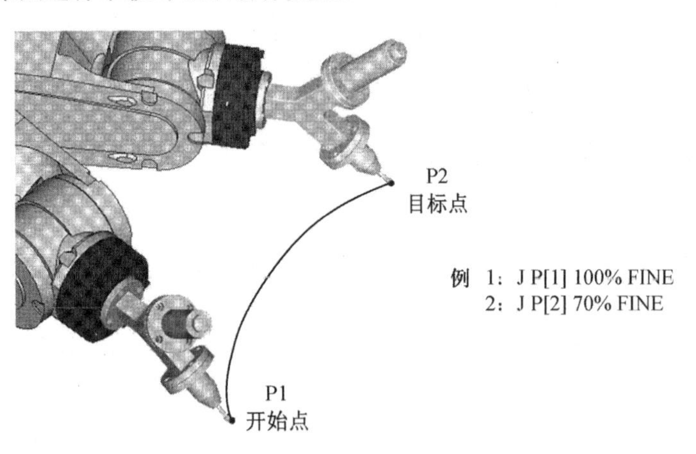

图3.1 关节动作

2. 直线动作（L）

直线动作是将所选定的机器人工具中心点（TCP）从轨迹开始点以直线方式运动到目标点的运动类型，如图3.2所示。

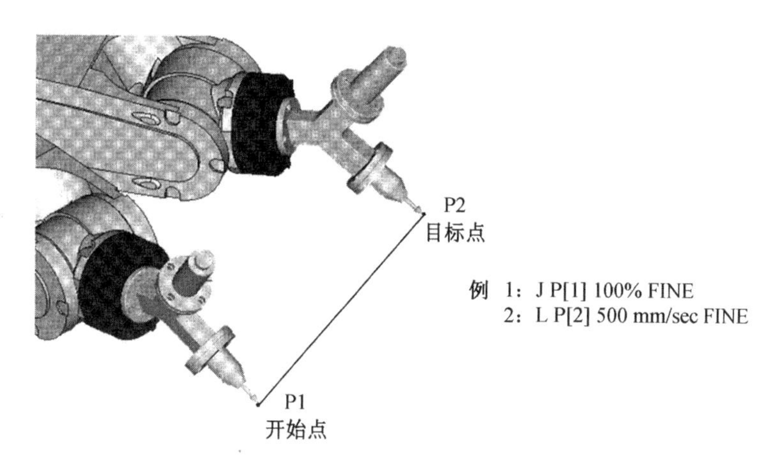

图 3.2 直线动作[①]

3. 圆弧动作（C）

圆弧动作（C）是从动作开始点通过经过点到目标点以圆弧方式对工具中心点移动轨迹进行控制的一种移动方法，其在一个指令中对经过点、目标点进行示教。圆弧动作如图 3.3 所示。

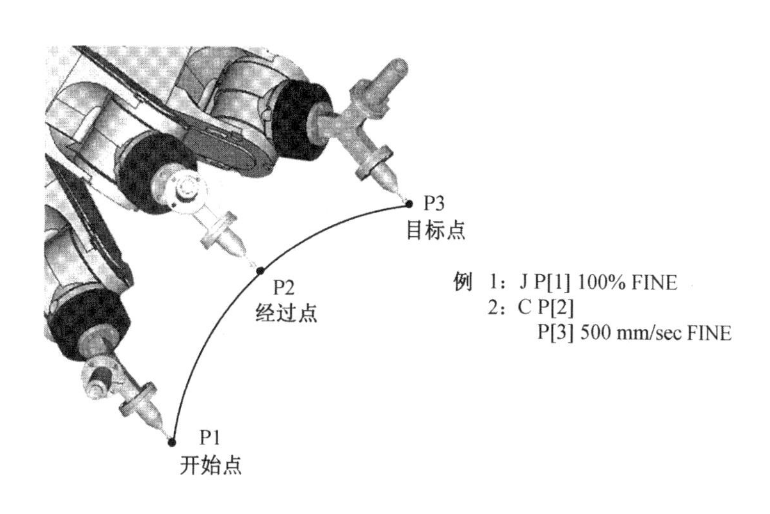

图 3.3 圆弧动作

4. C 圆弧动作（A）

圆弧动作指令下，需要在一行中示教两个位置，分别是经过点和目标点，而 C 圆弧动作指令下，在一行中只示教一个位置。连续的 3 个圆弧动作指令将使机器人按照 3 个示教的点位所形成的圆弧轨迹进行动作。C 圆弧动作如图 3.4 所示。

① 注：图中“sec”指“秒（s）”，为与示教器界面一致，全书相应内容均使用“sec”而非“s”。

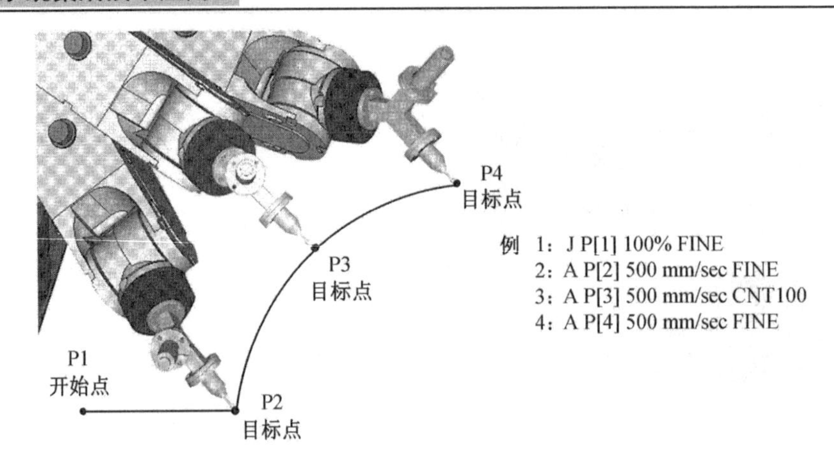

图 3.4　C 圆弧动作

3.1.2　坐标系种类

坐标系是为确定机器人的位置和姿态而在机器人或空间上进行定义的位置指标系统。

常用的机器人坐标系有：关节坐标系、世界坐标系、手动坐标系、工具坐标系、用户坐标系、单元坐标系，如图 3.5 所示。

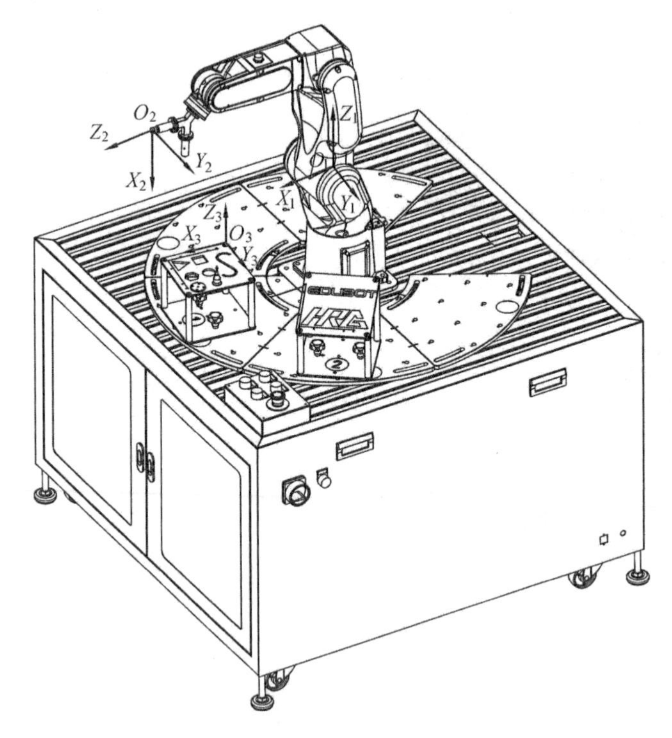

图 3.5　机器人常用坐标系

其中，世界坐标系、手动坐标系、工具坐标系、用户坐标系和单元坐标系均属于直角坐标系。大部分机器人坐标系都是笛卡尔直角坐标系，符合右手规则。

1. 关节坐标系

关节坐标系是设定在机器人关节中的坐标系，其原点设置在机器人关节中心点处，如图 3.6 所示。在关节坐标系下，工业机器人各轴均可实现单独正向或反向运动。对于大范围运动，且不要求 TCP 姿态时，可选择关节坐标系。

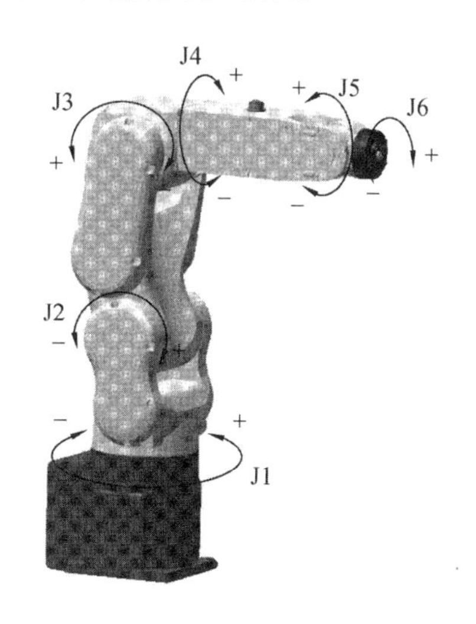

图 3.6　各关节运动方向

2. 世界坐标系

在 FANUC 机器人中，世界坐标系被赋予了特定含义，即机器人基坐标系，是被固定在空间上的标准直角坐标系，其被固定在由机器人事先确定的位置。用户坐标系、工具坐标系基于该坐标系而设定。世界坐标系用于位置数据的示教和执行。

FANUC 机器人的世界坐标系：原点位置定义在 J2 轴所处水平面与 J1 轴交点处，Z 轴向上，X 轴向前，Y 轴按右手规则确定，如图 3.5 和图 3.7 中的坐标系 O_1-$X_1Y_1Z_1$。

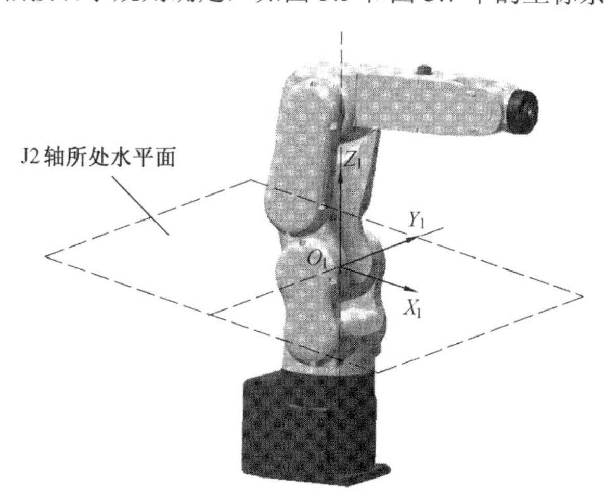

图 3.7　世界坐标系

3. 手动坐标系

手动坐标系是在机器人作业空间中，为了方便有效地进行线性运动示教而定义的坐标系。该坐标系只能用于示教，在程序中不能被调用。未定义时，与世界坐标系重合。

使用手动坐标系是为了在示教过程中避免其他坐标系参数改变时误操作，尤其适用于机器人倾斜安装或者用户坐标系数量较多的场合。

4. 工具坐标系

工具坐标系是用来定义工具中心点的位置和工具姿态的坐标系。而工具中心点（Tool Center Point，TCP）是机器人系统的控制点，出厂时默认于最后一个运动轴或连接法兰的中心。

未定义时，工具坐标系默认在连接法兰中心处，如图 3.8 所示。安装工具后，TCP 将发生变化，变为工具末端的中心。为实现精确运动控制，当换装工具或发生工具碰撞时，工具坐标系必须事先进行定义，如图 3.5 中的坐标系 O_2-$X_2Y_2Z_2$。在工具坐标系中，TCP 将沿工具坐标系的 *X*、*Y*、*Z* 轴方向做直线运动。

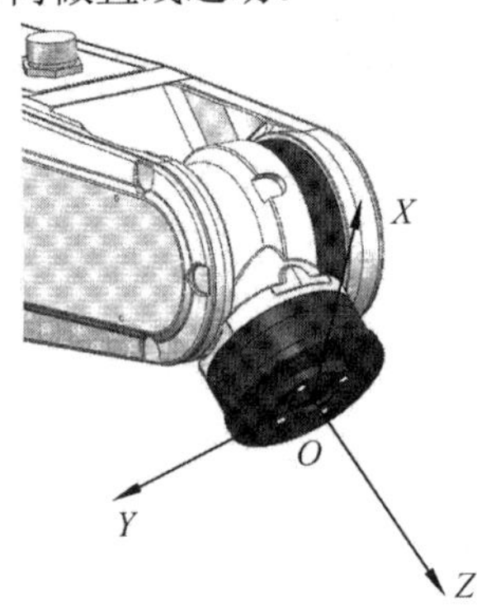

图 3.8　默认工具坐标系

5. 用户坐标系

用户坐标系是用户对每个作业空间进行定义的直角坐标系。它用于位置寄存器的示教和执行、位置补偿指令的执行等。未定义时，将由世界坐标系来代替该坐标系，此时用户坐标系与世界坐标系重合，如图 3.5 中的坐标系 O_3-$X_3Y_3Z_3$。

用户坐标系的优点：当机器人运行轨迹相同、工件位置不同时，只需要更新用户坐标系即可，无须重新编程。

通常，在建立项目时，至少需要建立两个坐标系，即工具坐标系和用户坐标系。前者便于操作人员进行调试工作，后者便于机器人记录工件的位置信息。

6. 单元坐标系

单元坐标系在 4D 图形功能中使用，用来表示工作单元内的机器人位置。通过设定单元坐标系，可以表达机器人相互之间的位置关系。

工具坐标系是表示工具中心和工具姿态的直角坐标系，需要在编程前先进行自定义。如果未定义，则为默认工具坐标系。在默认状态下，用户可以设置 10 个工具坐标系。用户坐标系是用户对每个作业空间进行定义的直角坐标系，需要在编程前先进行自定义。如果未定义，则与世界坐标系重合。在默认状态下，用户可以设置 9 个用户坐标系。

3.2　基本指令

3.2.1　寄存器指令

1. 数值寄存器指令

※ 基本指令（一）

数值寄存器指令是进行数值寄存器算术运算的指令，数值寄存器用来存储某一整数值或小数值的变量，标准情况下提供 200 个数值寄存器。

格式	R[*i*]=（值） R[*i*]=（值）+（值）
示例	R[1]=1 R[2]=1+2
说明	将某一值代入数值寄存器或将两个值的运算结果代入数值寄存器

2. 位置寄存器指令

位置寄存器指令是进行位置数据算术运算的指令。位置寄存器指令可进行代入、加算和减算处理，以与寄存器指令相同的方式记述，标准情况下提供 100 个位置寄存器。

（1）将当前位置的直角坐标值代入位置寄存器。

格式	PR[*i*]=（值） 其“值”内容包括： “PR:位置寄存器[*i*]的值” “P[*i*]:程序内示教位置[*i*]的值” “LOPS:当前位置的直角坐标值” “JOPS:当前位置的关节坐标值” “UFRAME[*i*]:用户坐标系[*i*]的值” “UTOOL[*i*]:工具坐标系[*i*]的值”
示例	PR[1]=LPOS

（2）将两个值的运算结果代入位置寄存器。

格式	PR[i]=（值）+（值） 其“值”内容包括： “PR:位置寄存器[i]的值” “P[i]:程序内示教位置[i]的值” “LOPS:当前位置的直角坐标值” “JOPS:当前位置的关节坐标值” “UFRAME[i]:用户坐标系[i]的值” “UTOOL[i]:工具坐标系[i]的值”
示例	PR[1]=PR[3]+LPOS
说明	将 PR[3]中的数值与直角坐标值相加代入 PR[1]中

3.2.2 I/O 指令

I/O（输入/输出）信号指令，是改变向外围设备输出的信号状态，或读取输入信号状态的指令。常用的 I/O 指令有如下几种。

1. 机器人 I/O 指令

机器人输入信号指令（RI[i]）和机器人输出信号指令（RO[i]），是用户控制输入/输出信号的指令。机器人 I/O 的硬件接口存在于机器人手臂上，机器人 I/O 指令主要用于机器人末端执行器的控制与信号检测。

（1）将机器人输入的状态存储到寄存器中。

格式	R[i]=RI[i] R[i]：其中 i 指寄存器号码，它的范围为 1～200 RI[i]：i 为机器人输入信号号码
示例	R[1]=RI[1]
说明	将机器人输入 RI[1]的状态（ON=1,OFF=0）存储到寄存器 R[1]中

（2）接通机器人数字输出信号。

格式	RO[*i*]=（值） RO[*i*]：*i* 为机器人输出信号号码 （值）：分为“ON：接通数字输出信号”和“OFF：断开数字输出信号”
示例	RO[1]=ON
说明	接通机器人数字输出信号 RO[1]

（3）根据所指定的寄存器的值，接通或断开所指定的数字输出信号。

格式	RO[*i*]= R[*i*] RO[*i*]：*i* 为机器人输出信号号码 R[*i*]：其中 *i* 指寄存器号码，它的范围为 1～200
示例	RO[1]= R[1]

2. 数字 I/O 指令

数字输入指令（DI[*i*]）和数字输出指令（DO[*i*]）是用户控制通用型数字输入/输出信号的指令。

（1）将数字输入的状态存储到寄存器中。

格式	R[*i*]=DI[*i*] R[*i*]：其中 *i* 指寄存器号码，它的范围为 1～200 D[*i*]：其中 *i* 指数字输入信号号码
示例	R[1]=DI[1]
说明	将数字输入 R[1]的状态（ON=1、OFF=0）存储到寄存器 R[1]中

（2）接通数字输出信号。

格式	DO[*i*]=（值） DO[*i*]：其中 *i* 指数字输出信号号码 （值）：分为“ON：接通数字输出信号”和“OFF：断开数字输出信号”
示例	DO[1]=ON
说明	接通数字输出信号 DO[1]

（3）根据所指定的寄存器的值接通或断开所指定的数字输出信号。

格式	DO[*i*]=R[*i*] DO[*i*]：其中 *i* 指数字输出信号号码 R[*i*]：其中 *i* 指寄存器号码，它的范围为 1～200
示例	DO[1]=R[1]
说明	根据所指定的寄存器的值，接通或断开所指定的数字输出信号

3.2.3 等待指令

等待指令可以在所指定的时间或条件得到满足之前使程序暂停向下执行，直到条件满足为止。等待指令有两类：指定时间等待指令和条件等待指令。

1. 指定时间等待指令

格式	WAIT（值） （值）：分为“常数等待时间 sec”和“R[*i*]　等待时间 sec”
示例	WAIT　10.5sec WAIT　R[1]
说明	使程序的执行在指定时间内等待（等待时间单位：sec）

2. 条件等待指令

（1）寄存器条件等待指令：对寄存器的值和另外一方的值进行比较，在条件得到满足之前等待。

格式	WAIT（变量）（算符）（值）（处理） 变量：R[*i*] 算符：>、>=、=、<=、<、<> 值：常数、R[*i*] 处理：无指定，等待无限长时间；有指定，TIMEOUT,LBL[*i*]
示例	WAIT　R[2] <> 1, TIMEOUT, LBL[1]
说明	当 R[2]不等于 1 时，在规定的时间内条件没有得到满足，跳转到 LBL[1] TIMEOUT：等待超时

（2）I/O 条件等待指令：对 I/O 的值和另外一方的值进行比较，在条件得到满足之前等待。

格式	WAIT（变量）（算符）（值）（处理） 变量：AO[i]、AI[i]、GO[i]、GI[i]、DO[i]、DI[i]、UO[i]、UI[i]等 算符：>、>=、=、<=、<、<> 值：常数、R[i]、ON、OFF 等 处理：无指定，等待无限长时间；有指定，TIMEOUT, LBL[i]
示例	WAIT　R[2] <> OFF，TIMEOUT, LBL[1] WAIT　DI[2]<>OFF，TIMEOUT, LBL[1]
说明	当 DI[2]的值不等于 OFF 时，在规定的时间内条件没有得到满足，跳转到 LBL[1] TIMEOUT：等待超时

3.2.4　无条件转移指令

※ 基本指令（二）

无条件转移指令一旦被执行，程序指针就必定会从程序的当前行转移到指定程序行。无条件转移指令有两类：跳转指令和程序呼叫指令。

1. 跳转指令

跳转指令用于跳转到指定的标签处。

格式	JMP　LBL [i] i：标签号码（1~32 767）
示例	JMP　LBL [2：HANDOPEN] LBL [R [4]]
说明	使程序的执行转移到相同程序内指定的标签处

2. 程序呼叫指令

执行该指令时，将进入被调用的程序中执行，被调用的程序执行结束后，机器人将继续执行程序调用指令的下一条指令。使用该指令时，可以按【F4】键“选择”，切换所需调用的程序，或者直接输入程序名称字符串。被呼叫的程序执行结束时，返回到紧跟主程序的程序呼叫指令后的指令。呼叫的程序名自动地从所打开的辅助菜单中选择，或按【F5】键，在“字符串”后直接输入字符。

格式	CALL （程序名） 程序名：希望调用的程序名称
示例	CALL SUB1（程序名） CALL PROG2（程序名）
说明	使程序的执行转移到其他程序（子程序）的第 1 行后执行该程序

3.2.5 条件转移指令

根据判断条件是否满足而从程序的某一行转移到其他行时应使用条件转移指令。条件转移指令有两类：条件比较指令和条件选择指令。

1. 条件比较指令

条件比较指令用于当条件得到满足时，就转移到所指定的标签。条件比较指令包括寄存器比较指令和 I/O 条件比较指令。

（1）寄存器比较指令。

格式	IF（变量）（算符）（值），（处理） 变量：R[*i*] 算符：>、>=、=、<=、<、<> 值：常数、R[*i*] 处理：JMP LBL[*i*]、CALL（程序名）
示例	IF R[1] = 2，JMP LBL [1]
说明	对寄存器的值和另一方的值进行比较，若 R[1]=2，则跳转到 LBL[1]，否则执行 IF 下面一条指令

（2）I/O 条件比较指令。

格式	IF（变量）（算符）（值），（处理） 变量：AO[*i*]、AI[*i*]、GO[*i*]、GI[*i*] 算符：>、>=、=、<=、<、<> 值：常数 处理：JMP LBL[*i*]、CALL（程序名）
示例	IF R[1] = R[2]，JMP LBL [1]
说明	对 I/O 的值和另一方的值进行比较，若 R[1] = R[2]，则跳转到 LBL[1] ，否则执行 IF 下面一条指令

2. 条件选择指令

根据寄存器的值转移到所指定的跳跃指令或子程序呼叫指令。该指令执行时，将寄存器的值与一个或几个值进行比较，选择值相同的语句执行。

格式	SELECT R[*i*] =（值）（处理） =（值）（处理） =（值）（处理） ELSE （处理） R[*i*]：寄存器号码（1~32） 值：常数、R[*i*] 处理：JMP LBL[*i*]、CALL（程序名）
示例	1：SELECT R[1] =1，JMP LBL[1] 2： =2，JMP LBL[2] 3： =3，JMP LBL[3] 4： ELSE，CALL SUB2
说明	将寄存器的值与一个或几个值进行比较，当值相等时，执行相应的程序 当 R[1]=1，跳转到 LBL[1] 当 R[1]=2，跳转到 LBL[2] 当 R[1]=3，跳转到 LBL[3] 当 R[1]均不等于上述 3 个比较值时，调用 SUB2 子程序

3. 2. 6 位置补偿条件指令

位置补偿条件指令用于预先指定在位置补偿指令执行时所使用的位置补偿条件。该指令需要在执行位置补偿指令前执行。运动的目标位置为运动指令的位置变量（或寄存器）中所记录的位置加上偏移条件指令中的补偿量后的位置。曾被指定的位置补偿条件，在程序执行结束，或者执行下一个位置补偿条件指令之前有效。

格式	OFFSET CONDITION PR [R[*i*]] *i*：位置寄存器编号（1~100） *i*：用户坐标系编号（1~9）
示例	1：OFFSET CONDITION PR [R[1]] 2：J P[1] 100% FINE 3：L P[2] 500 mm/sec FINE OFFSET
说明	在执行第 3 条运动指令时，目标位置将是 P[2]加上 PR [R[1]]所得到的位置

注意：在以关节形式示教的情况下，即使变更用户坐标系也不会对位置变量、位置寄存器产生影响；但是在以直角形式示教的情况下，位置变量、位置寄存器都会受到用户坐标系的影响。

3.2.7 坐标系指令

坐标系指令用于改变机器人进行作业的直角坐标系设定。坐标系指令有两类：坐标系设定指令和坐标系选择指令。

※ 基本指令（三）

1. 坐标系设定指令

坐标系设定指令用以改变所指定的坐标系定义。

（1）改变工具坐标系的设定值为指定的值。

格式	UTOOL[*i*]=（值） UTOOL[*i*]：其中 *i* 为工具坐标系号码（1～10） （值）：为 PR[*i*]
示例	UTOOL[2]=PR[1]
说明	改变工具坐标系 2 的设定值为 PR[1]中指定的值

（2）改变用户坐标系的设定值为指定的值。

格式	UFRAME[*i*]=（值） UFRAME[*i*]：其中 *i* 为用户坐标系号码（1～9） （值）：为 PR[*i*]
示例	UFRAME[1]= PR[2]
说明	改变用户坐标系 1 的设定值为 PR[2]中指定的值

2. 坐标系选择指令

坐标系选择指令用以改变当前所选的坐标系号码。

（1）改变当前所选的工具坐标系号码。

格式	UTOOL_NUM=（值） （值）：分为“R[*i*]”和“常数” （值）为常数：工具坐标系号码（1～10）
示例	UTOOL_NUM=1
说明	改变当前所选的工具坐标系号码 ，选用“1”号工具坐标系

（2）改变当前所选的用户坐标系号码。

格式	UFRAME_NUM=（值） （值）：分为“R[*i*]”和“常数” （值）为常数：用户坐标系号码（1～9）
示例	UFRAME_NUM=1
说明	改变当前所选的用户坐标系号码，选用“1”号用户坐标系

3.2.8　FOR/ENDFOR 指令

FOR/ENDFOR 指令可以控制程序指针在 FOR 和 ENDFOR 之间循环执行，执行的次数可以根据需要进行指定。

FOR 指令的格式如下：

FOR（计数器）=（初始值）TO（目标值）
FOR（计数器）：一般使用“R[*i*]”
（初始值）：分为“常数”“R[*i*]”“AR[*i*]”
（目标值）：分为“常数”“R[*i*]”“AR[*i*]”

在执行 FOR/ENDFOR 指令时，R[*i*]的值将从“初始值”开始递增或递减至“目标值”，当下一次进行比较时，R[*i*]的值将超出“初始值”和“目标值”的区间范围，程序指针将跳出 FOR/ENDFOR 循环指令，开始执行 ENDFOR 后面的指令。

要执行 FOR/ENDFOR 区间内程序指令，需要满足如下的条件：

（1）指定 TO 时，初始值在目标值以下，计数值进行递增。

（2）指定 DOWNTO 时，初始值在目标值以上，计数值进行递减。

此条件满足时，光标移动到 FOR 指令的后续行，执行 FOR/ENDFOR 区间内程序指令。此条件没有得到满足时，光标移动到对应的 ENDFOR 指令的后续行，不执行 FOR/ENDFOR 区间内程序指令。

格式	FOR R[*i*]=（初始值）TO（目标值） L P[*i*] 100 mm/sec CNT100 ⋮ ENDFOR L P[*i*] 100 mm/sec CNT100 END
示例	1:FOR　R[1]=1 TO 5 2:L P[1] 100 mm/sec　CNT100 3:L P[2] 100 mm/sec　CNT100 4:ENDFOR 5:L P[3] 100 mm/sec　CNT100 6:END
说明	机器人将在 P[1]和 P[2]之间反复运动 5 次，然后结束循环，运动至 P[3]点

3.3　I/O 通信

3.3.1　I/O 信号种类

※　I/O 通信

I/O 信号即输入/输出信号，是机器人与末端执行器、外部装置等外围设备进行通信的电信号。FANUC 机器人的 I/O 信号可分为两大类：通用 I/O 信号和专用 I/O 信号。

1. 通用 I/O 信号

通用 I/O 信号是可由用户自定义而使用的 I/O 信号。通用 I/O 信号包括数字 I/O 信号、模拟 I/O 信号和组 I/O 信号。

（1）数字 I/O 信号。

数字 I/O 信号是从外围设备提供处理 I/O 印刷电路板（或 I/O 单元）的输入/输出信号线来进行数据交换的信号，分为数字量输入 DI[*i*]和数字量输出 DO[*i*]。而数字信号的状态有 ON（通）和 OFF（断）两类。

（2）模拟 I/O 信号。

模拟 I/O 信号是从外围设备提供处理 I/O 印刷电路板（或 I/O 单元）的输入/输出信号线来进行模拟输入/输出电压值交换的信号，分为模拟量输入 AI [*i*] 和模拟量输出 AO[*i*]。进行读写时，将模拟输入/输出电压值转化为数字值。因此，其值与输入/输出电压值不一定完全一致。

（3）组 I/O 信号。

组 I/O 信号是用来汇总多条信号线并进行数据交换的通用数字信号，分为 GI [i]和 GO[i]。组信号的值用数值（10 进制数或 16 进制数）来表达，转变或逆转变为 2 进制数后通过信号线交换数据。

2. 专用 I/O 信号

专用 I/O 信号指用途已确定的 I/O 信号。专用 I/O 信号包括机器人 I/O 信号、外围设备 I/O 信号和操作面板 I/O 信号。

（1）机器人 I/O 信号。

机器人 I/O 信号是经由机器人，作为末端执行器 I/O 信号使用的机器人数字信号，分为机器人输入信号 RI [i] 和机器人输出信号 RO[i]。末端执行器 I/O 信号与机器人手腕上所附带的连接器连接后才可使用。

（2）外围设备 I/O（UOP）信号。

外围设备 I/O 信号是在系统中已经确定了其用途的专用信号，分为外围设备输入信号 UI[i]和外围设备输出信号 UO[i]。这些信号从处理 I/O 印刷电路板（或 I/O 单元）处通过相关接口及 I/O Link 与程控装置和外围设备连接，从外部进行机器人控制。

（3）操作面板 I/O（SOP）信号。

操作面板 I/O 信号是用于操作面板、操作箱的按钮和 LED 之间进行状态数据交换的数字专用信号，分为输入信号 SI[i]和输出信号 SO[i]。输入信号根据操作面板上按钮的 ON/OFF 状态而定。输出时，进行操作面板上 LED 指示灯的 ON、OFF 操作。

3.3.2 I/O 硬件连接

1. R-30iB Mate Plus 主板

外围设备接口的主要作用是从外部进行机器人控制。R-30iB Mate Plus 的主板备有输入 28 点、输出 24 点的外围设备控制接口，由机器人控制器上的两根电缆线 CRMA15 和 CRMA16 连接至外围设备上的 I/O 印刷电路板。外部设备接口实物图如图 3.9 所示，外部设备接口图如图 3.10 所示。

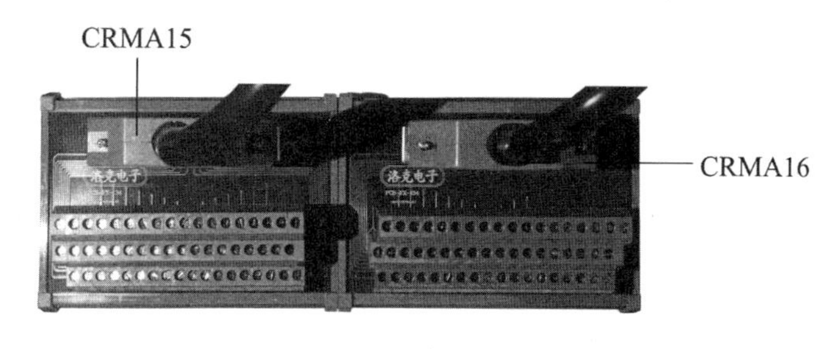

图 3.9 外部设备接口实物图

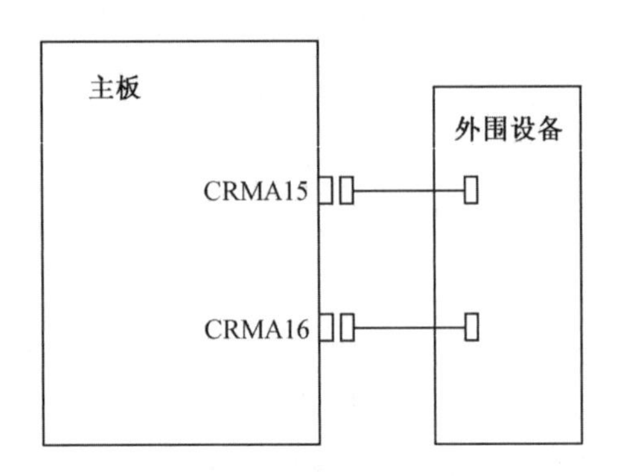

图 3.10　外部设备接口图

2. EE 接口

EE 接口为机器人手臂上的信号接口，主要用来控制和检测机器人末端执行器的信号，如图 3.11 所示。

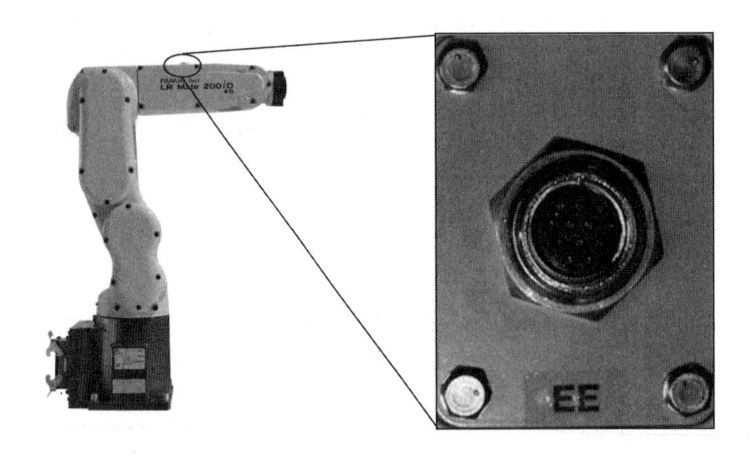

图 3.11　EE 接口实物图

ER 4iA 型机器人的 EE 接口共有 12 个信号接口：6 个机器人输入信号、2 个机器人输出信号、4 个电源信号。它的插脚排列如图 3.12 所示，其中“9”“10”号引脚为“24 V”，“11”“12”号引脚为“0 V”。

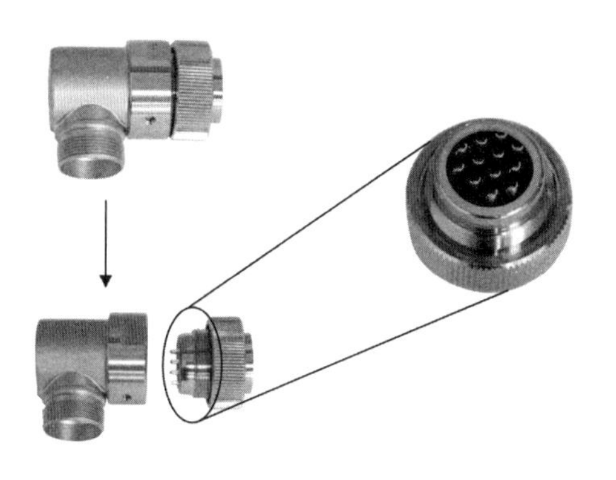

（a）航空插头实物图

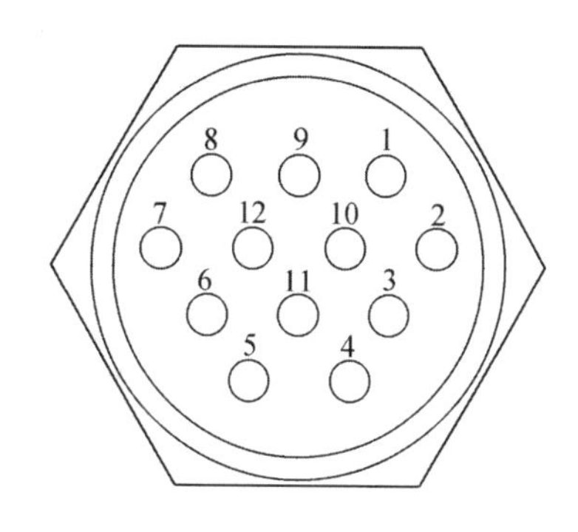

（b）引脚图

图 3.12　机器人末端信号应用实例

EE 接口各引脚功能见表 3.1。

表 3.1　EE 接口各引脚功能

引脚号	名称	功能	引脚号	名称	功能
1	RI 1	输入信号	7	RO 7	输出信号
2	RI 2	输入信号	8	RO 8	输出信号
3	RI 3	输入信号	9	24 V	高电平
4	RI 4	输入信号	10	24 V	高电平
5	RI 5	输入信号	11	0 V	低电平
6	RI 6	输入信号	12	0 V	低电平

3.4　编程基础

本节对机器人动作程序的创建及修改进行说明，主要内容包含程序构成、程序创建和程序执行。

※ 编程基础

3.4.1　程序构成

机器人应用程序由用户编写的一系列机器人指令以及其他附带信息构成，用于机器人完成特定的作业任务。程序除了记录机器人如何进行作业的程序信息外，还包括程序属性等详细信息。

1. 程序一览画面

程序一览画面如图 3.13 所示。

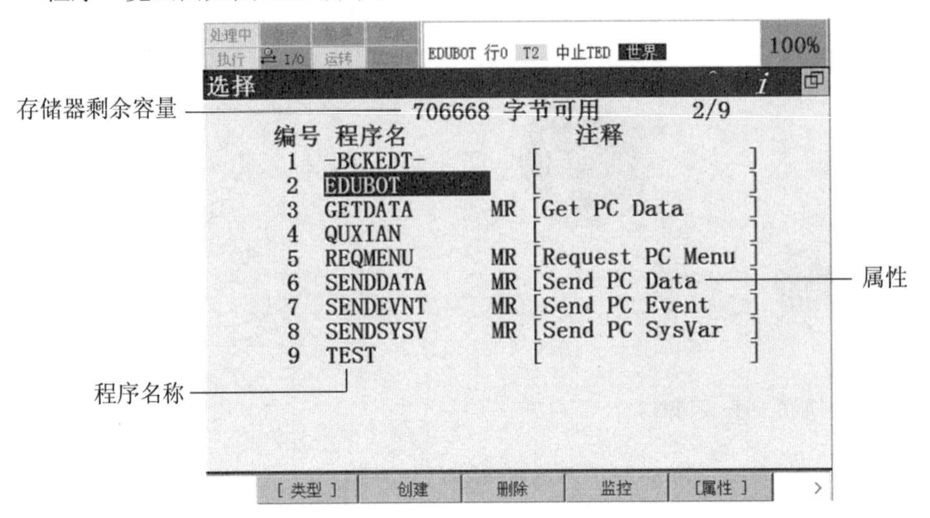

图 3.13 程序一览画面

程序一览画面说明如下：

（1）存储器剩余容量：显示当前设备所能存储程序的容量。

（2）程序名称：用来区别存储在控制器内的程序，在相同控制器内不能创建相同名称的程序。

（3）程序注释：用来记录与程序相关的说明性附加信息。

2. 程序编辑画面

程序编辑画面如图 3.14 所示。

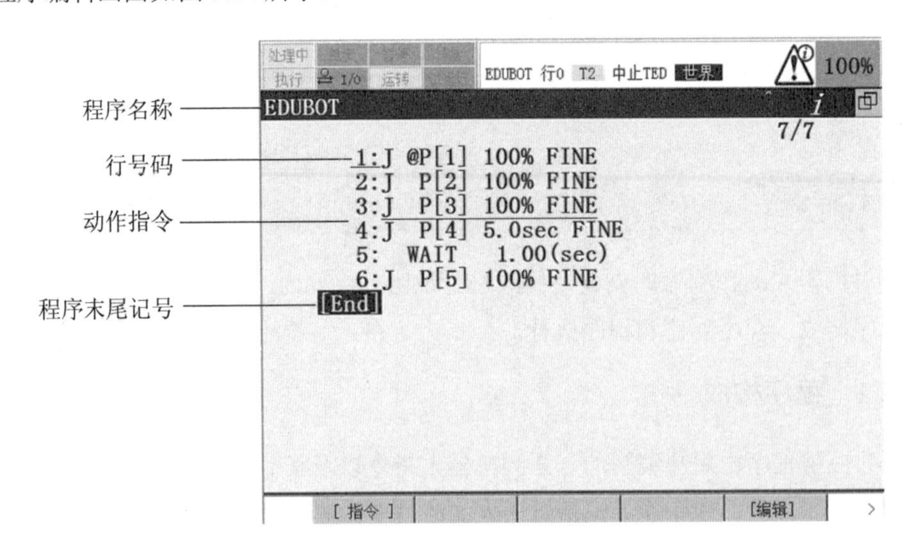

图 3.14 程序编辑画面

程序编辑画面说明如下：

（1）行号码：记录程序各指令的行编号。

（2）动作指令：以指定的移动速度和移动方法，使机器人向作业空间内的指定位置移动的指令。

（3）程序末尾记号：是程序结束标记，表示本指令后面没有程序指令。

3.4.2　程序创建

用户在创建程序前，需要对程序主体架构进行设计，要考虑机器人执行所期望作业的最有效方法。完成主体架构设计后，即可使用相应的机器人指令来创建程序。

程序的创建一般通过示教器进行。在对动作指令进行创建时，要通过示教器手动进行操作，控制机器人运动至目标位置，然后根据期望的运动类型进行程序指令记录。程序创建结束后，可通过示教器根据需要修改程序。程序编辑包括对指令的更改、追加、删除、复制、替换等。创建程序步骤见表3.2。

表3.2　创建程序

序号	图片示例	操作步骤
1	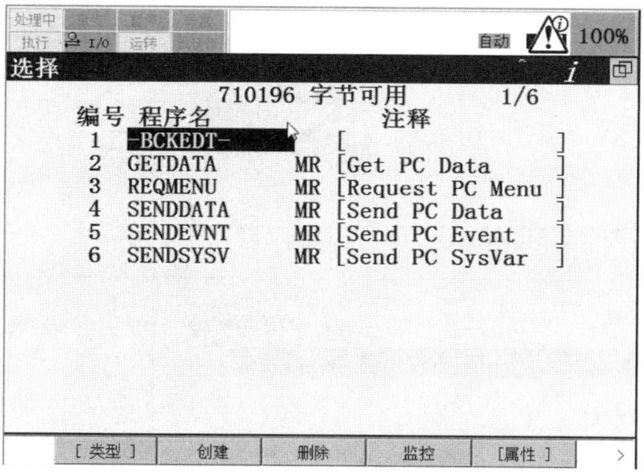 处理中 执行 I/O 运转 自动 100% 选择 710196 字节可用 1/6 编号 程序名 注释 1 -BCKEDT- [ ] 2 GETDATA MR [Get PC Data] 3 REQMENU MR [Request PC Menu] 4 SENDDATA MR [Send PC Data] 5 SENDEVNT MR [Send PC Event] 6 SENDSYSV MR [Send PC SysVar] [类型] 创建 删除 监控 [属性] >	按【SELECT】键，进入程序一览画面

续表 3.2

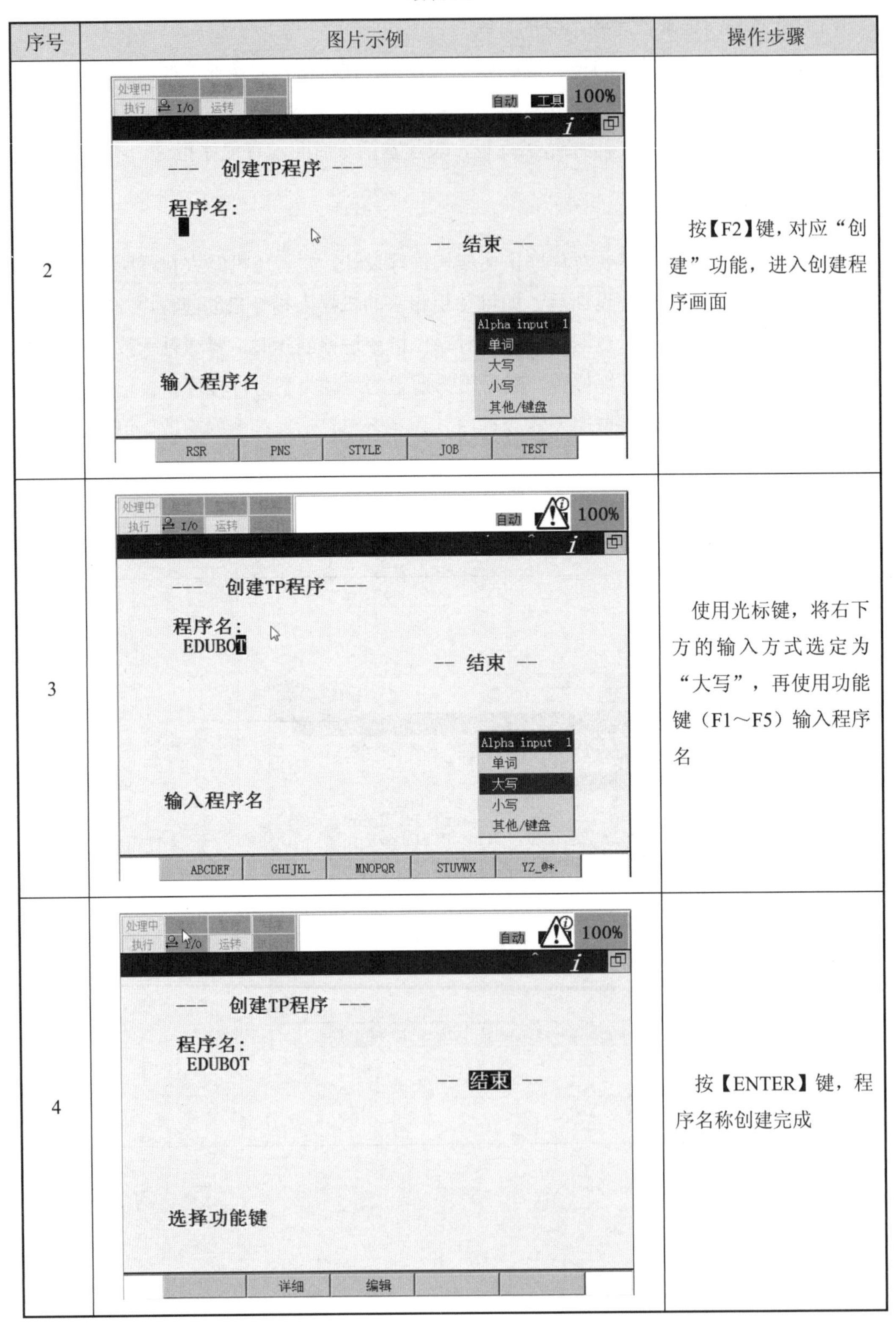

序号	图片示例	操作步骤
2		按【F2】键，对应“创建”功能，进入创建程序画面
3		使用光标键，将右下方的输入方式选定为“大写”，再使用功能键（F1～F5）输入程序名
4		按【ENTER】键，程序名称创建完成

在完成程序创建后，需要对程序进行编辑。程序编辑步骤见表 3.3。

表 3.3　程序编辑

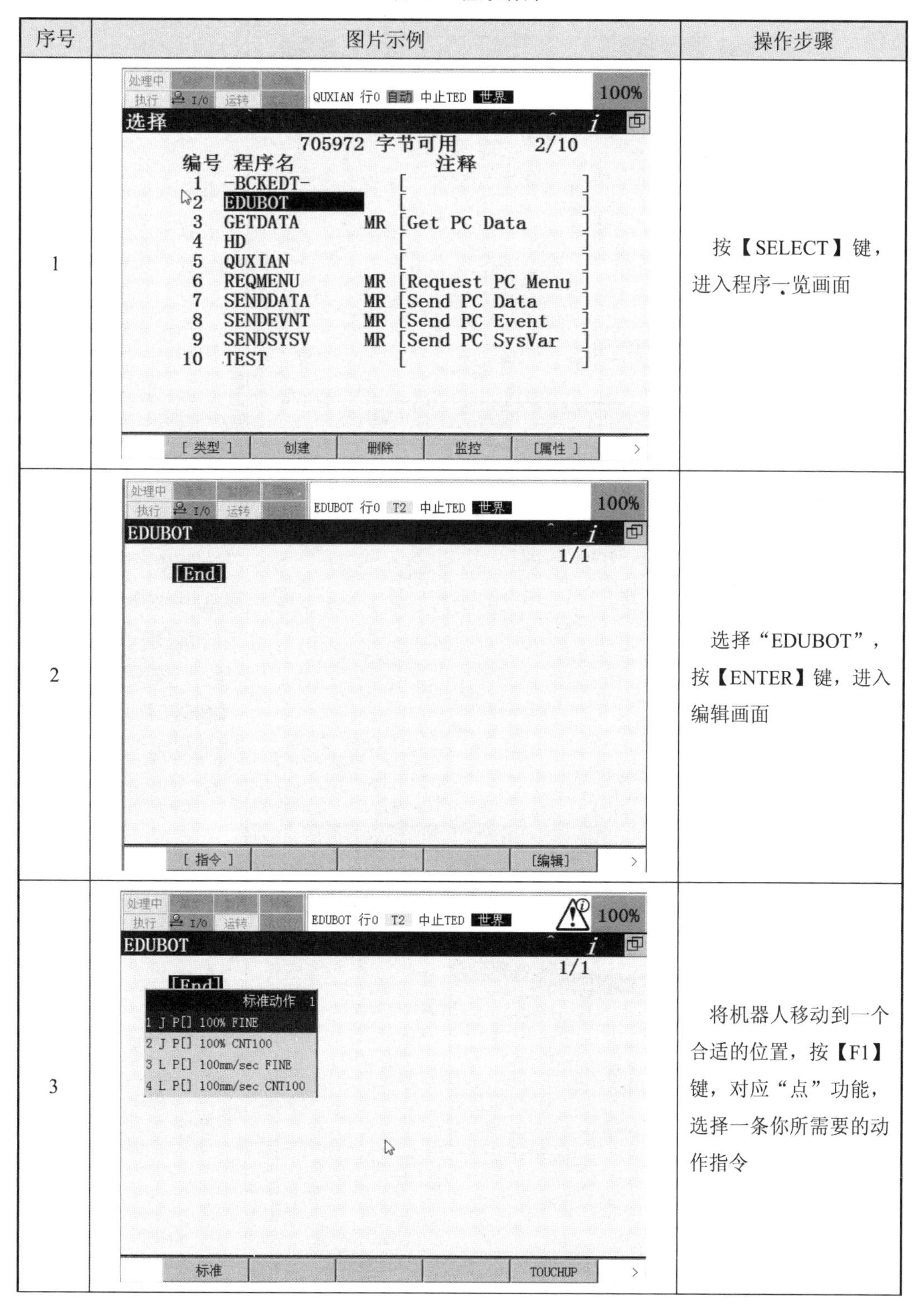

序号	图片示例	操作步骤
1		按【SELECT】键，进入程序一览画面
2		选择“EDUBOT”，按【ENTER】键，进入编辑画面
3		将机器人移动到一个合适的位置，按【F1】键，对应“点”功能，选择一条你所需要的动作指令

续表 3.3

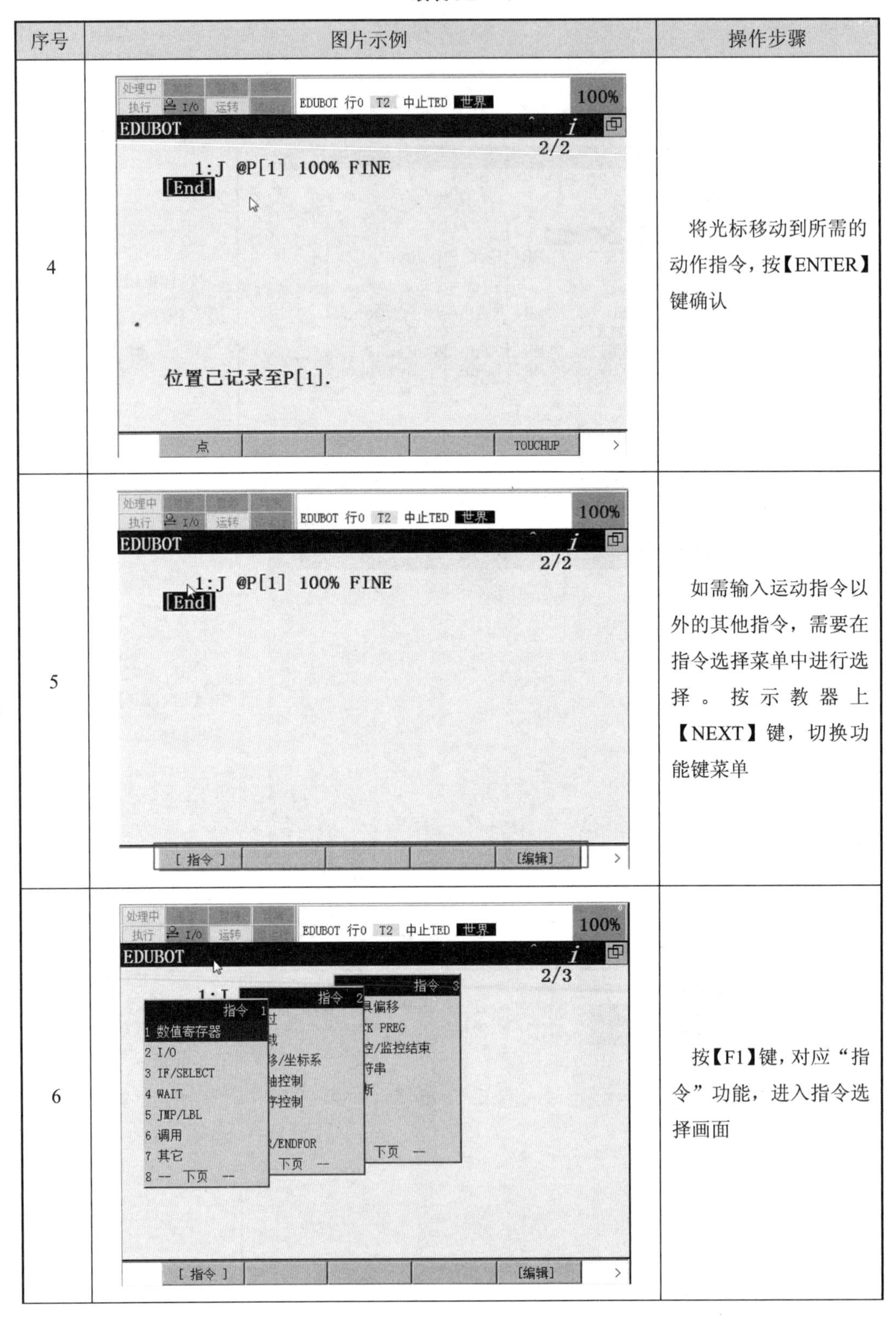

序号	图片示例	操作步骤
4		将光标移动到所需的动作指令，按【ENTER】键确认
5		如需输入运动指令以外的其他指令，需要在指令选择菜单中进行选择。按示教器上【NEXT】键，切换功能键菜单
6		按【F1】键，对应“指令”功能，进入指令选择画面

续表 3.3

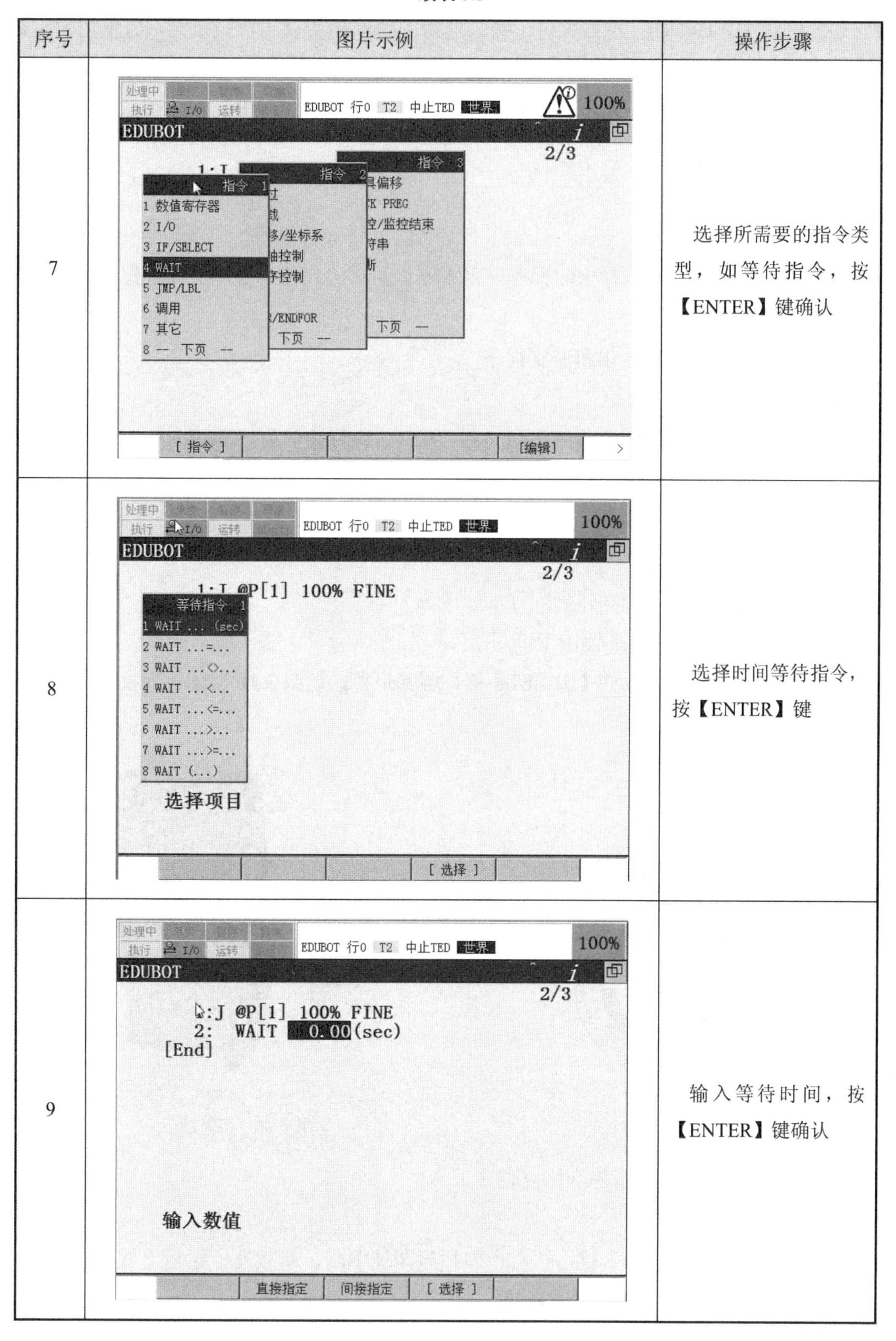

序号	图片示例	操作步骤
7		选择所需要的指令类型，如等待指令，按【ENTER】键确认
8		选择时间等待指令，按【ENTER】键
9		输入等待时间，按【ENTER】键确认

从上述程序创建步骤可以看出，程序创建包括程序建立和指令记述两部分内容。在指令记述的过程中，FANUC 机器人对于经常使用的运动指令做了快捷按键，方便用户进行快速选择和位置记录。如果需要输入其他更加丰富的指令，则需要在指令选择画面进行选择，以输入功能丰富的各种指令。

3.4.3 程序执行

1. 程序的停止与恢复

程序的停止是指停止执行中的程序。程序停止的原因包括：程序执行过程中发生报警而偶然停止和人为操作停止。

（1）通过急停操作来停止和恢复程序。

➢ 急停方法。

按下示教器或操作面板的急停按钮（图 3.15），执行中的程序即被中断，示教器上显示“暂停”。急停按钮被锁定，处于保持状态。示教器的画面上出现急停报警的显示。FAULT（报警）指示灯点亮。

➢ 恢复方法。

①排除导致急停的原因（包含程序的修改）。

②向右旋转急停按钮，解除按钮的锁定。

③按示教器或操作面板的【RESET】键，解除报警，如图 3.16 所示。示教器画面上的急停报警显示消失。

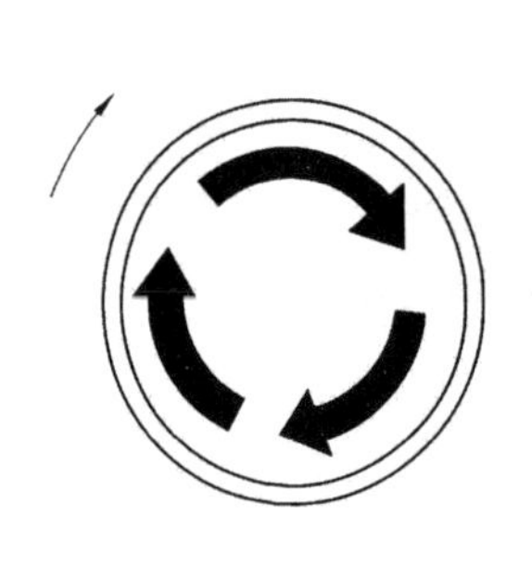

图 3.15　急停按钮

图 3.16　报警解除

（2）通过 HOLD 键来暂停和恢复程序。

➢ 暂停方法。

按下示教器的【HOLD】键，执行中的程序即被中断，示教器上显示“暂停”消息。暂停报警有效的情况下，进行报警显示。

➢ 恢复方法。

再启动程序，暂停即被解除。

2. 执行程序

执行程序即控制机器人按照所示教的程序进行指令执行，也称作程序再现、程序再生。

（1）程序执行前的检查。

在执行机器人程序前需要根据实际工况条件，确保安全的运行速度和程序正确执行。检查机器人动作的要素有两个：速度倍率和坐标系核实。

➢ 速度倍率。

速度倍率用于控制机器人运动的速度（执行速度）。通过按下速度倍率键，就可以变更速度倍率值。速度倍率的画面显示如图 3.17 所示。

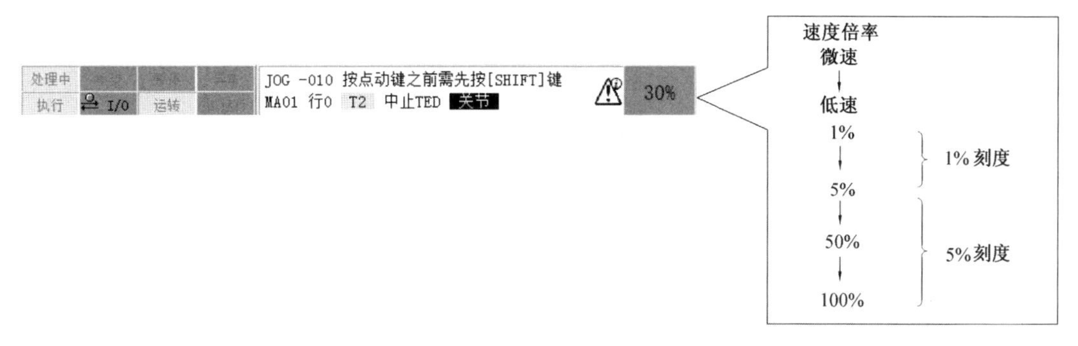

图 3.17 速度倍率的画面显示

机器人的实际运动速度与速度倍率和指令中速度值有关，实际运动速度是两者的乘积结果。当速度倍率为 100%时，表示机器人以程序指令所记述的运动速度进行动作。

➢ 坐标系核实。

在程序指令中未对坐标系进行选择时，在运行该程序前需要对当前坐标系编号进行确认核实。

坐标系的核实，是系统对再现运行时基于直角坐标系下建立的程序进行检测的过程。当前所指定的坐标系编号（工具坐标系编号和用户坐标系编号）与程序各个点位示教时的坐标系编号不同时，程序将无法执行，并发出报警信号。

①工具坐标系编号（UT）。

0：使用默认工具坐标系

1～10：使用所指定的工具坐标系编号的工具坐标系

T：使用当前所选的工具坐标系编号的坐标系

②用户坐标系编号（UF）。

0：使用世界坐标系

1～9：使用所指定的用户坐标系编号的用户坐标系

F：使用当前所选的用户坐标系编号的坐标系

（2）启动程序的方法。

启动程序有如下3种方法。

①示教器启动程序（【SHIFT】键+【FWD】或【BWD】键），如图3.18所示。

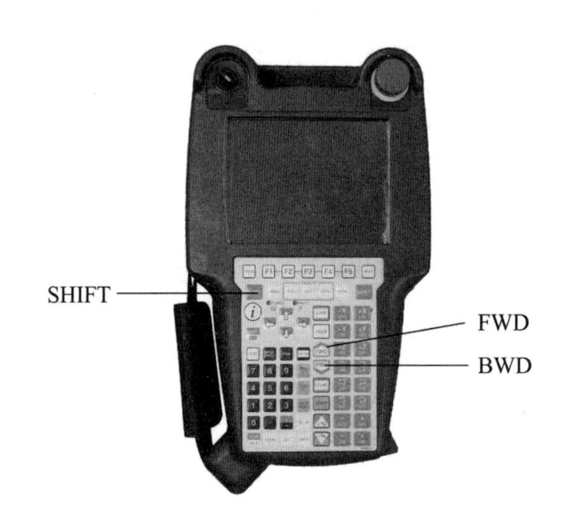

图3.18　示教器启动程序

②操作面板和启动按钮组合启动。

③外围设备启动（RSR/PNS1~8输入、PROD_START输入、START输入）。

3. 测试运转

测试运转就是在将机器人安装到现场生产线、执行自动运转之前，逐一确认其动作的过程。测试运转对于确保作业人员和外围设备的安全十分重要。

测试运转有两种方法：逐步测试和连续测试。

（1）逐步测试。

逐步测试是指通过示教器逐行执行程序，有两种方式：前进执行和后退执行。

➢ 前进执行：顺向执行程序。前进执行可通过按住示教器上【SHIFT】键的同时按下【FWD】键后松开来执行。

➢ 后退执行：逆向执行程序。后退执行可通过按住示教器上【SHIFT】键的同时按下【BWD】键后松开来执行。

注意：后退执行只执行动作指令。在执行程序时忽略跳过指令、先执行指令、后执行指令、软浮动指令等动作附加指令。光标在执行后移动到上一行。

（2）连续测试。

连续测试是指通过示教器或操作面板，从当前执行程序直到结束（程序末尾记号或程序结束指令）。

第4章 基础运动应用项目

4.1 项目概况

4.1.1 项目背景

※ 基础运动应用项目简介

随着技术的发展，机器人行业日趋自动化、智能化。用机器人来执行危险度与重复性较高的工作，可以解放人力，提升效率及产能，提升加工品质。生产制造企业对智能化机器人的要求也越来越高。同时，工业机器人在各种自动化应用中占有一定的比重，图 4.1 所示为工业机器人管件切割作业，在这些应用中，机器人的基础运动是机器人编程的关键。

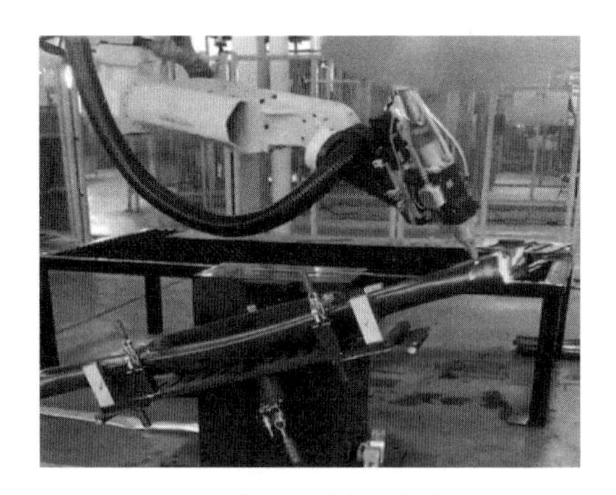

图 4.1 机器人管件切割作业

4.1.2 项目需求

本项目为基础实训项目中的曲线运动项目，项目场景如图 4.2（a）所示。在基础实训模块中，气动夹爪代替工业应用工具，以模块中的 S 形曲线为轨迹，进行曲线轨迹运动，项目效果如图 4.2（b）所示。

（a）基础实训项目场景

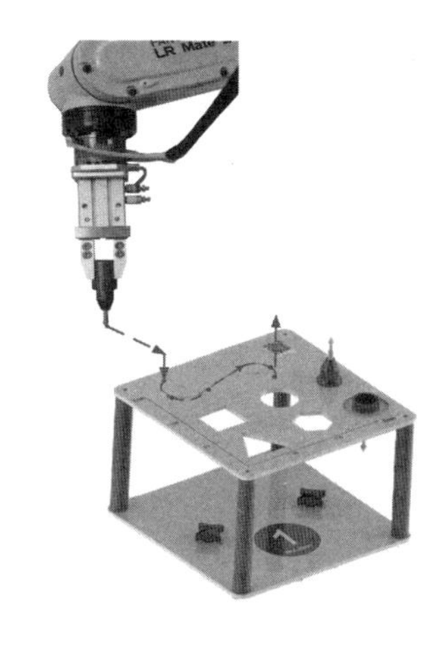

（b）项目效果

图 4.2　项目场景及效果

4.1.3　项目目的

在本项目的学习训练中需做到以下几点：

（1）掌握工具坐标系、用户坐标系的建立方法。

（2）掌握机器人运动指令的应用。

（3）掌握机器人 I/O 的配置。

（4）熟练掌握机器人编程操作。

4.2　项目分析

4.2.1　项目构架

本项目选用工业机器人产教应用平台中的工业机器人、夹具模块及基础模块进行案例讲解，整体构架如图 4.3 所示。

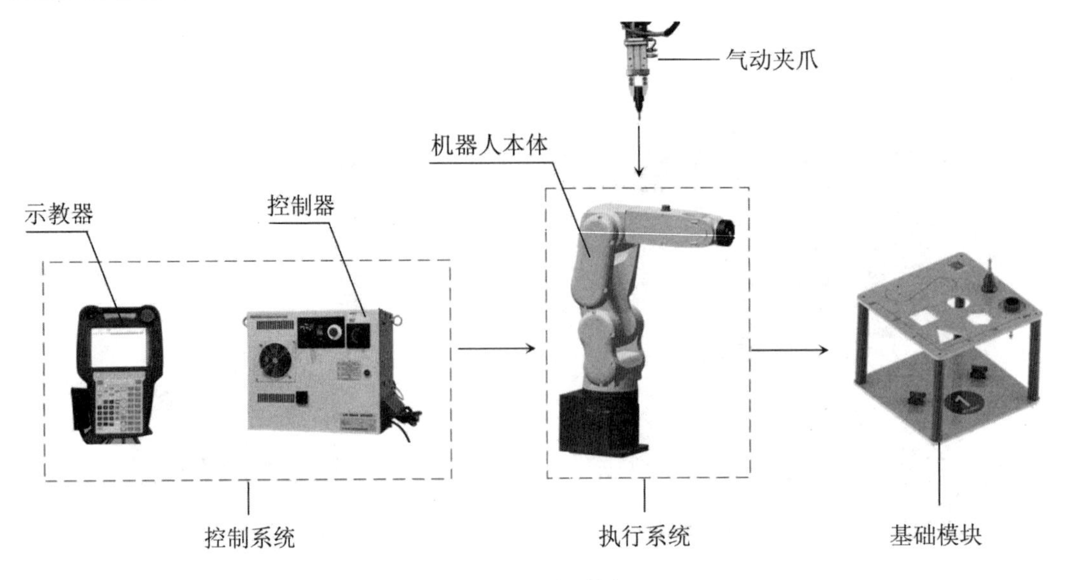

图 4.3　项目构架

4.2.2　项目流程

在项目实施过程中，需要包含以下环节。

（1）对产教应用系统平台进行搭建。

（2）完成编程前的应用系统配置，包括坐标系建立、机器人 I/O 的配置。

（3）设计关联程序，包括初始化、装载、卸载气动夹爪等准备工作。

（4）设计主体程序。

（5）编写调试检查程序，确认无误后运行程序，观察程序运行结果。

（6）实现本地手动运行程序。

整体的项目流程如图 4.4 所示。

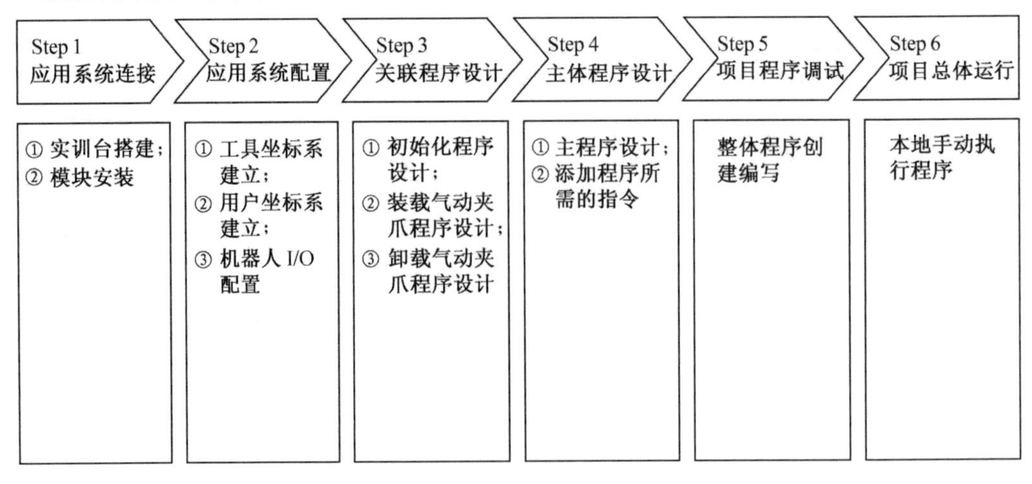

图 4.4　项目流程

4.3　项目要点

为了完成基础运动项目，需要合理规划机器人的运行路径，掌握机器人的坐标系建立、动作指令、I/O 指令等知识。

4.3.1　路径规划

曲线可以看作由 *N* 段小圆弧或直线组成，所以可以用 *N* 个圆弧指令或直线指令完成曲线运动，下面为大家介绍曲线运动路径，该实例的曲线路径由两段圆弧和一条直线构成。路径规划：初始点 P3→过渡点 P4→第一点 P5→第二点 P6→第三点 P7→第四点 P8→第五点 P9→第六点 P10→过渡点 P11，如图 4.5 所示。

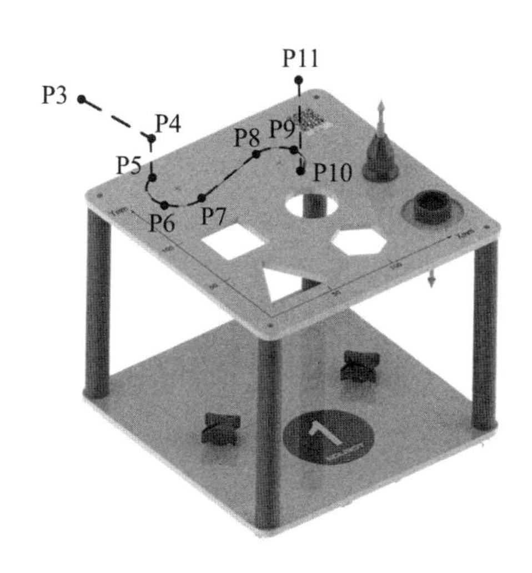

图 4.5　基础实训模块曲线路径规划

4.3.2　指令解析

1. 关节动作（J）

关节动作指令是将机器人移动到指定位置的基本移动方法。机器人沿着所有轴同时加速，在示教速度下移动，同时减速后停止，移动轨迹通常为非线性。

2. 直线动作（L）

直线动作指令是从动作开始点到结束点控制工具中心点进行线性运动的一种移动方法。

3. 圆弧动作（C）

圆弧动作指令是按照动作开始点→经过点→结束点以圆弧方式对工具中心点移动轨迹进行控制的一种移动方法。

4. 机器人 I/O 指令

“RO[*i*]=ON/OFF”，接通或断开所指定的机器人数字输出信号。

5. 标签指令（LBL[*i*]）

标签指令是用来表示程序转移目的地的指令。标签可通过标签定义指令来定义。

6. 跳转指令（JMP LBL[*i*]）

跳转指令使程序的执行转移到相同程序内所指定的标签。

4.3.3 坐标系建立

本项目在编写程序前需要对机器人进行工具坐标系及用户坐标系的建立。

1. 工具坐标系建立

本项目需要使用气动夹爪夹住标定尖锥进行 S 形曲线轨迹示教。在此，首先对标定尖锥建立工具坐标系，以基础模块上的尖锥为固定点，手动操作机器人，以三种不同的工具姿态使机器人上的标定尖锥参考点尽可能与固定点刚好接触。建立后的工具坐标系如图 4.6 所示，详细步骤请参考 4.4.2 节内容。

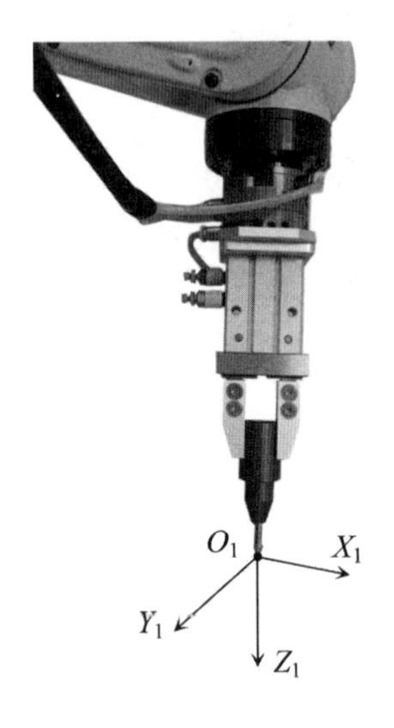

图 4.6 工具坐标系建立

2. 用户坐标系建立

在工具坐标系建立完成后，还应建立用户坐标系。在本项目中，选用三点法建立基础实训模块的坐标系：在基础实训模块的原点示教第一个点，在 *X* 轴上示教第二个点，在 *XY* 平面上示教第三个点。用户坐标系建立结果如图 4.7 所示，详细步骤请参考 4.4.2 节内容。

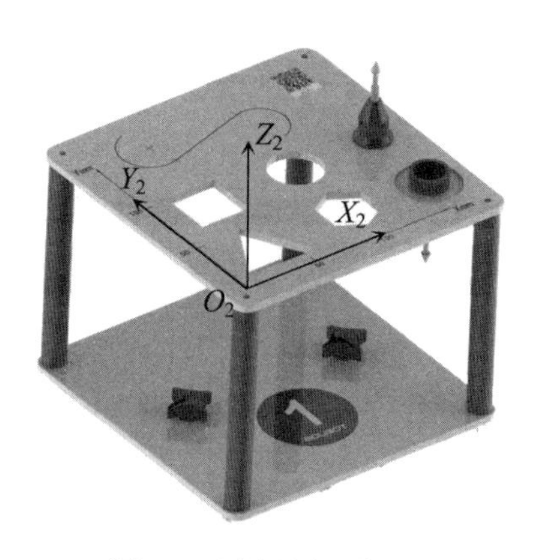

图 4.7　用户坐标系建立

4.4　项目步骤

4.4.1　应用系统连接

※ 基础运动应用项目步骤

产教应用平台包含一系列实训模块用于实操训练，在项目准备中需要安装基础实训模块和所需工具，如图 4.8 所示。

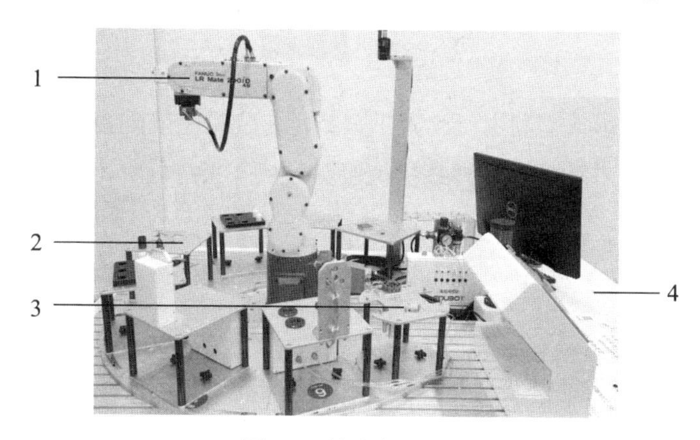

图 4.8　基础实训设备

本项目涉及的实训工具及说明见表 4.1。

表 4.1　实训工具说明

序号	名称	说明
1	机器人本体	机器人执行机构
2	基础模块	用夹具沿模块上各特征形状轨迹运动
3	气动夹爪	模拟工业工具进行图形轨迹运动
4	产教应用系统	提供基础实训操作平台

4.4.2 应用系统配置

1. 气动夹爪

气动夹爪由快换接头、手指气缸和夹爪构成，如图 4.9 所示。气动夹爪用于搬运、装配元件和工件原料。工作时机器人末端接头与夹具快换接头对接，对接卡紧后即可用于搬运任务。

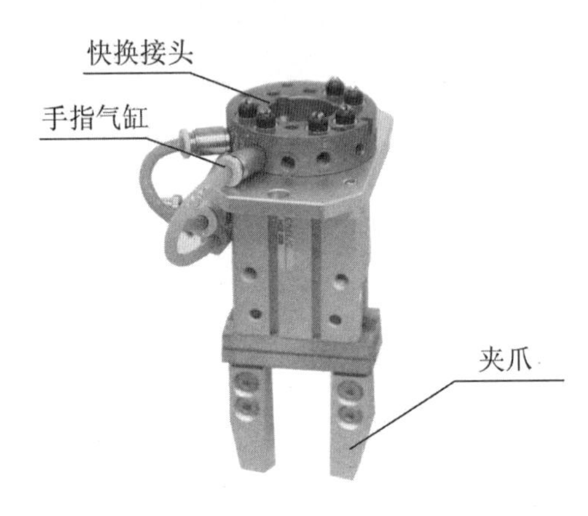

图 4.9 气动夹爪

2. I/O 配置

基础运动应用实训项目需利用气动夹爪夹持标定尖锥在基础模块中完成S形曲线的轨迹运动，为了使机器人末端接头与夹具快换接头对接并夹持住标定尖锥，需要使用表 4.2 中的机器人 I/O 信号。

表 4.2 机器人 I/O 信号配置

序号	名称	信号类型	功能
1	RO1	机器人输出信号	控制夹爪打开或关闭
2	RO3	机器人输出信号	控制快换接头气路打开或关闭

3. 坐标系建立

在进行坐标系建立之前，需要使用机器人 I/O 信号 RO3，将气动夹爪安装至机器人末端接头处。

（1）工具坐标系建立。

工具坐标系的建立步骤见表 4.3。

表 4.3　工具坐标系建立

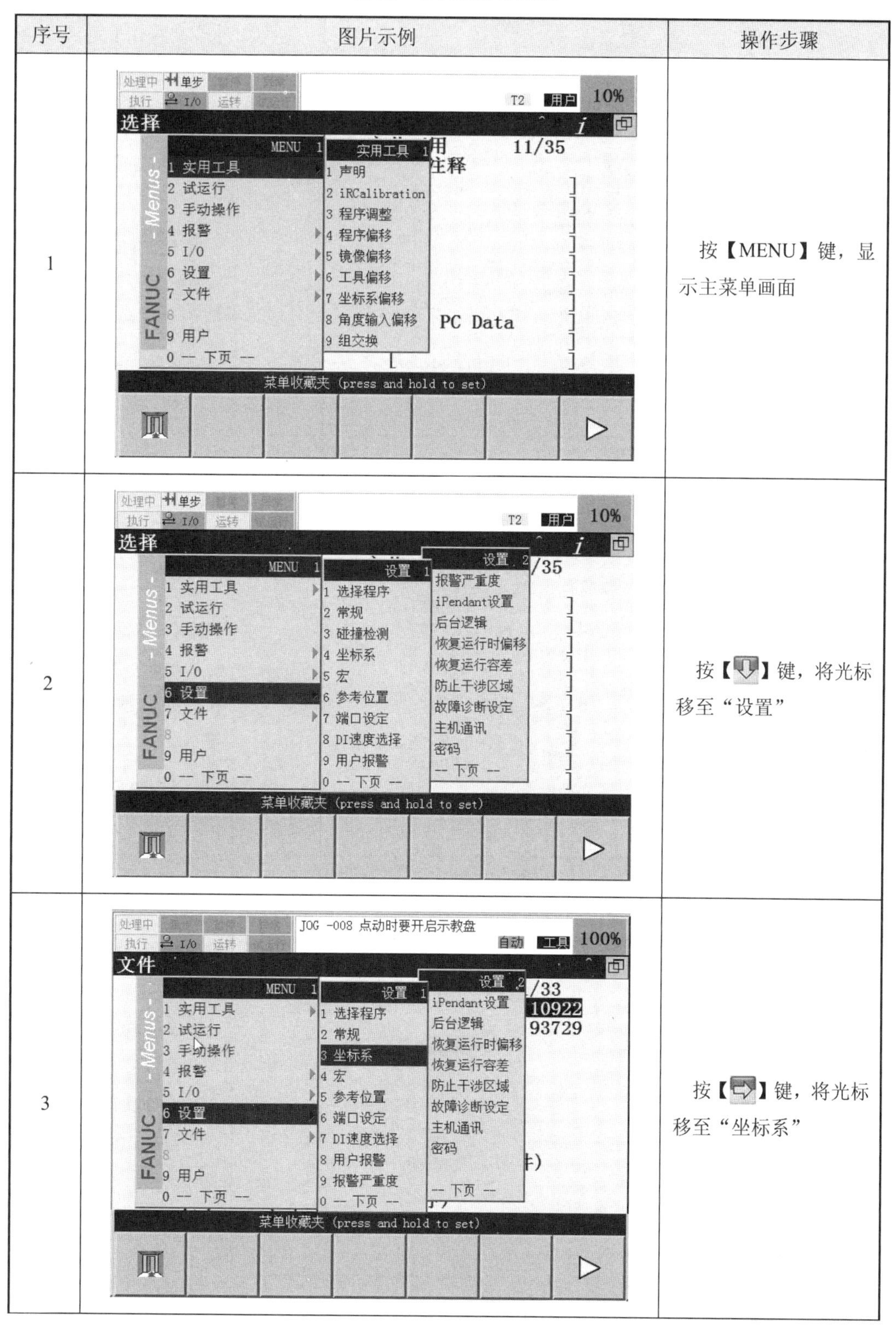

序号	图片示例	操作步骤
1		按【MENU】键，显示主菜单画面
2		按【↓】键，将光标移至“设置”
3		按【→】键，将光标移至“坐标系”

续表 4.3

序号	图片示例	操作步骤
4	处理中 单步 执行 I/O 运转 T2 用户 10% 设置 坐标系 工具坐标系 / 直接输入法 1/10 X Y Z 注释 1 0.0 0.0 0.0 [Eoat1] 2 0.0 0.0 0.0 [Eoat2] 3 0.0 0.0 0.0 [Eoat3] 4 0.0 0.0 0.0 [Eoat4] 5 0.0 0.0 0.0 [Eoat5] 6 0.0 0.0 0.0 [Eoat6] 7 0.0 0.0 0.0 [Eoat7] 8 0.0 0.0 0.0 [Eoat8] 9 0.0 0.0 0.0 [Eoat9] 10 0.0 0.0 0.0 [Eoat10] [类型] 详细 [坐标] 清除 切换	按【ENTER】键，进入坐标系设置画面
5	处理中 单步 执行 I/O 运转 T2 用户 10% 设置 坐标系 工具坐标系 / 直接输入法 1/10 X Y Z 注释 1 0.0 0.0 0.0 [Eoat1] 2 0.0 0.0 0.0 [Eoat2] 3 0.0 0.0 0.0 [Eoat3] 4 0.0 0.0 0.0 [Eoat4] 5 0.0 0.0 0.0 [Eoat5] 6 0.0 0.0 0.0 [Eoat6] 7 0.0 [Eoat7] 8 0.0 [Eoat8] 9 0.0 [Eoat9] 10 0.0 [Eoat10] 坐标 1 1 工具坐标系 2 点动坐标系 3 用户坐标系 4 单元坐标系 5 单元底板 [类型] 详细 [坐标] 清除 切换	按【F3】键，对应“坐标”功能，选择“工具坐标系”，按【ENTER】键
6	处理中 单步 执行 I/O 运转 T2 用户 10% 设置 坐标系 工具坐标系 直接输入法 2/7 坐标系编号： 1 1 注释： Eoat1 2 X: 0.000 3 Y: 0.000 4 Z: 0.000 5 W: 0.000 6 P: 0.000 7 R: 0.000 形态： N D B, 0, 0, 0 [类型] [方法] 编号	将光标移至坐标系编号“1”处。 按【F2】键，对应“详细”功能，进入详细功能画面

续表 4.3

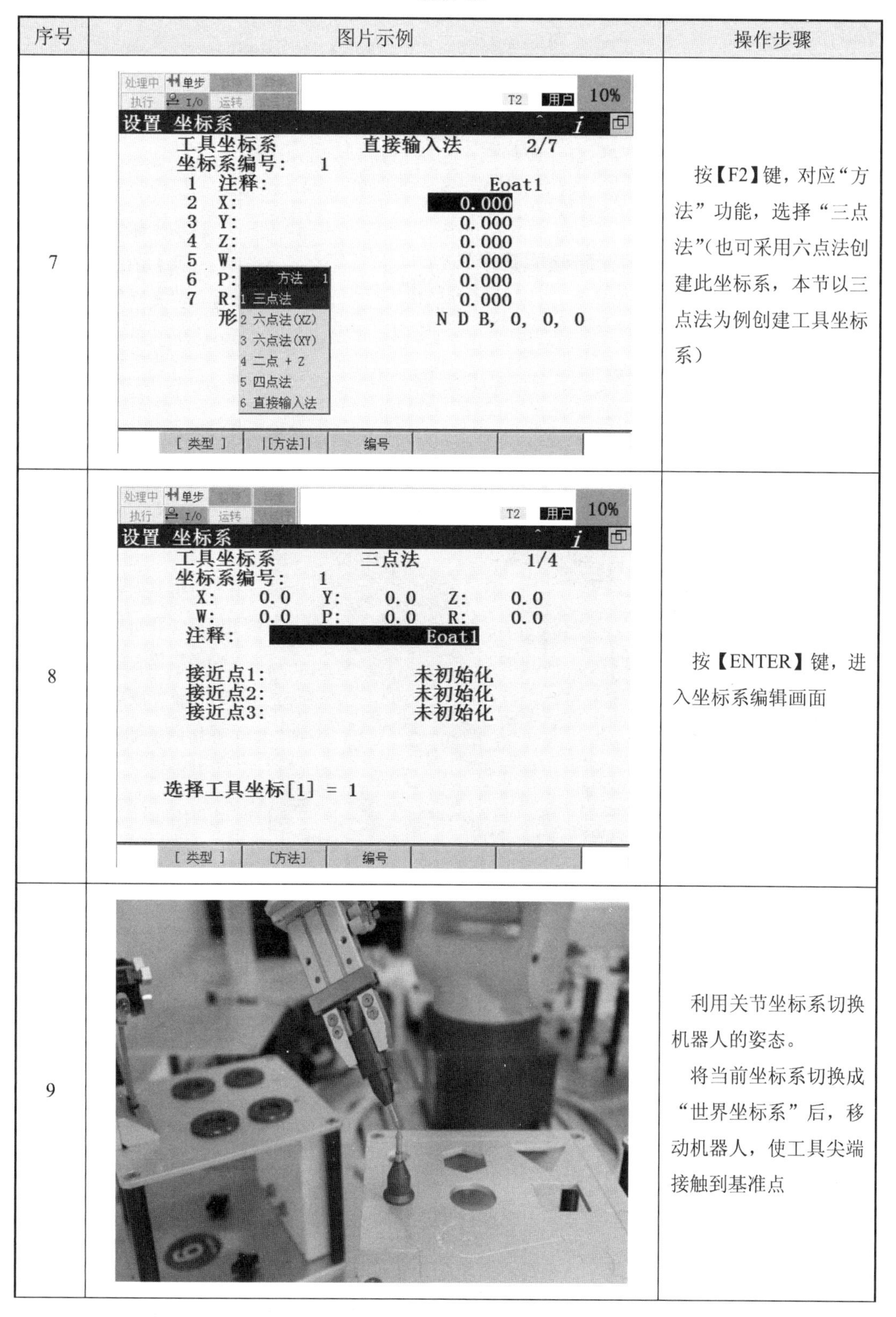

序号	图片示例	操作步骤
7		按【F2】键，对应“方法”功能，选择“三点法”(也可采用六点法创建此坐标系，本节以三点法为例创建工具坐标系）
8		按【ENTER】键，进入坐标系编辑画面
9		利用关节坐标系切换机器人的姿态。 将当前坐标系切换成“世界坐标系”后，移动机器人，使工具尖端接触到基准点

续表 4.3

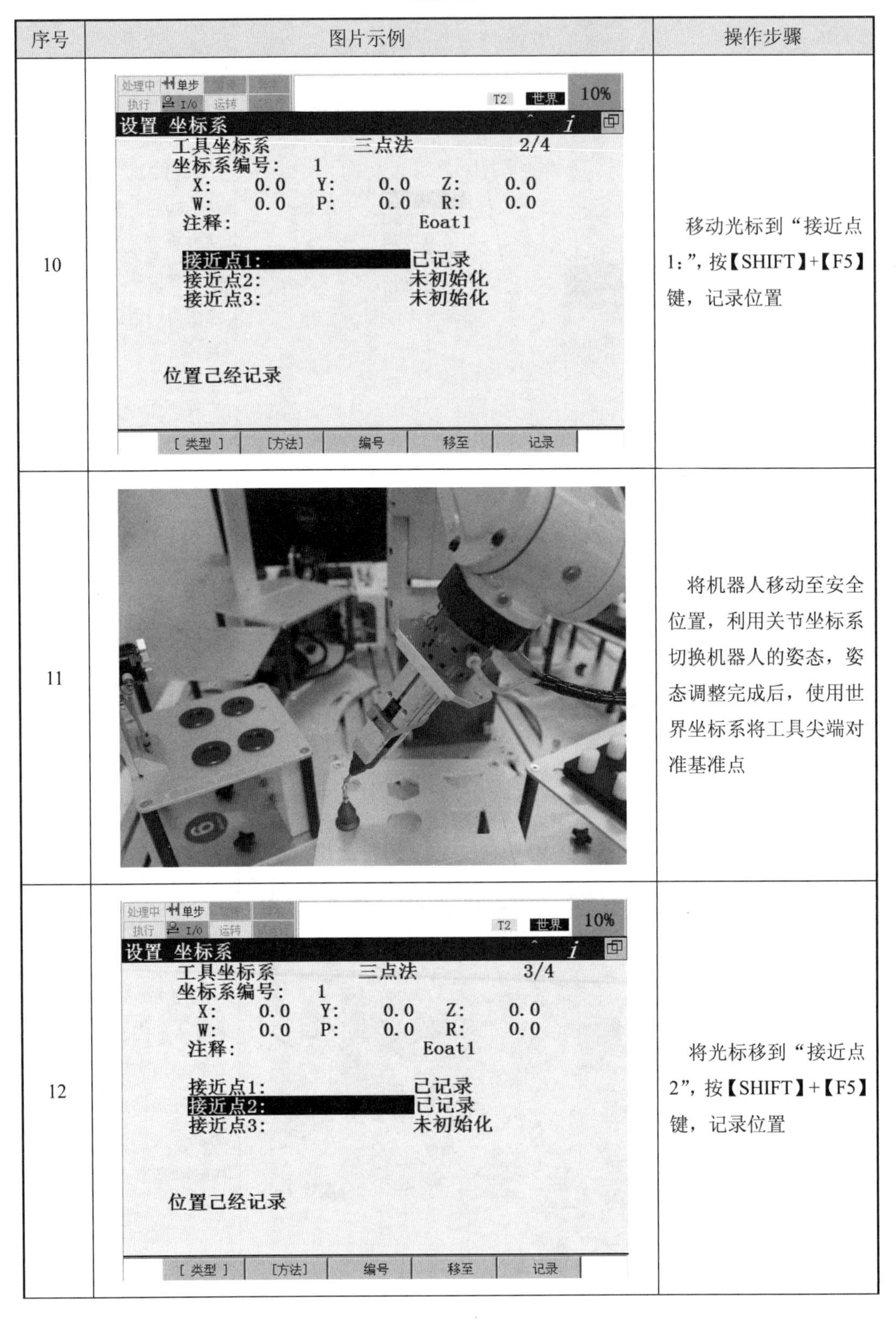

序号	图片示例	操作步骤
10	处理中 单步 执行 I/O 运转 T2 世界 10% 设置 坐标系 工具坐标系 三点法 2/4 坐标系编号: 1 X: 0.0 Y: 0.0 Z: 0.0 W: 0.0 P: 0.0 R: 0.0 注释: Eoat1 接近点1: 已记录 接近点2: 未初始化 接近点3: 未初始化 位置已经记录 [类型] [方法] 编号 移至 记录	移动光标到“接近点1:”，按【SHIFT】+【F5】键，记录位置
11		将机器人移动至安全位置，利用关节坐标系切换机器人的姿态，姿态调整完成后，使用世界坐标系将工具尖端对准基准点
12	处理中 单步 执行 I/O 运转 T2 世界 10% 设置 坐标系 工具坐标系 三点法 3/4 坐标系编号: 1 X: 0.0 Y: 0.0 Z: 0.0 W: 0.0 P: 0.0 R: 0.0 注释: Eoat1 接近点1: 已记录 接近点2: 已记录 接近点3: 未初始化 位置已经记录 [类型] [方法] 编号 移至 记录	将光标移到“接近点2”，按【SHIFT】+【F5】键，记录位置

续表 4.3

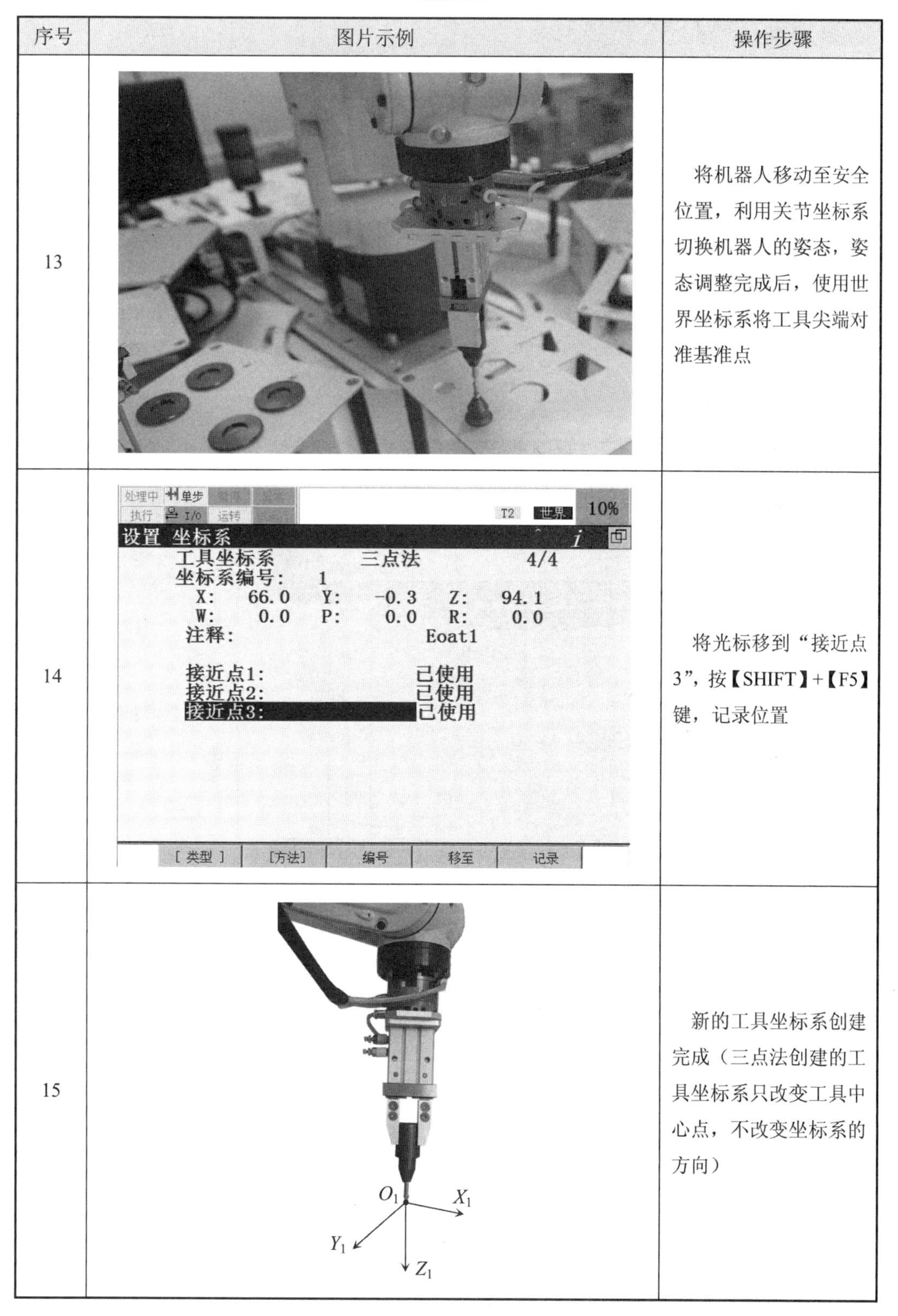

序号	图片示例	操作步骤
13		将机器人移动至安全位置，利用关节坐标系切换机器人的姿态，姿态调整完成后，使用世界坐标系将工具尖端对准基准点
14		将光标移到“接近点3”，按【SHIFT】+【F5】键，记录位置
15		新的工具坐标系创建完成（三点法创建的工具坐标系只改变工具中心点，不改变坐标系的方向）

（2）用户坐标系建立。

用户坐标系建立步骤见表 4.4。

表 4.4　用户坐标系建立

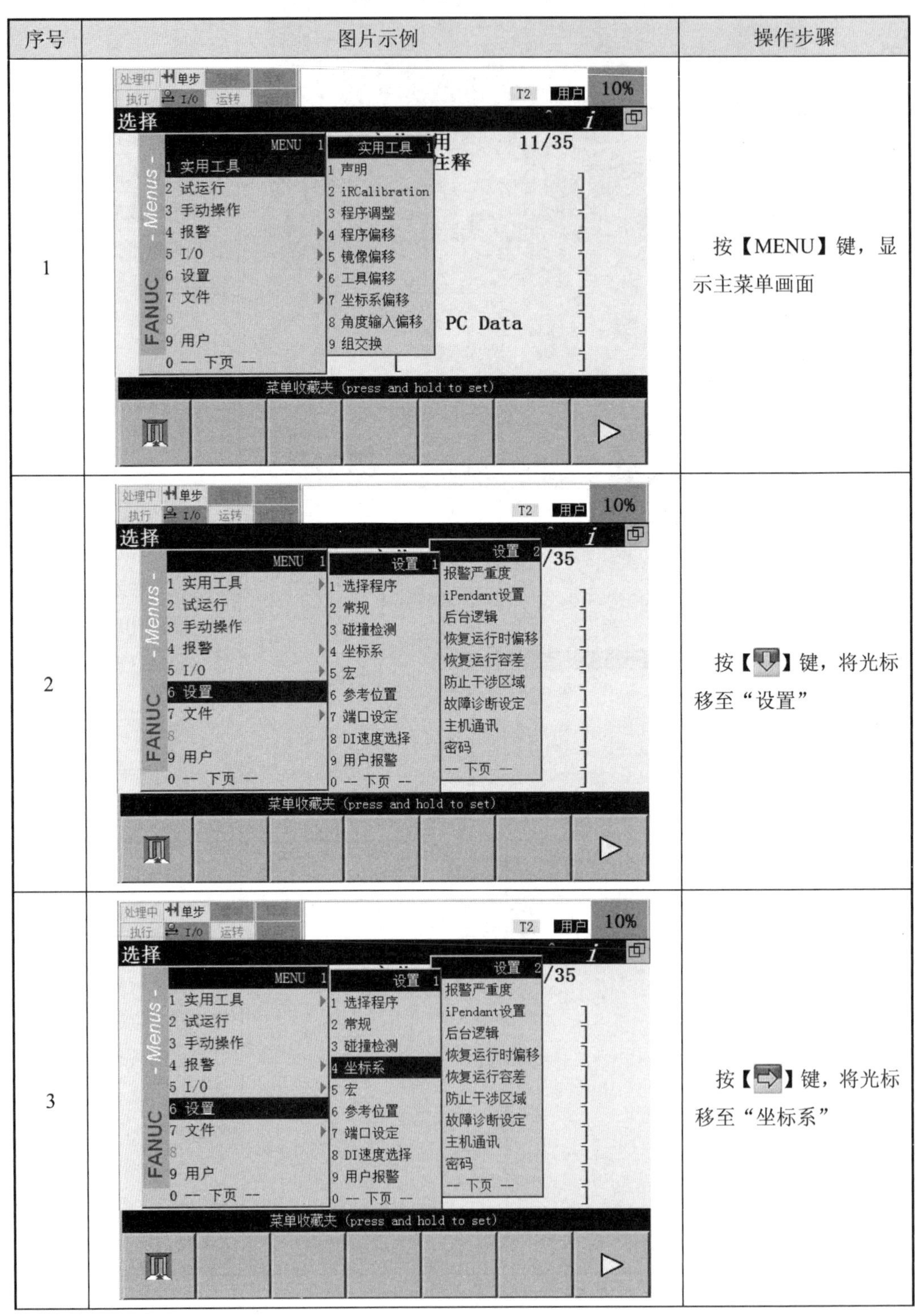

序号	图片示例	操作步骤
1		按【MENU】键，显示主菜单画面
2		按【↓】键，将光标移至“设置”
3		按【→】键，将光标移至“坐标系”

续表 4.4

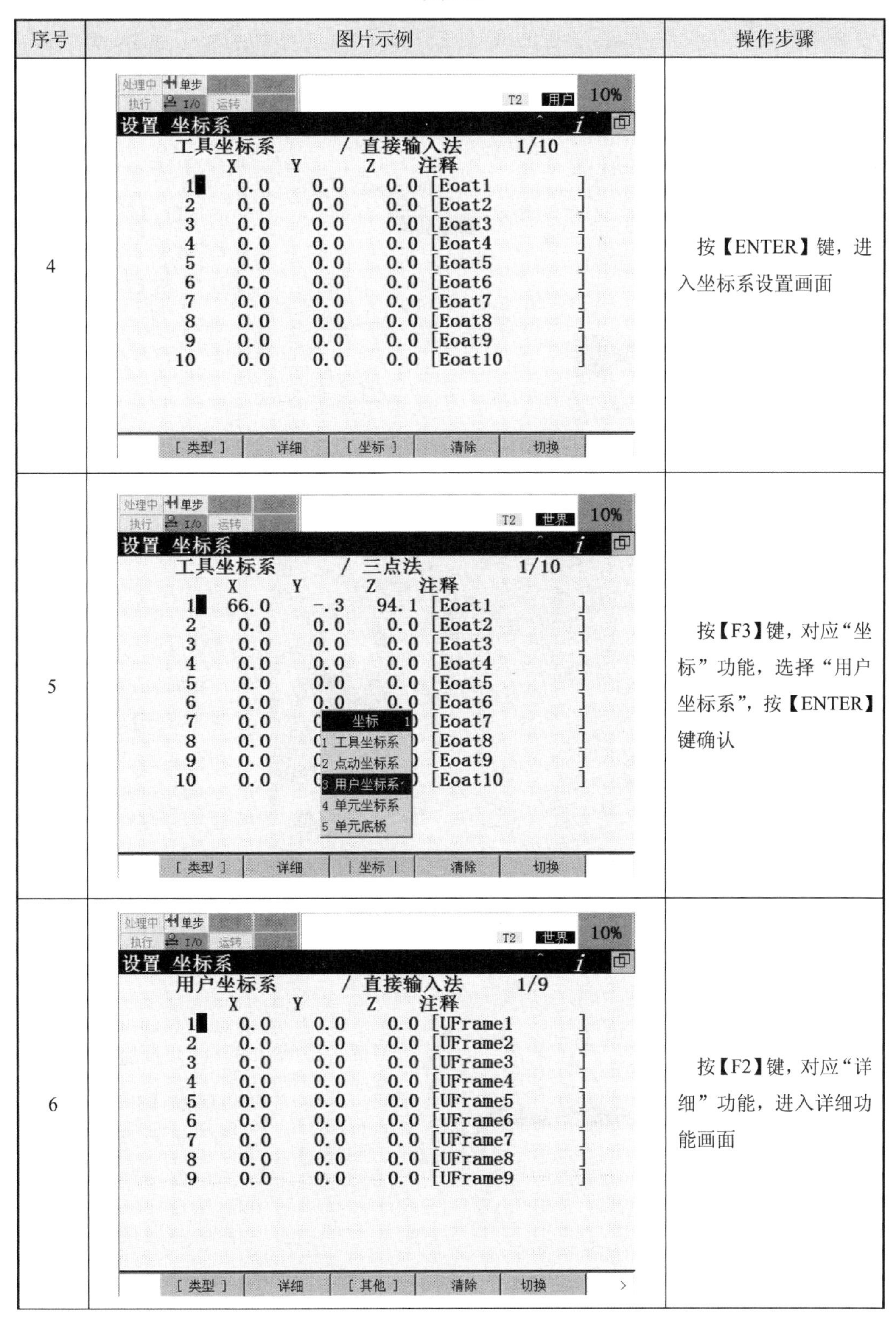

序号	图片示例	操作步骤
4		按【ENTER】键，进入坐标系设置画面
5		按【F3】键，对应“坐标”功能，选择“用户坐标系”，按【ENTER】键确认
6		按【F2】键，对应“详细”功能，进入详细功能画面

续表 4.4

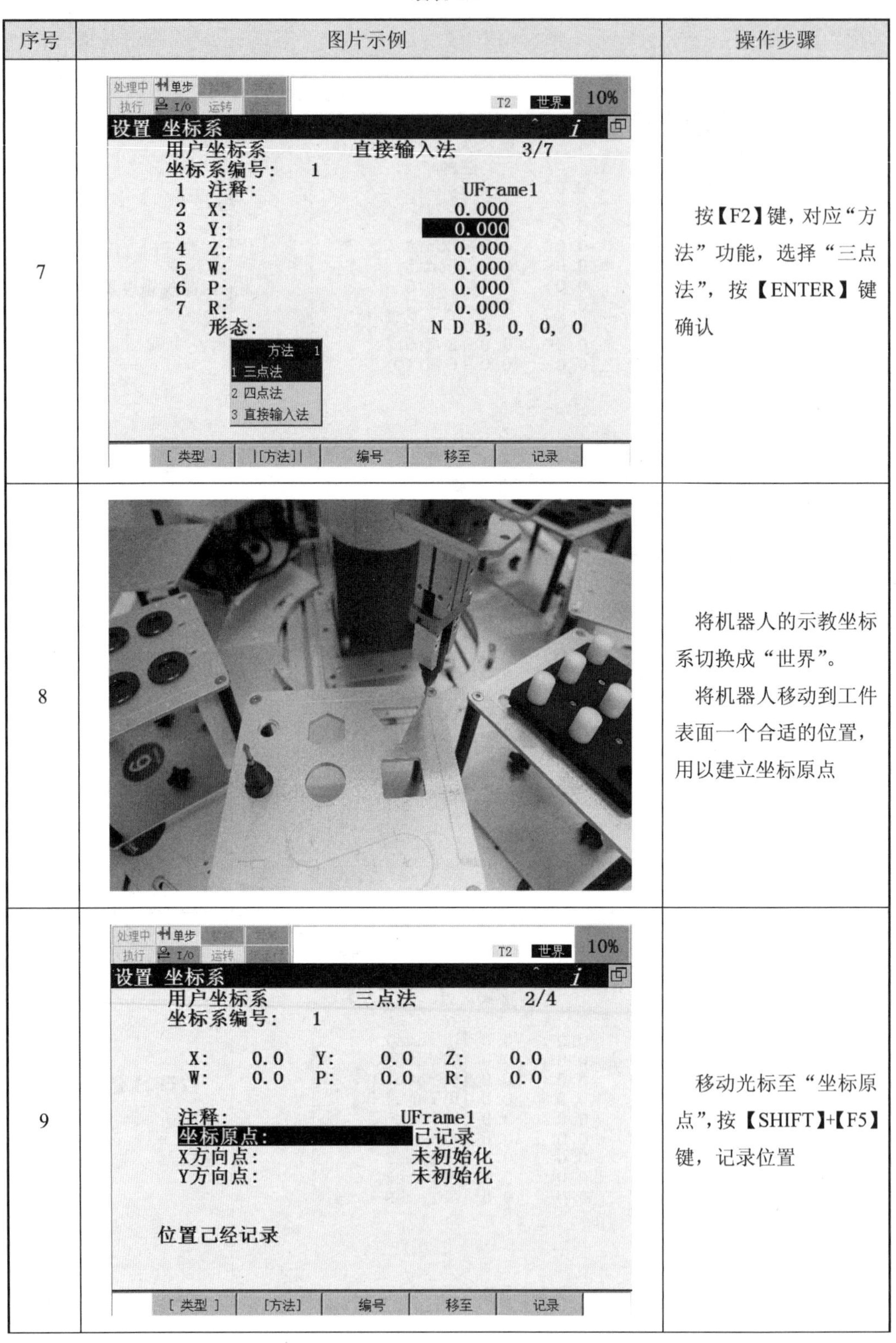

序号	图片示例	操作步骤
7		按【F2】键，对应“方法”功能，选择“三点法”，按【ENTER】键确认
8		将机器人的示教坐标系切换成“世界”。 将机器人移动到工件表面一个合适的位置，用以建立坐标原点
9		移动光标至“坐标原点”，按【SHIFT】+【F5】键，记录位置

续表 4.4

序号	图片示例	操作步骤
10	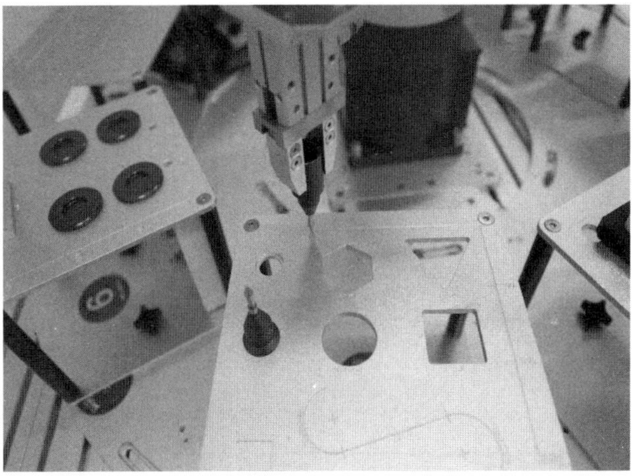	示教机器人沿期望用户坐标系的+X 方向至少移动 100 mm（防止用户坐标系误差过大）
11	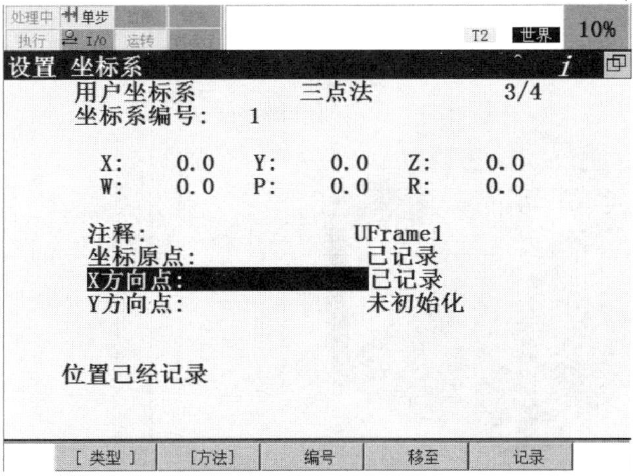 处理中 单步 执行 I/O 运转 T2 世界 10% 设置 坐标系 用户坐标系 三点法 3/4 坐标系编号： 1 X: 0.0 Y: 0.0 Z: 0.0 W: 0.0 P: 0.0 R: 0.0 注释： UFrame1 坐标原点： 已记录 X方向点： 已记录 Y方向点： 未初始化 位置已经记录 [类型] [方法] 编号 移至 记录	光标移至“X 方向点：”，按【SHIFT】+【F5】键，记录位置
12	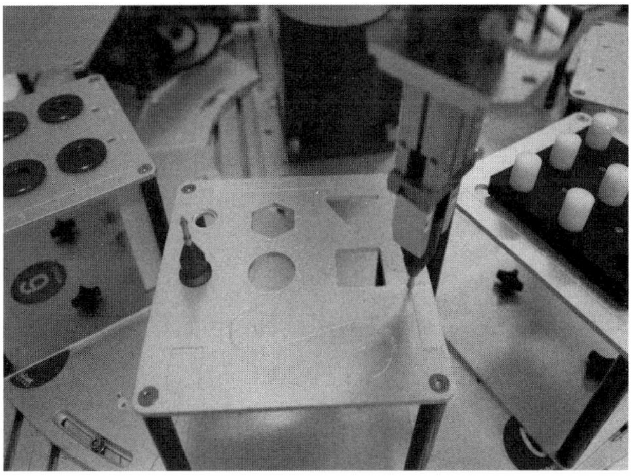	示教机器人沿期望用户坐标系的+Y 方向至少移动 100 mm

续表 4.4

序号	图片示例	操作步骤
13	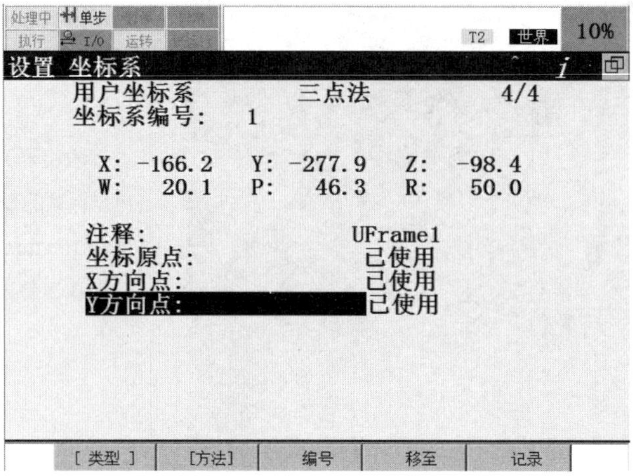 处理中 单步 执行 I/O 运转 T2 世界 10% 设置 坐标系 用户坐标系 三点法 4/4 坐标系编号: 1 X: -166.2 Y: -277.9 Z: -98.4 W: 20.1 P: 46.3 R: 50.0 注释: UFrame1 坐标原点: 已使用 X方向点: 已使用 Y方向点: 已使用 [类型] [方法] 编号 移至 记录	光标移至“Y 方向点:”,按【SHIFT】+【F5】键，记录位置
14	Z_2 Y_2 X_2 O_2	新的用户坐标系创建完成

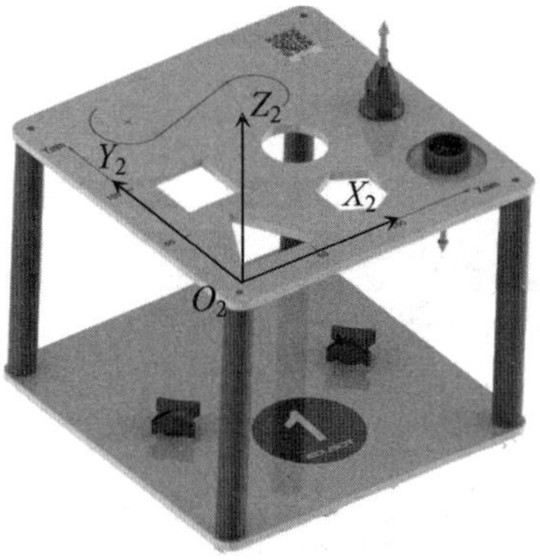

4.4.3　关联程序设计

本项目关联程序为初始化程序、装载气动夹爪程序以及卸载气动夹爪程序。

1. 初始化程序

初始化程序是为了能够更好地完成基础运动应用项目，初始化程序中包括将机器人移动至安全位置、关闭末端夹具气路等操作。初始化程序如下：

INIT1	
1：RO[3]=OFF	//关闭末端夹具气路
2：J P[1] 20% FINE	//机器人移动至安全位置
[End]	

2. 装载气动夹爪程序

装载气动夹爪程序是为了安装机器人末端夹具，包括将机器人移动至气动夹爪、打开末端夹具气路、关闭气动夹爪等操作。装载气动夹爪程序如下：

LOADING	
1：J P[1] 20% FINE	//机器人移动至夹具模块上方
2：L P[2] 100mm/sec FINE	//机器人移动至初始点
3：L P[3] 100mm/sec FINE	//机器人移动至过渡点
4：L P[4] 100mm/sec FINE	//机器人移动至气动夹爪放置处
5：RO[3]=ON	//末端夹具气路打开
6：WAIT 1.00 sec	//等待时间
7：L P[3] 100mm/sec FINE	//机器人移动至过渡点
8：L P[2] 100mm/sec FINE	//机器人移动至初始点
9：L P[1] 100mm/sec FINE	//机器人移动至夹具模块上方
10：RO[1]=OFF	//气动夹爪松开
11：WAIT 1.00 sec	//等待时间
12：J P[5] 20% FINE	//机器人移动至安全位置
[End]	

3. 卸载气动夹爪程序

在基础运动结束之后，需要将气动夹爪放置在原位置。卸载气动夹爪程序如下：

UNLOADING	
1：J P[1] 20% FINE	//机器人移动至夹具模块上方
2：L P[2] 100mm/sec FINE	//机器人移动至初始点
3：L P[3] 100mm/sec FINE	//机器人移动至过渡点
4：L P[4] 100mm/sec FINE	//机器人移动至气动夹爪放置处
5：RO[3]=OFF	//末端夹具气路关闭
6：WAIT 1.00 sec	//等待时间
7：L P[3] 100mm/sec FINE	//机器人移动至过渡点
8：L P[2] 100mm/sec FINE	//机器人移动至初始点
9：L P[1] 100mm/sec FINE	//机器人移动至夹具模块上方
[End]	

4.4.4 主体程序设计

主体程序设计包含基础运动应用项目的初始化、装载气动夹爪、基础实训动作、卸载气动夹爪等程序的设计。主体程序如下：

BASE	
1：LBL[1]	*//标签 1*
2：CALL INIT1	*//调用初始化程序*
3：WAIT 1.00 sec	*//等待时间*
4：CALL LOADING	*//调用装载气动夹爪程序*
5：UFRAME_NUM=1	*//切换至用户坐标系 1*
6：UTOOL_NUM=1	*//切换至工具坐标系 1*
7：J P[1] 20% FINE	*//机器人移动至尖锥夹具上方*
8：L P[2] 100mm/sec FINE	*//机器人移动至尖锥夹具处*
9：RO[1]=ON	*//气爪夹紧尖锥夹具*
10：L P[1] 100mm/sec FINE	*//机器人移动至尖锥夹具上方*
11：L P[3] 100mm/sec FINE	*//机器人移动至初始点 P3*
12：L P[4] 100mm/sec FINE	*//机器人移动至过渡点 P4*
13：L P[5] 100mm/sec FINE	*//机器人移动至曲线第一点 P5*
14：C P[6] 100mm/sec FINE	*//机器人移动至曲线第二点 P6*
P[7] 100mm/sec FINE	*//机器人移动至曲线第三点 P7*
15：L P[8] 100mm/sec FINE	*//机器人移动至曲线第四点 P8*
16：C P[9] 100mm/sec FINE	*//机器人移动至曲线第五点 P9*
P[10] 100mm/sec FINE	*//机器人移动至曲线第六点 P10*
17：L P[11] 100mm/sec FINE	*//机器人移动至过渡点 P11*
18：J P[1] 20% FINE	*//机器人移动至尖锥夹具上方*
19：L P[2] 100mm/sec FINE	*//机器人移动至尖锥夹具处*
20：RO[1]=OFF	*//气爪松开尖锥夹具*
21：L P[1] 100mm/sec FINE	*//机器人移动至尖锥夹具上方*
22：CALL UNLOADING	*//调用卸载气动夹爪程序*
23：JMP LBL[1]	*//跳转至标签 1*
[End]	

本节以“BASE”主体程序为例，演示基础运动模块的程序编写步骤，详细步骤见表 4.5。

表 4.5 “BASE”程序编写步骤

序号	图片示例	操作步骤
1	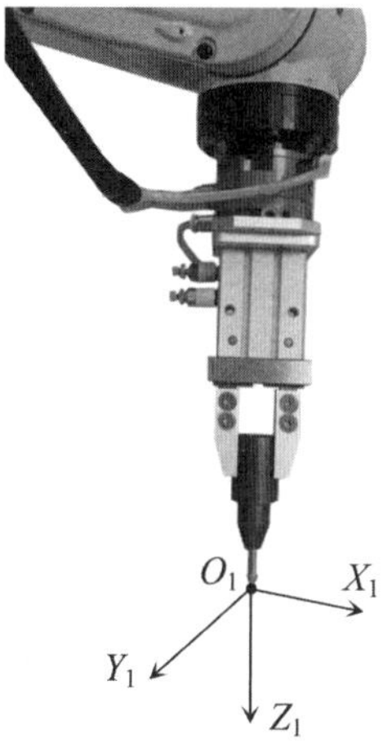 O_1 X_1 Y_1 Z_1	利用三点法建立工具坐标系“1”（“1”为坐标系编号）
2	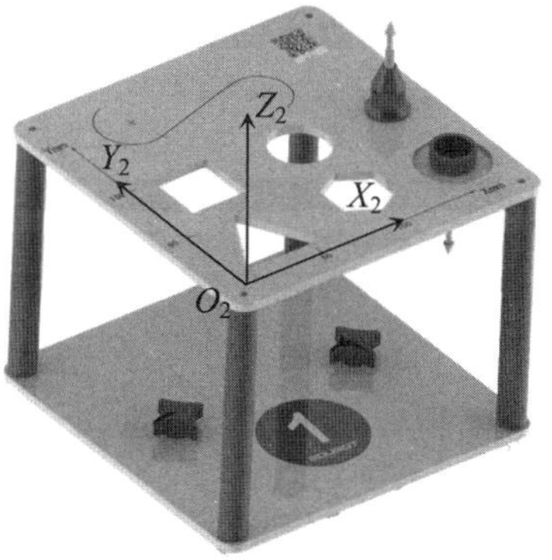 Z_2 Y_2 X_2 O_2	利用三点法建立用户坐标系“1”（“1”为坐标系编号，操作步骤可参考 4.4.5 节）
3	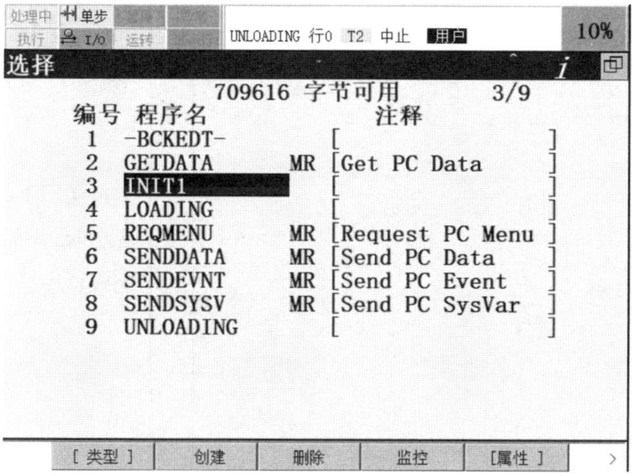 处理中 单步 执行 I/O 运转 UNLOADING 行0 T2 中止 用户 10% 选择 709616 字节可用 3/9 编号 程序名 注释 1 -BCKEDT- [ ] 2 GETDATA MR [Get PC Data] 3 INIT1 [ ] 4 LOADING [ ] 5 REQMENU MR [Request PC Menu] 6 SENDDATA MR [Send PC Data] 7 SENDEVNT MR [Send PC Event] 8 SENDSYSV MR [Send PC SysVar] 9 UNLOADING [ ] [类型] 创建 删除 监控 [属性]	按【SELECT】键，进入程序一览画面

续表 4.5

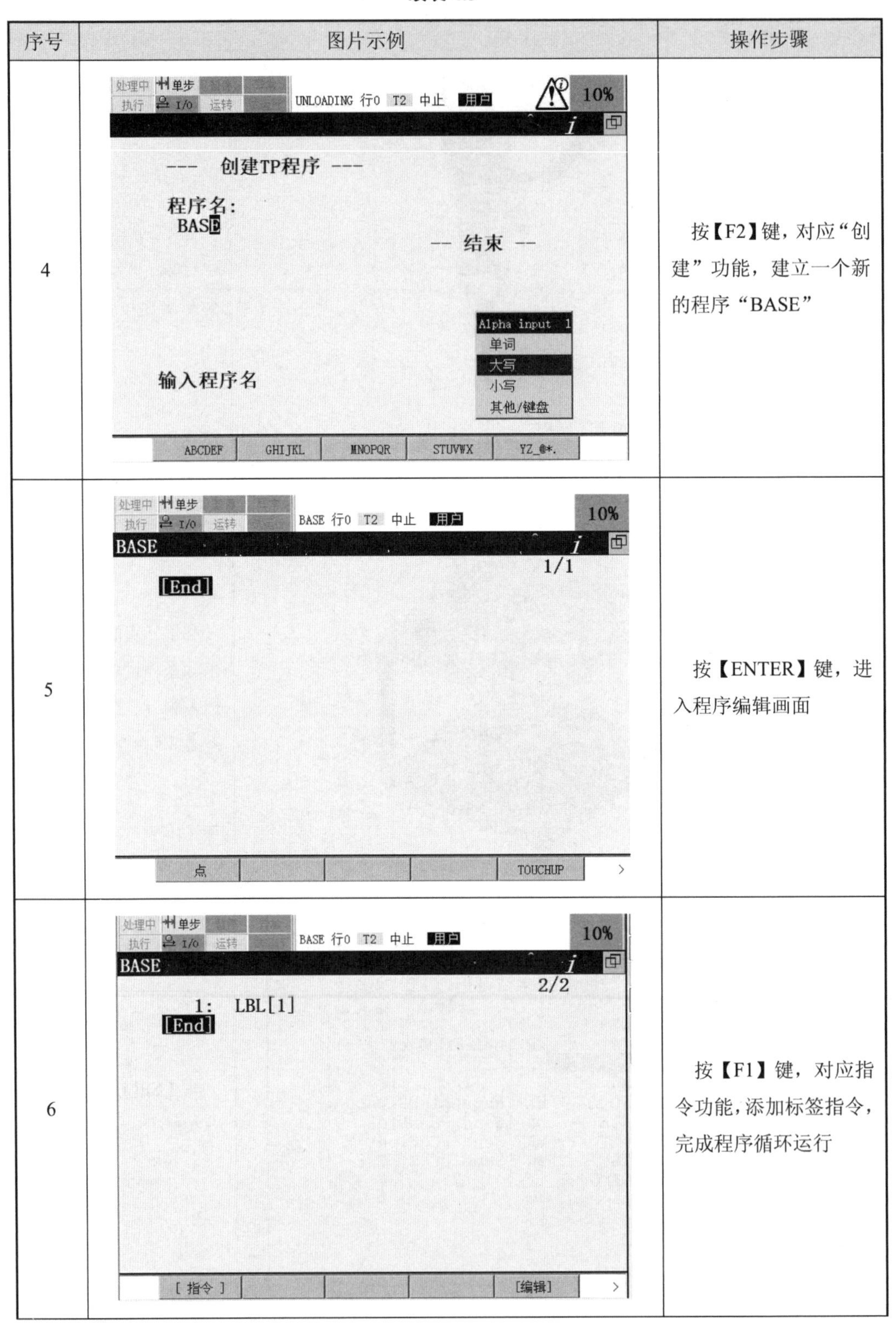

序号	图片示例	操作步骤
4		按【F2】键，对应“创建”功能，建立一个新的程序“BASE”
5		按【ENTER】键，进入程序编辑画面
6		按【F1】键，对应指令功能，添加标签指令，完成程序循环运行

续表 4.5

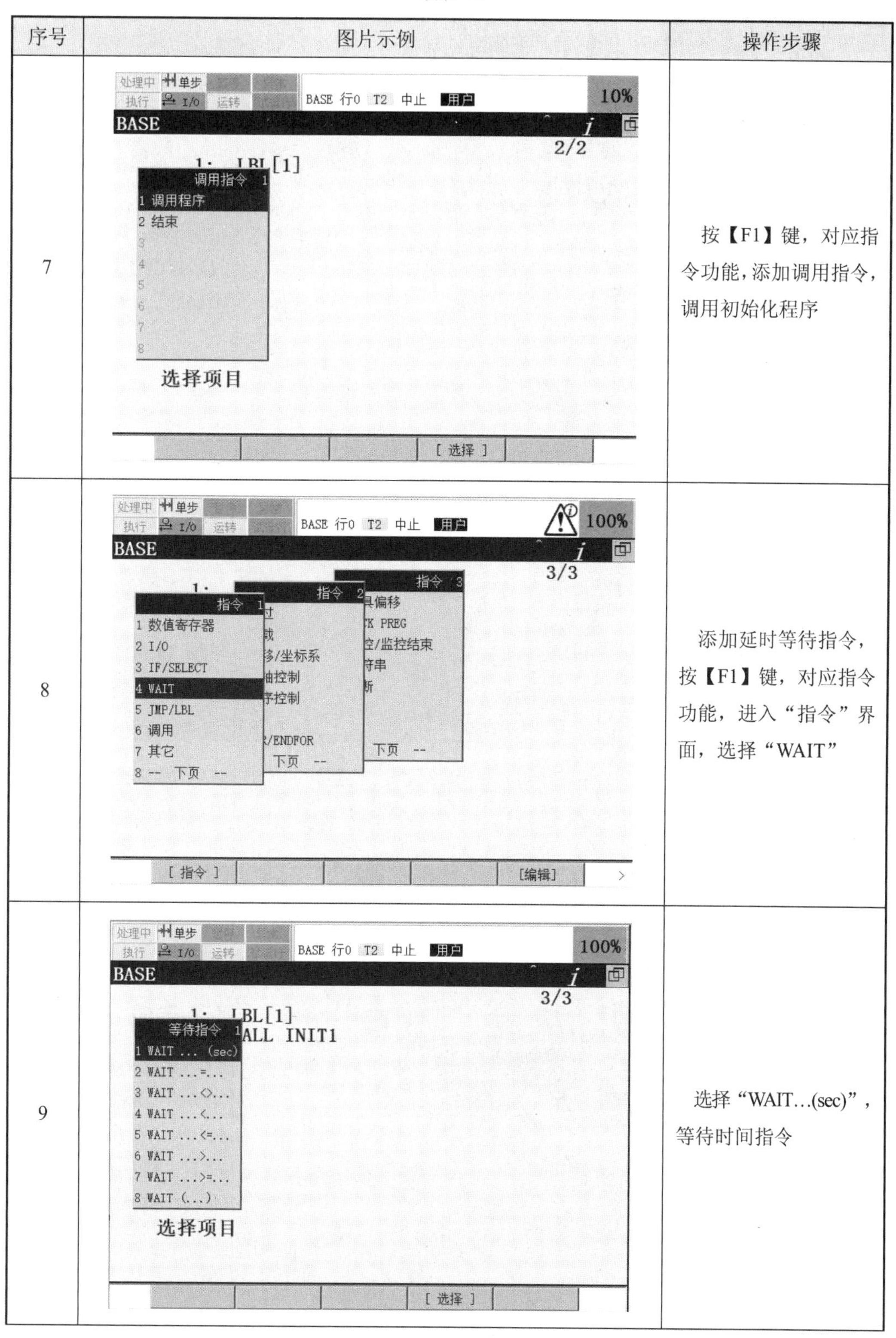

序号	图片示例	操作步骤
7		按【F1】键，对应指令功能，添加调用指令，调用初始化程序
8		添加延时等待指令，按【F1】键，对应指令功能，进入“指令”界面，选择“WAIT”
9		选择“WAIT...(sec)”，等待时间指令

续表 4.5

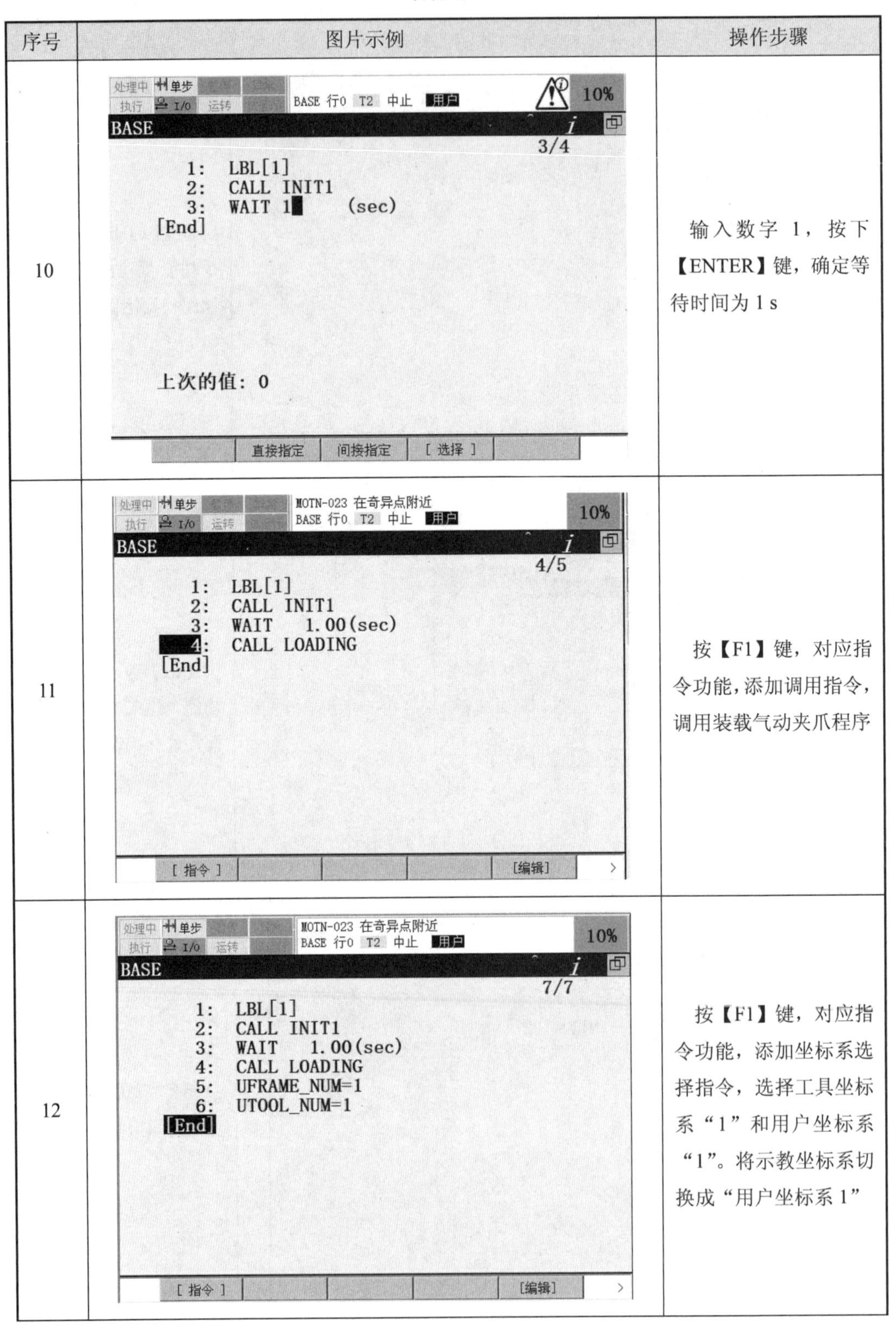

序号	图片示例	操作步骤
10	处理中 单步 执行 I/O 运转 BASE 行0 T2 中止 用户 10% BASE 3/4 1: LBL[1] 2: CALL INIT1 3: WAIT 1 (sec) [End] 上次的值：0 直接指定 间接指定 [选择]	输入数字 1，按下【ENTER】键，确定等待时间为 1 s
11	处理中 单步 执行 I/O 运转 MOTN-023 在奇异点附近 BASE 行0 T2 中止 用户 10% BASE 4/5 1: LBL[1] 2: CALL INIT1 3: WAIT 1.00(sec) 4: CALL LOADING [End] [指令] [编辑] >	按【F1】键，对应指令功能，添加调用指令，调用装载气动夹爪程序
12	处理中 单步 执行 I/O 运转 MOTN-023 在奇异点附近 BASE 行0 T2 中止 用户 10% BASE 7/7 1: LBL[1] 2: CALL INIT1 3: WAIT 1.00(sec) 4: CALL LOADING 5: UFRAME_NUM=1 6: UTOOL_NUM=1 [End] [指令] [编辑] >	按【F1】键，对应指令功能，添加坐标系选择指令，选择工具坐标系“1”和用户坐标系“1”。将示教坐标系切换成“用户坐标系 1”

续表 4.5

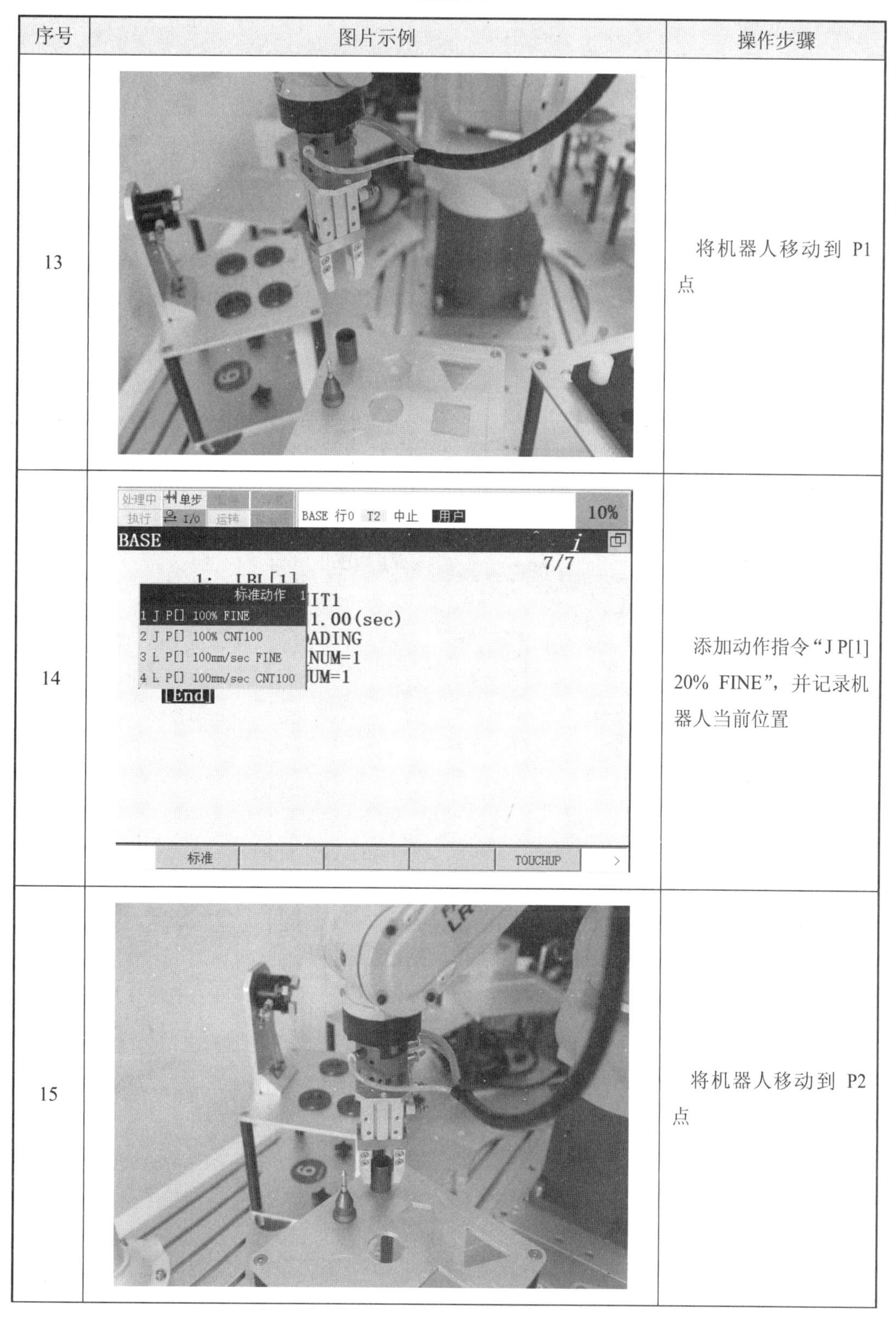

序号	图片示例	操作步骤
13		将机器人移动到 P1 点
14		添加动作指令“J P[1] 20% FINE”，并记录机器人当前位置
15		将机器人移动到 P2 点

续表 4.5

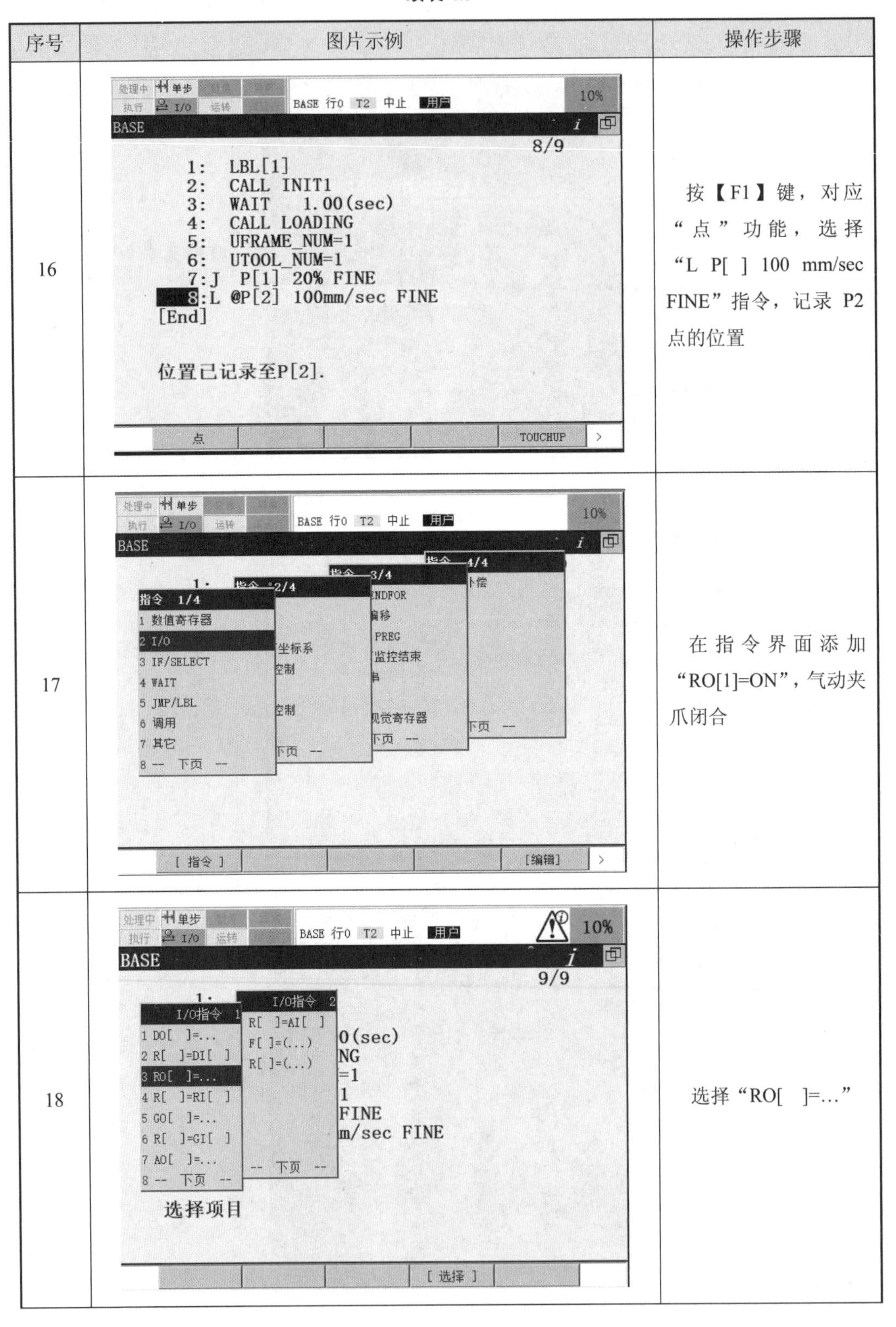

序号	图片示例	操作步骤
16		按【F1】键，对应“点”功能，选择“L P[ ] 100 mm/sec FINE”指令，记录 P2 点的位置
17		在指令界面添加“RO[1]=ON”，气动夹爪闭合
18		选择“RO[ ]=...”

续表 4.5

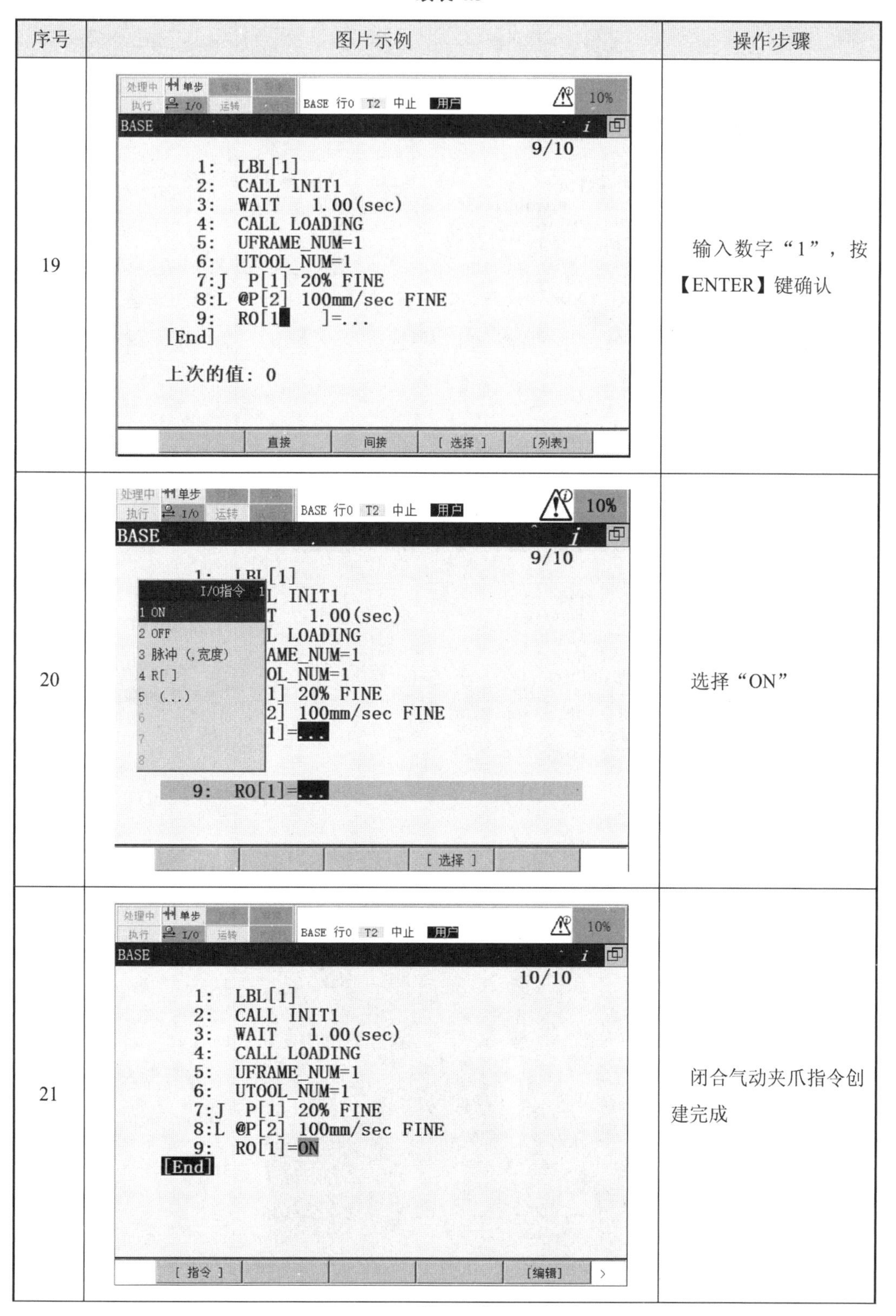

序号	图片示例	操作步骤
19		输入数字“1”，按【ENTER】键确认
20		选择“ON”
21		闭合气动夹爪指令创建完成

续表 4.5

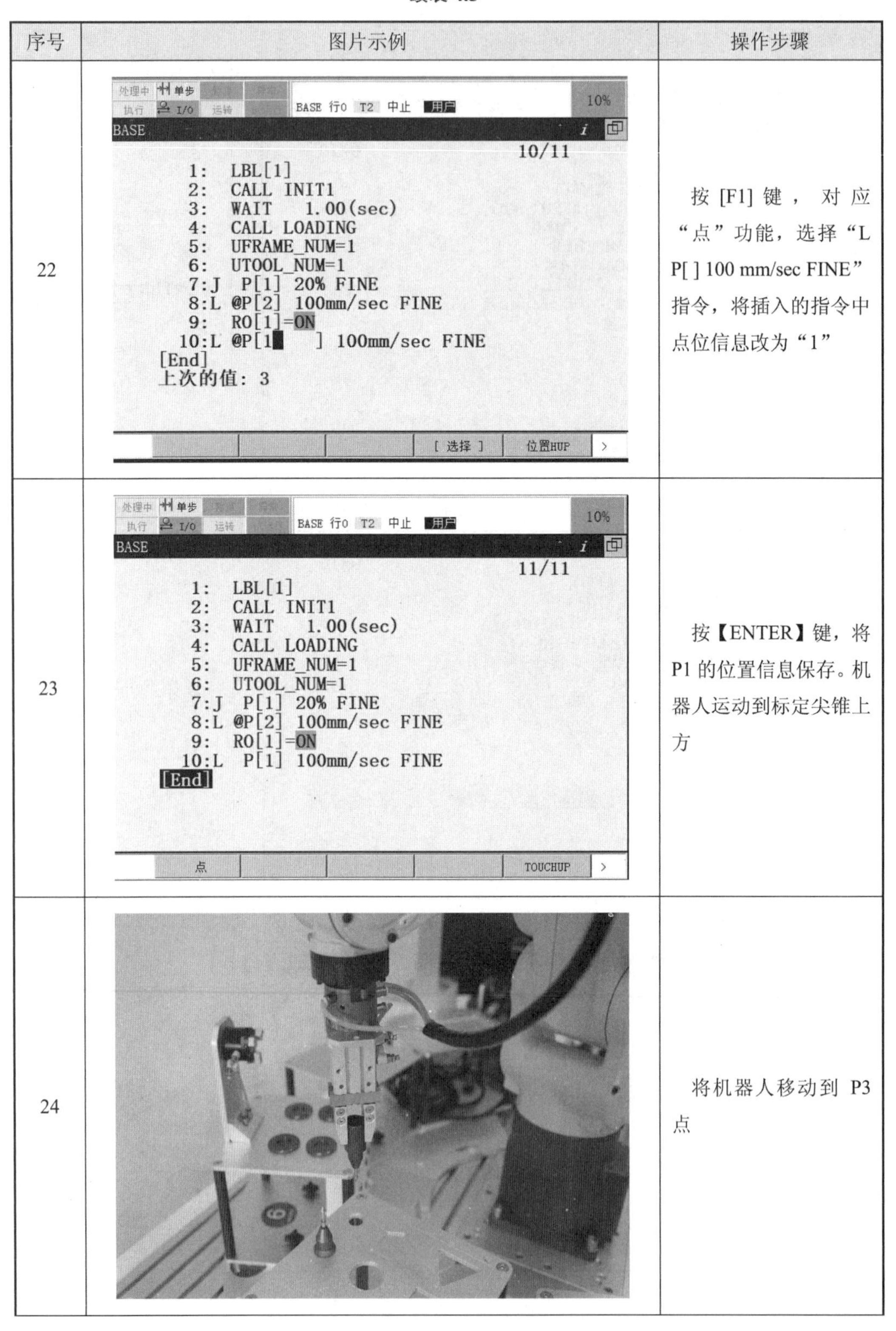

序号	图片示例	操作步骤
22	BASE 行0 T2 中止 用户 10% BASE 10/11 1: LBL[1] 2: CALL INIT1 3: WAIT 1.00(sec) 4: CALL LOADING 5: UFRAME_NUM=1 6: UTOOL_NUM=1 7:J P[1] 20% FINE 8:L @P[2] 100mm/sec FINE 9: RO[1]=ON 10:L @P[1] 100mm/sec FINE [End] 上次的值：3 [选择] 位置HUP >	按 [F1] 键，对应“点”功能，选择“L P[ ] 100 mm/sec FINE”指令，将插入的指令中点位信息改为“1”
23	BASE 行0 T2 中止 用户 10% BASE 11/11 1: LBL[1] 2: CALL INIT1 3: WAIT 1.00(sec) 4: CALL LOADING 5: UFRAME_NUM=1 6: UTOOL_NUM=1 7:J P[1] 20% FINE 8:L @P[2] 100mm/sec FINE 9: RO[1]=ON 10:L P[1] 100mm/sec FINE [End] 点 TOUCHUP >	按【ENTER】键，将P1的位置信息保存。机器人运动到标定尖锥上方
24		将机器人移动到 P3 点

续表 4.5

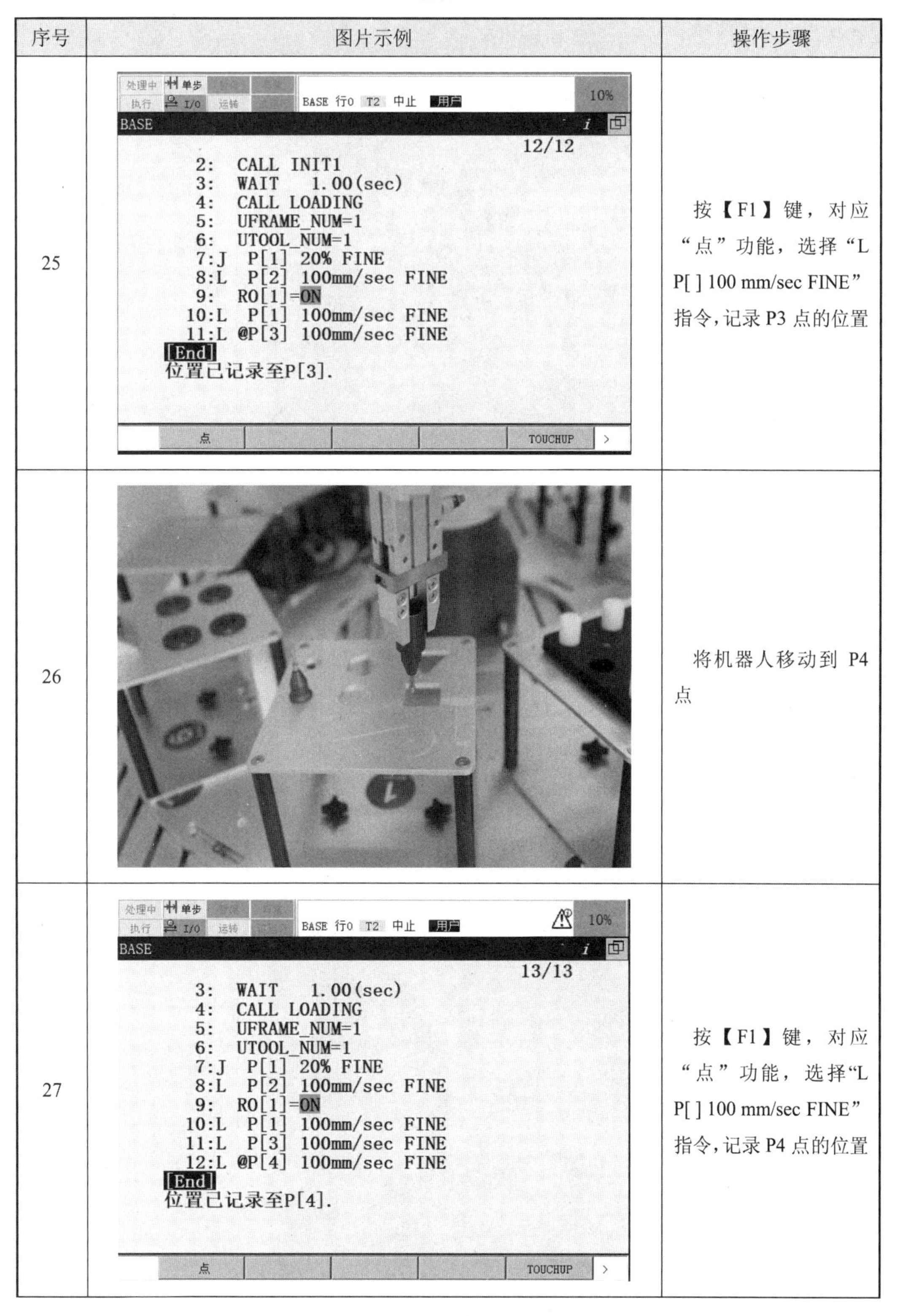

序号	图片示例	操作步骤
25	处理中 单步 执行 I/O 运转 BASE 行0 T2 中止 用户 10% BASE 12/12 2: CALL INIT1 3: WAIT 1.00(sec) 4: CALL LOADING 5: UFRAME_NUM=1 6: UTOOL_NUM=1 7:J P[1] 20% FINE 8:L P[2] 100mm/sec FINE 9: RO[1]=ON 10:L P[1] 100mm/sec FINE 11:L @P[3] 100mm/sec FINE [End] 位置已记录至P[3]. 点 TOUCHUP >	按【F1】键，对应“点”功能，选择“L P[ ] 100 mm/sec FINE”指令，记录 P3 点的位置
26		将机器人移动到 P4 点
27	处理中 单步 执行 I/O 运转 BASE 行0 T2 中止 用户 10% BASE 13/13 3: WAIT 1.00(sec) 4: CALL LOADING 5: UFRAME_NUM=1 6: UTOOL_NUM=1 7:J P[1] 20% FINE 8:L P[2] 100mm/sec FINE 9: RO[1]=ON 10:L P[1] 100mm/sec FINE 11:L P[3] 100mm/sec FINE 12:L @P[4] 100mm/sec FINE [End] 位置已记录至P[4]. 点 TOUCHUP >	按【F1】键，对应“点”功能，选择“L P[ ] 100 mm/sec FINE”指令，记录 P4 点的位置

续表 4.5

序号	图片示例	操作步骤
28		将机器人移动到 P5 点
29		按【F1】键，对应“点”功能，选择“L P[ ] 100 mm/sec FINE”指令，记录 P5 点的位置
30		将机器人移动到 P6 点

续表 4.5

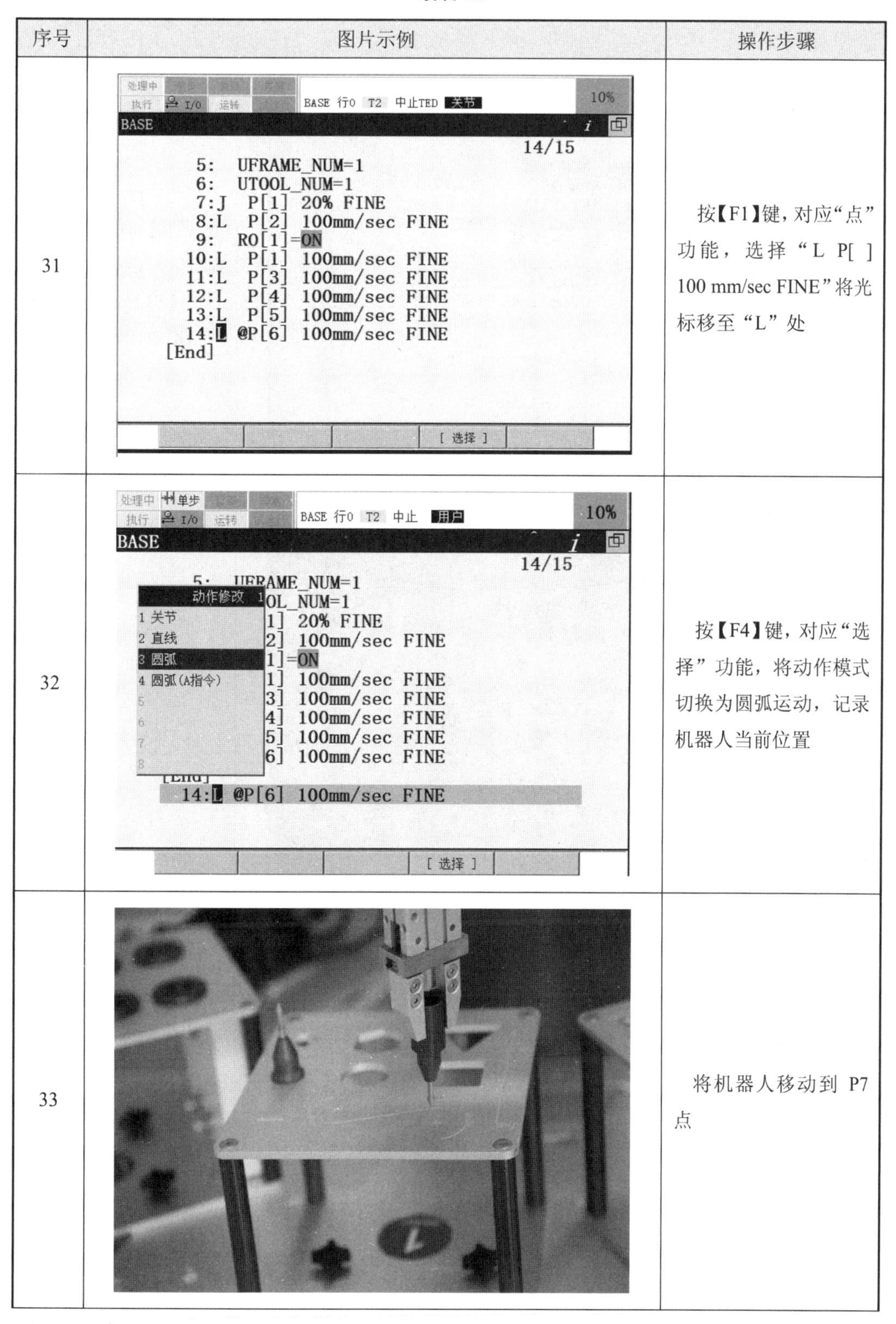

序号	图片示例	操作步骤
31		按【F1】键，对应“点”功能，选择“L P[ ] 100 mm/sec FINE”将光标移至“L”处
32		按【F4】键，对应“选择”功能，将动作模式切换为圆弧运动，记录机器人当前位置
33		将机器人移动到 P7 点

续表 4.5

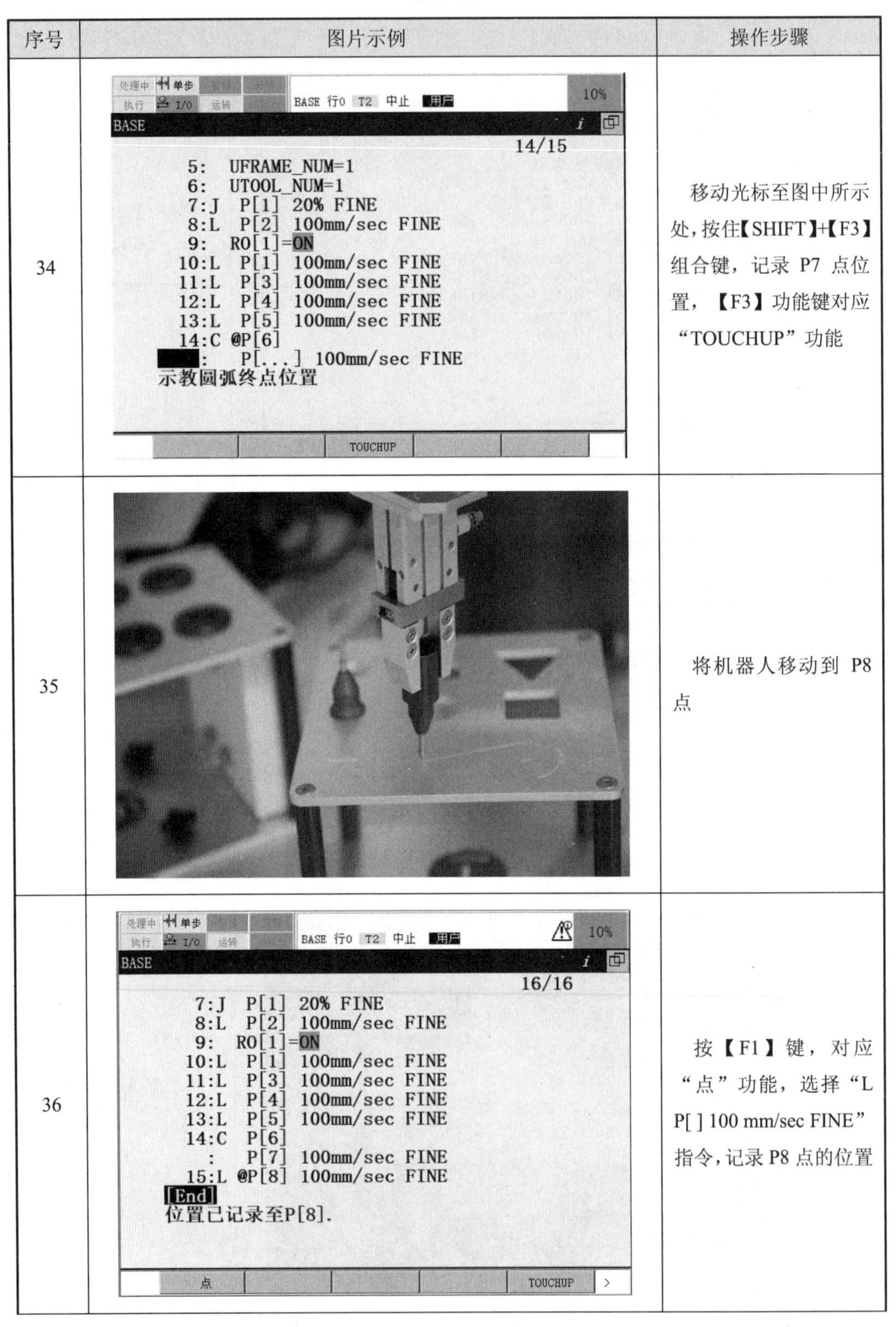

序号	图片示例	操作步骤
34	处理中 单步 执行 I/O 运转 BASE 行0 T2 中止 用户 10% BASE 14/15 5: UFRAME_NUM=1 6: UTOOL_NUM=1 7:J P[1] 20% FINE 8:L P[2] 100mm/sec FINE 9: RO[1]=ON 10:L P[1] 100mm/sec FINE 11:L P[3] 100mm/sec FINE 12:L P[4] 100mm/sec FINE 13:L P[5] 100mm/sec FINE 14:C @P[6] : P[...] 100mm/sec FINE 示教圆弧终点位置 TOUCHUP	移动光标至图中所示处，按住【SHIFT】+【F3】组合键，记录 P7 点位置，【F3】功能键对应“TOUCHUP”功能
35		将机器人移动到 P8 点
36	处理中 单步 执行 I/O 运转 BASE 行0 T2 中止 用户 10% BASE 16/16 7:J P[1] 20% FINE 8:L P[2] 100mm/sec FINE 9: RO[1]=ON 10:L P[1] 100mm/sec FINE 11:L P[3] 100mm/sec FINE 12:L P[4] 100mm/sec FINE 13:L P[5] 100mm/sec FINE 14:C P[6] : P[7] 100mm/sec FINE 15:L @P[8] 100mm/sec FINE [End] 位置已记录至P[8]. 点 TOUCHUP >	按【F1】键，对应“点”功能，选择“L P[ ] 100 mm/sec FINE”指令，记录 P8 点的位置

续表 4.5

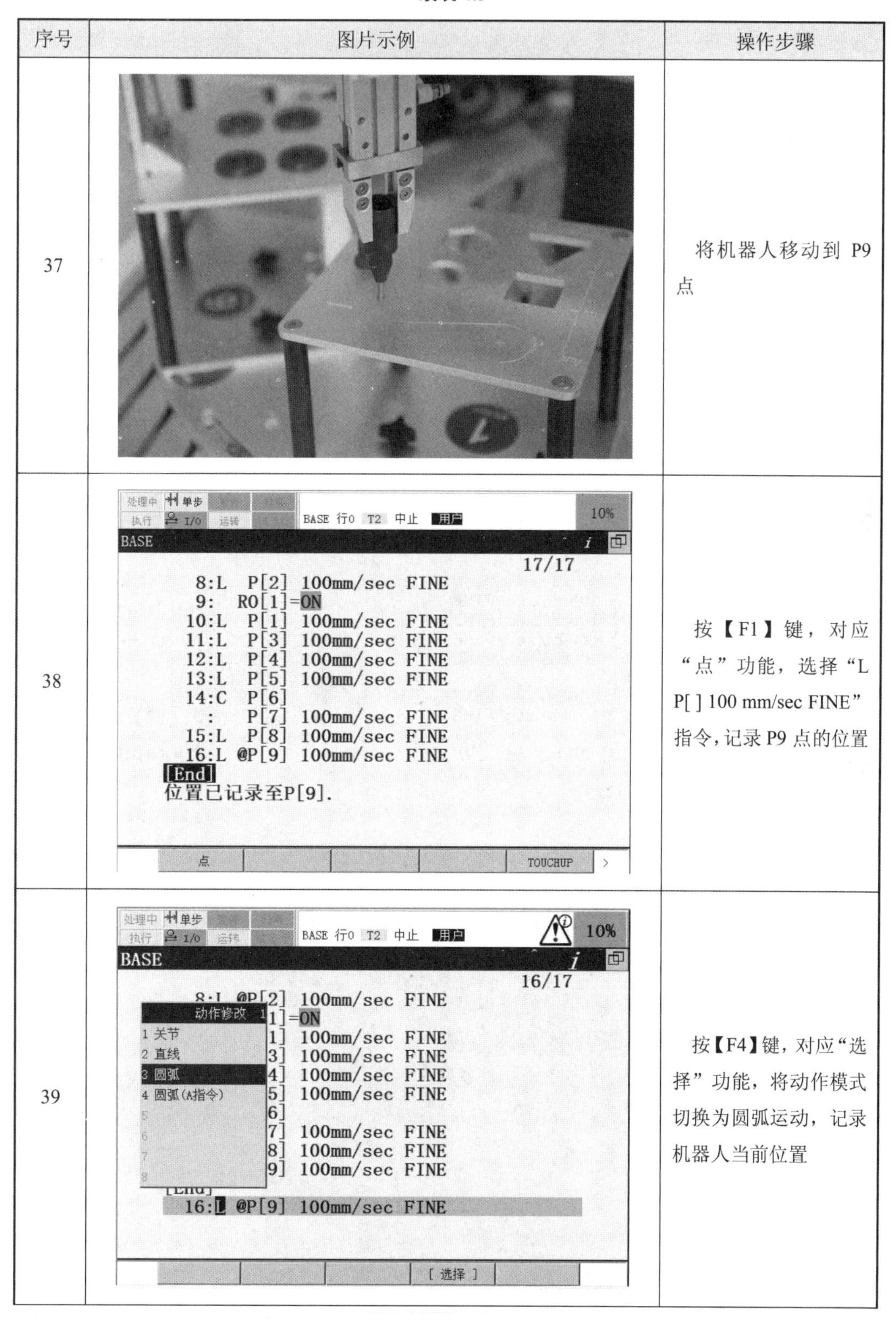

序号	图片示例	操作步骤
37		将机器人移动到 P9 点
38		按【F1】键，对应“点”功能，选择“L P[ ] 100 mm/sec FINE”指令，记录 P9 点的位置
39		按【F4】键，对应“选择”功能，将动作模式切换为圆弧运动，记录机器人当前位置

续表 4.5

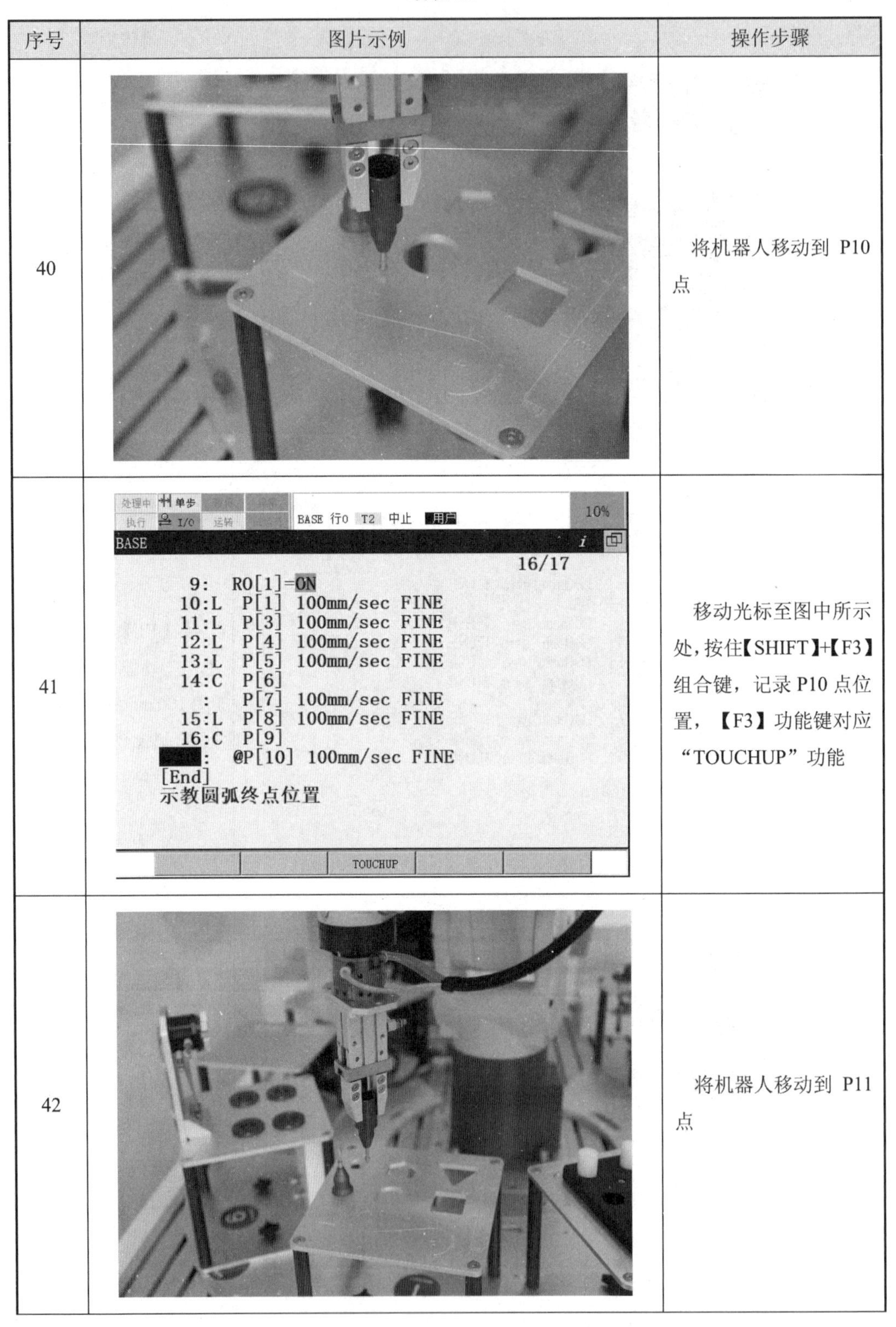

序号	图片示例	操作步骤
40		将机器人移动到 P10 点
41		移动光标至图中所示处，按住【SHIFT】+【F3】组合键，记录 P10 点位置，【F3】功能键对应“TOUCHUP”功能
42		将机器人移动到 P11 点

续表 4.5

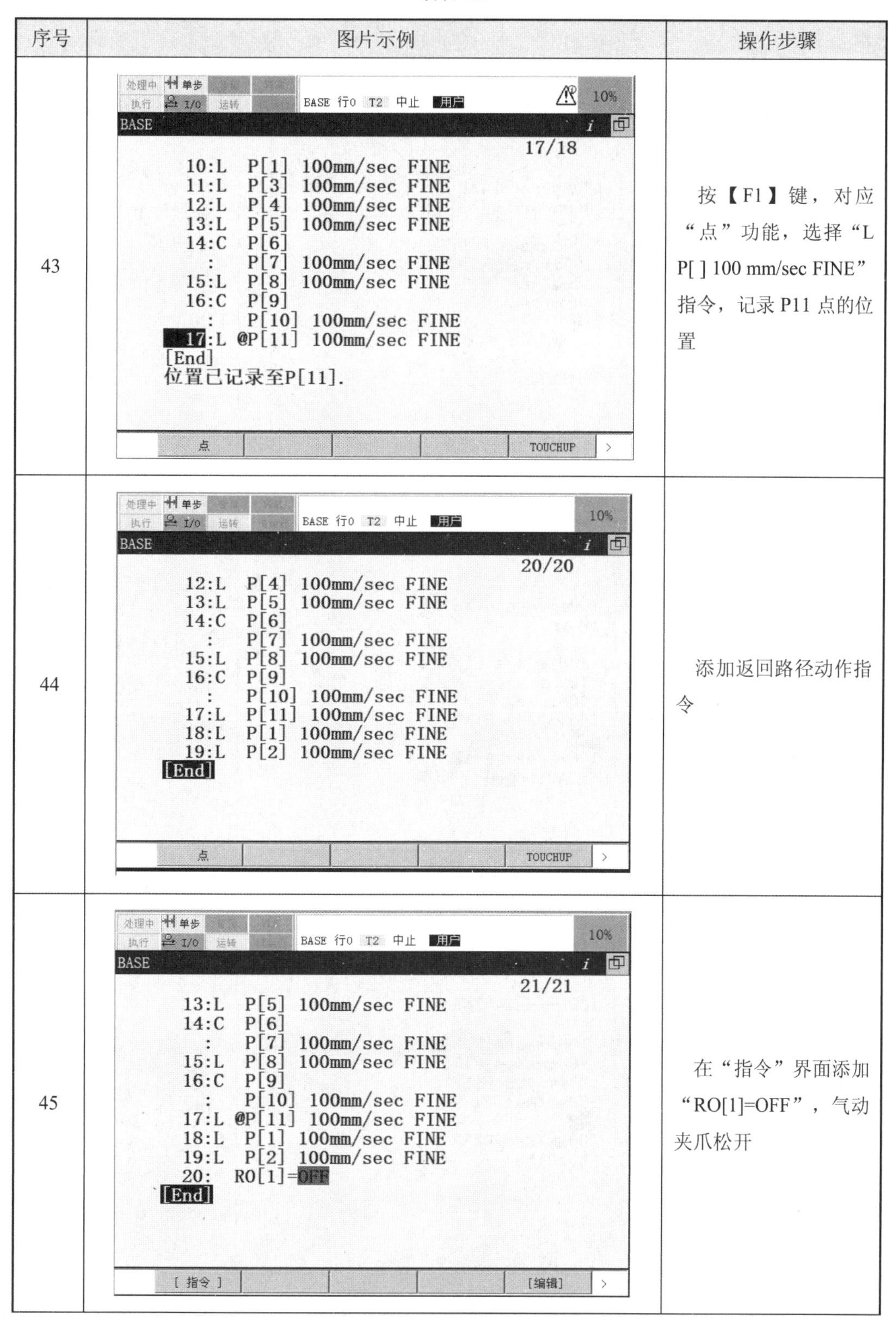

序号	图片示例	操作步骤
43	处理中 单步 执行 I/O 运转 BASE 行0 T2 中止 用户 10% BASE 17/18 10:L P[1] 100mm/sec FINE 11:L P[3] 100mm/sec FINE 12:L P[4] 100mm/sec FINE 13:L P[5] 100mm/sec FINE 14:C P[6] : P[7] 100mm/sec FINE 15:L P[8] 100mm/sec FINE 16:C P[9] : P[10] 100mm/sec FINE 17:L @P[11] 100mm/sec FINE [End] 位置已记录至P[11]. 点 TOUCHUP >	按【F1】键，对应“点”功能，选择“L P[ ] 100 mm/sec FINE”指令，记录 P11 点的位置
44	处理中 单步 执行 I/O 运转 BASE 行0 T2 中止 用户 10% BASE 20/20 12:L P[4] 100mm/sec FINE 13:L P[5] 100mm/sec FINE 14:C P[6] : P[7] 100mm/sec FINE 15:L P[8] 100mm/sec FINE 16:C P[9] : P[10] 100mm/sec FINE 17:L P[11] 100mm/sec FINE 18:L P[1] 100mm/sec FINE 19:L P[2] 100mm/sec FINE [End] 点 TOUCHUP >	添加返回路径动作指令
45	处理中 单步 执行 I/O 运转 BASE 行0 T2 中止 用户 10% BASE 21/21 13:L P[5] 100mm/sec FINE 14:C P[6] : P[7] 100mm/sec FINE 15:L P[8] 100mm/sec FINE 16:C P[9] : P[10] 100mm/sec FINE 17:L @P[11] 100mm/sec FINE 18:L P[1] 100mm/sec FINE 19:L P[2] 100mm/sec FINE 20: RO[1]=OFF [End] [指令] [编辑] >	在“指令”界面添加“RO[1]=OFF”，气动夹爪松开

续表 4.5

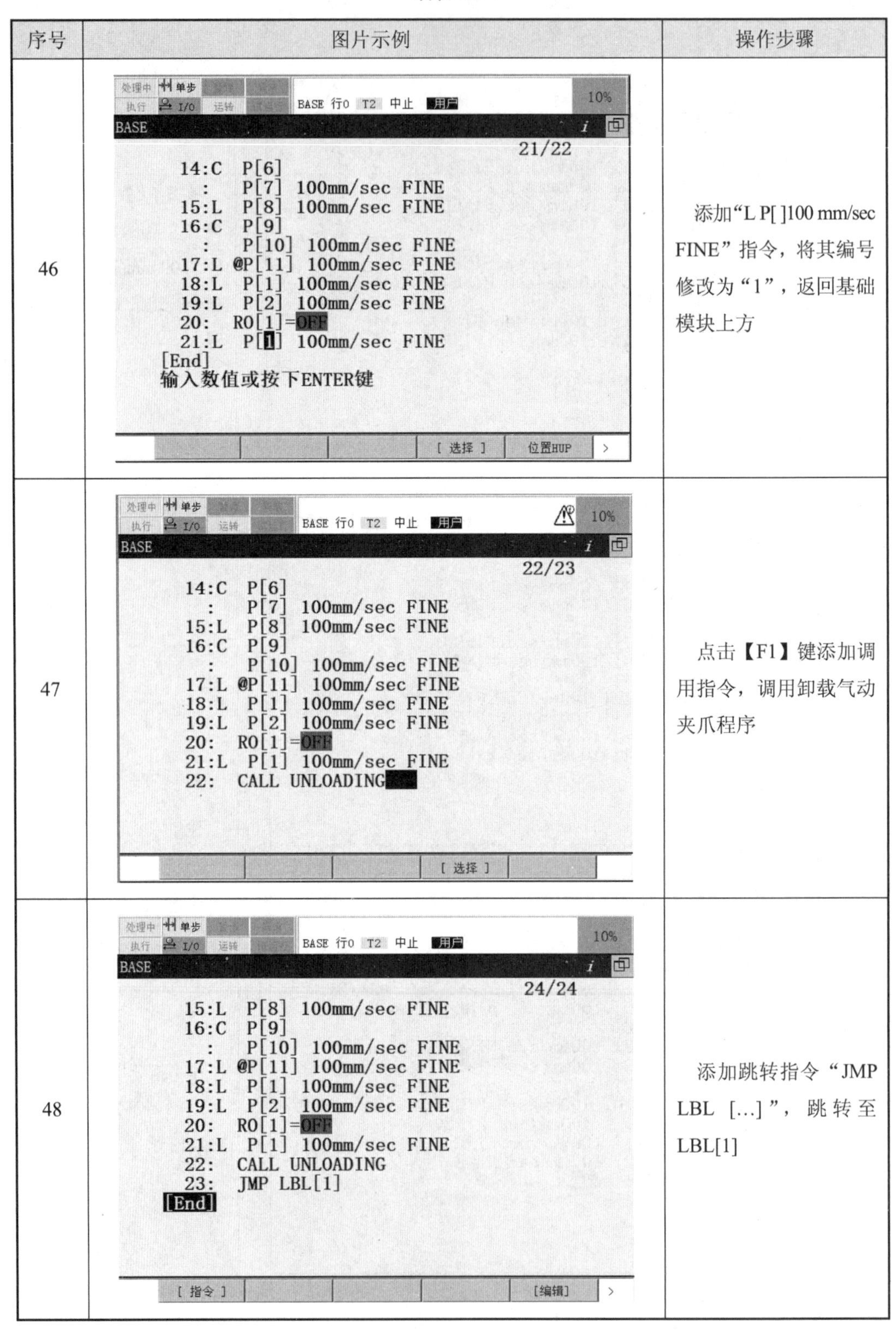

序号	图片示例	操作步骤
46		添加“L P[ ]100 mm/sec FINE”指令，将其编号修改为“1”，返回基础模块上方
47		点击【F1】键添加调用指令，调用卸载气动夹爪程序
48		添加跳转指令“JMP LBL [...]”，跳转至LBL[1]

4.4.5　项目程序调试

项目程序调试是指在程序编写完成后，对程序进行单步运行，验证程序是否正确。程序调试的步骤见表 4.6。

表 4.6　程序调试的步骤

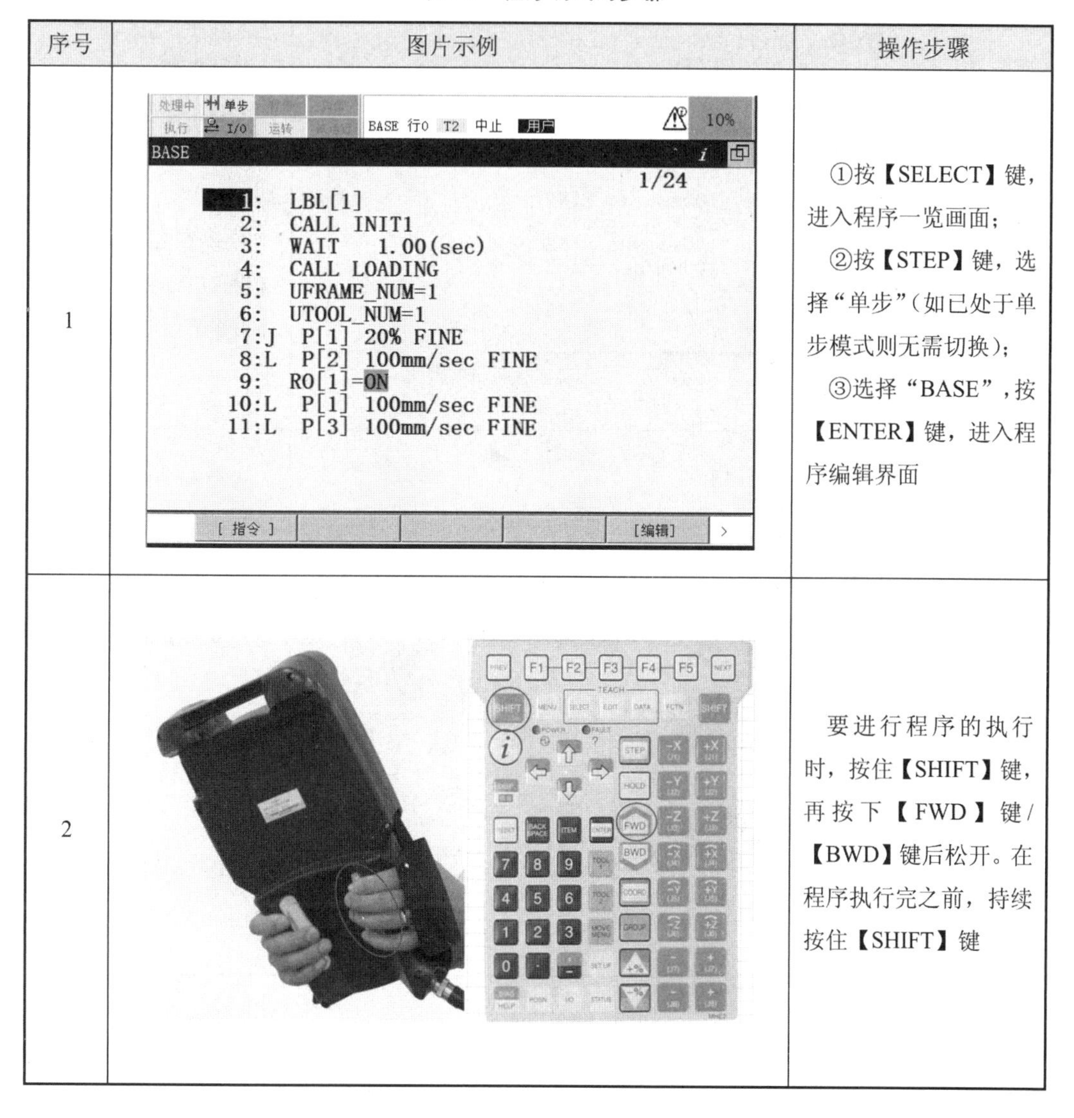

序号	图片示例	操作步骤
1		①按【SELECT】键，进入程序一览画面； ②按【STEP】键，选择“单步”(如已处于单步模式则无需切换)； ③选择“BASE”，按【ENTER】键，进入程序编辑界面
2		要进行程序的执行时，按住【SHIFT】键，再按下【FWD】键/【BWD】键后松开。在程序执行完之前，持续按住【SHIFT】键

4.4.6　项目总体运行

在项目程序调试完成且无误的情况下，可进行项目的总体运行，本地手动总体运行步骤见表 4.7。

表 4.7　本地手动总体运行步骤

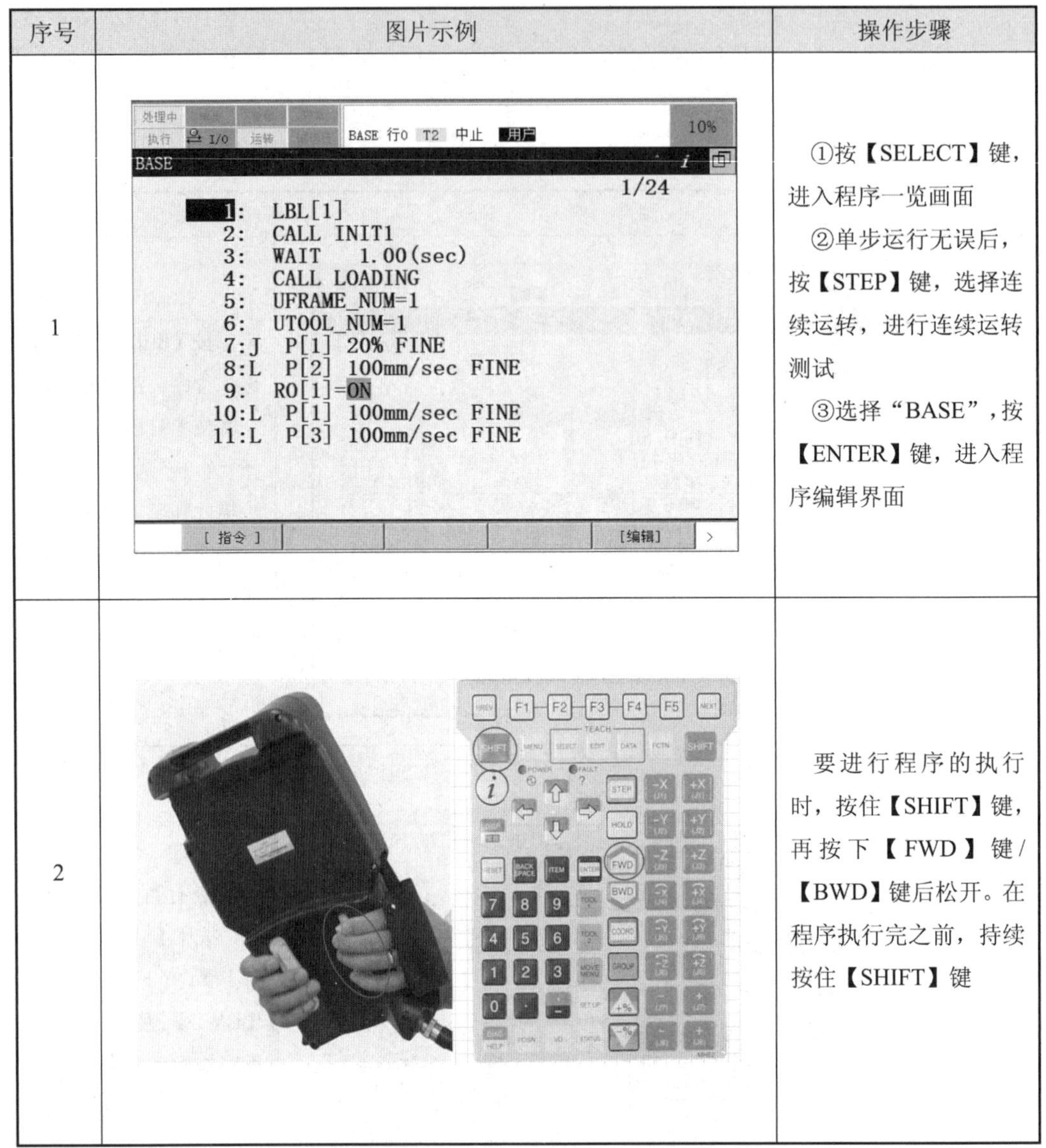

序号	图片示例	操作步骤
1		①按【SELECT】键，进入程序一览画面 ②单步运行无误后，按【STEP】键，选择连续运转，进行连续运转测试 ③选择“BASE”，按【ENTER】键，进入程序编辑界面
2		要进行程序的执行时，按住【SHIFT】键，再按下【FWD】键/【BWD】键后松开。在程序执行完之前，持续按住【SHIFT】键

4.5　项目验证

4.5.1　效果验证

项目调试完成之后，观察程序运行所经过的路径轨迹，检查是否达到预期效果。程序运行效果图如图 4.10 所示。

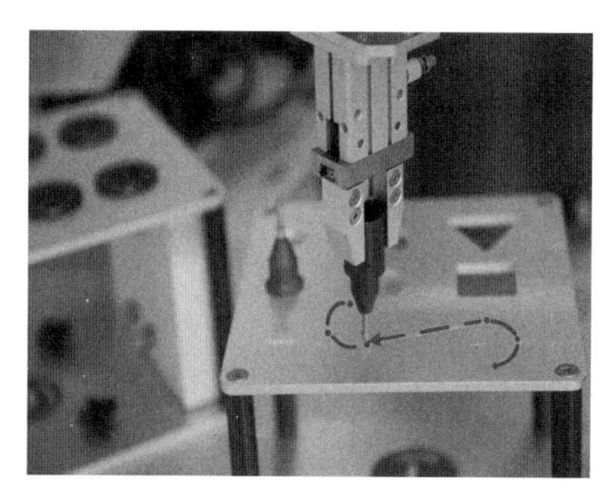

图 4.10　程序运行效果图

4.5.2　数据验证

本项目程序中的各点位数据可以进行查看验证，观察数据是否在同一平面，是否构成所需图形。点位数据查看的具体步骤见表 4.8。

表 4.8　点位数据查看的具体步骤

序号	图片示例	操作步骤
1	处理中 单步 执行 I/O 运转 BASE 行0 T2 中止 关节 100% 选择 709604 字节可用 4/43 编号 程序名 注释 1 -BCKEDT- [ ] 2 AAVMMAIN PC [ ] 3 ATERRJOB VR [ ] 4 BASE [ ] 5 BICSETUP VR [ ] 6 COMSET PC [ ] 7 GEMDATA PC [GEM Vars] 8 GETDATA MR [Get PC Data] 9 GET_HOME PC [Get Home Pos] 10 HTCOLREC VR [ ] [类型] 创建 删除 监控 [属性] > PREV SHIFT MENU SELECT EDIT DATA FCTN SHIFT NEXT	单击【SELECT】键，并打开 BASE 程序

续表 4.8

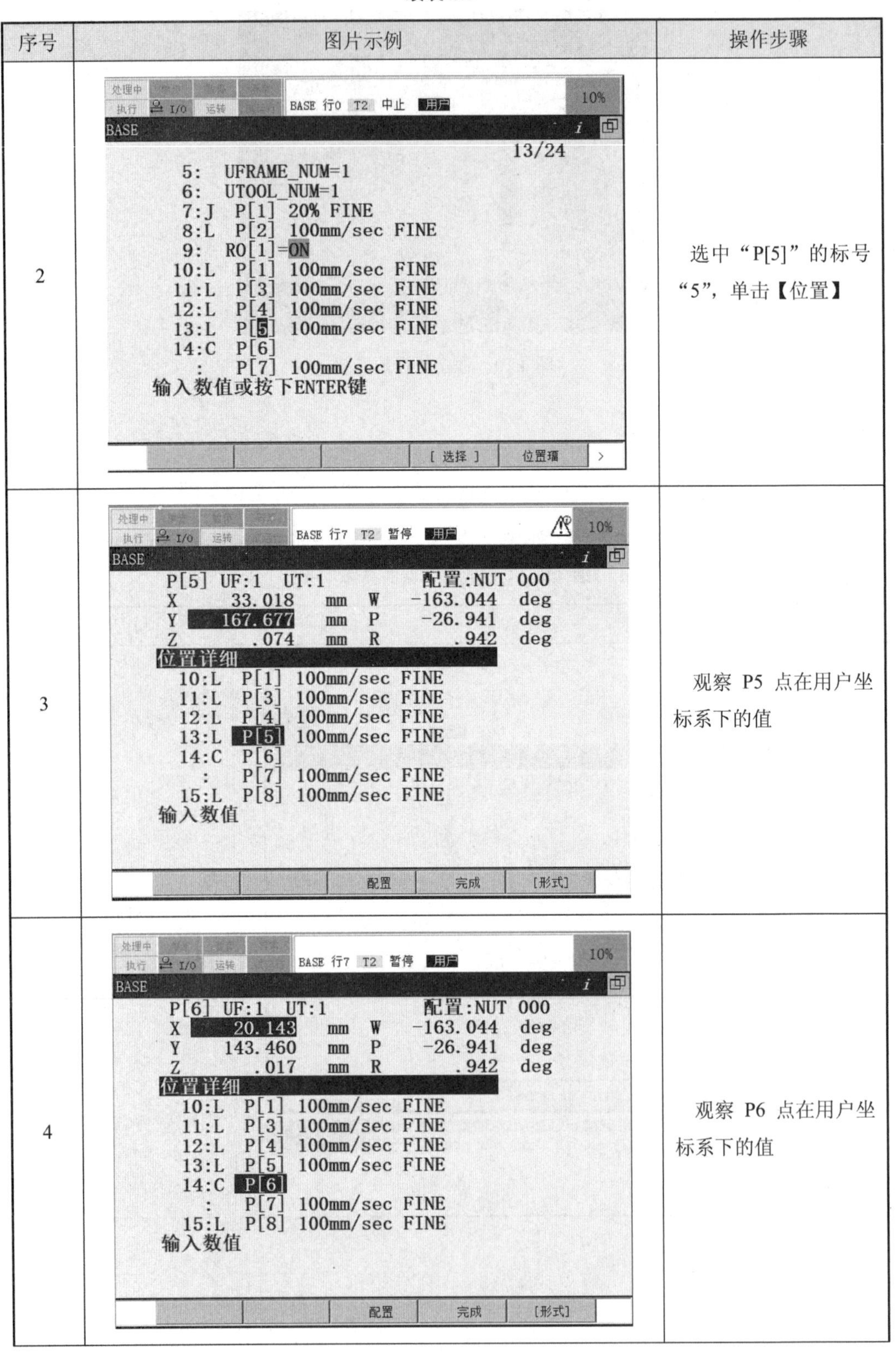

序号	图片示例	操作步骤
2		选中“P[5]”的标号“5”，单击【位置】
3		观察 P5 点在用户坐标系下的值
4		观察 P6 点在用户坐标系下的值

续表 4.8

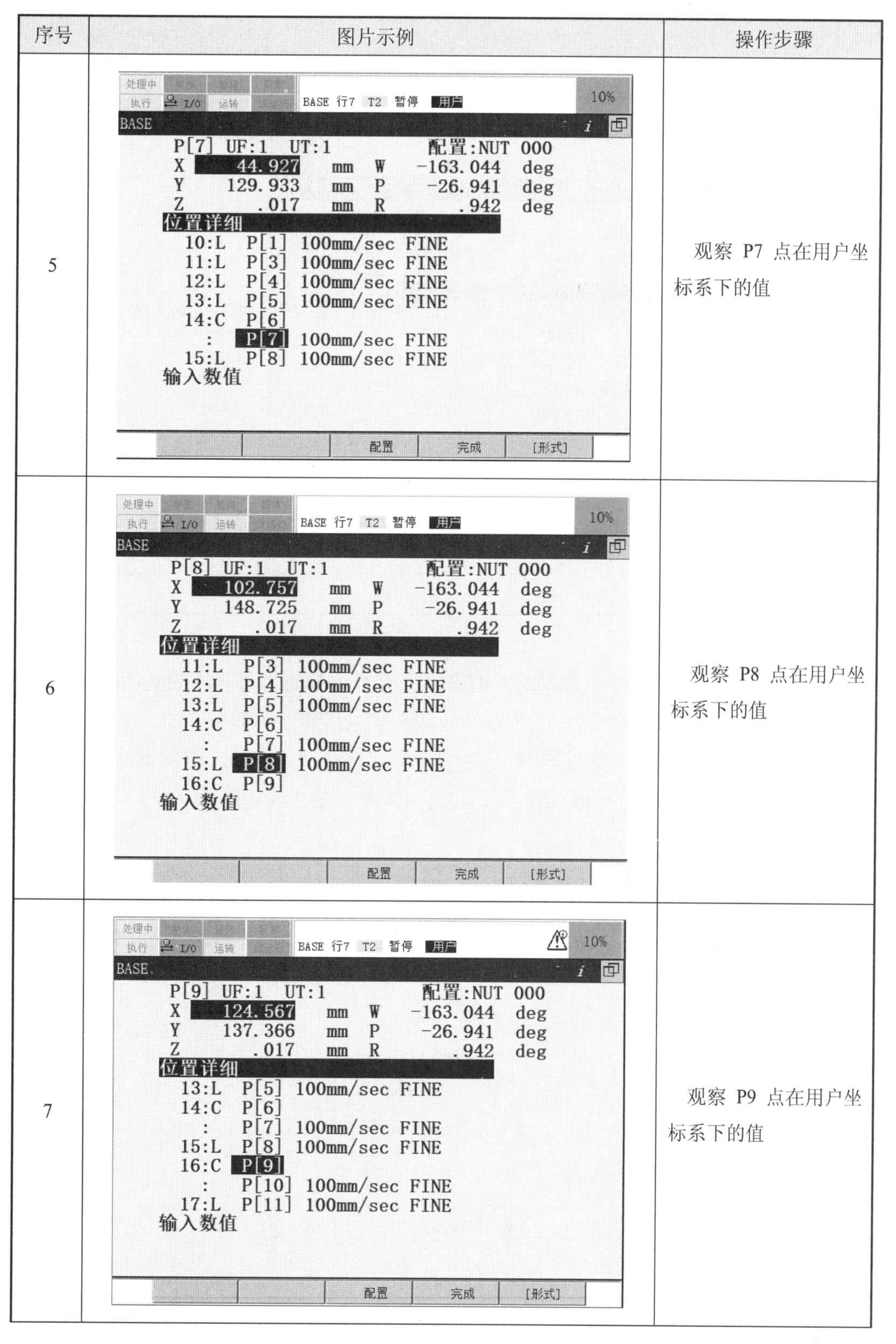

序号	图片示例	操作步骤
5		观察 P7 点在用户坐标系下的值
6		观察 P8 点在用户坐标系下的值
7		观察 P9 点在用户坐标系下的值

续表 4.8

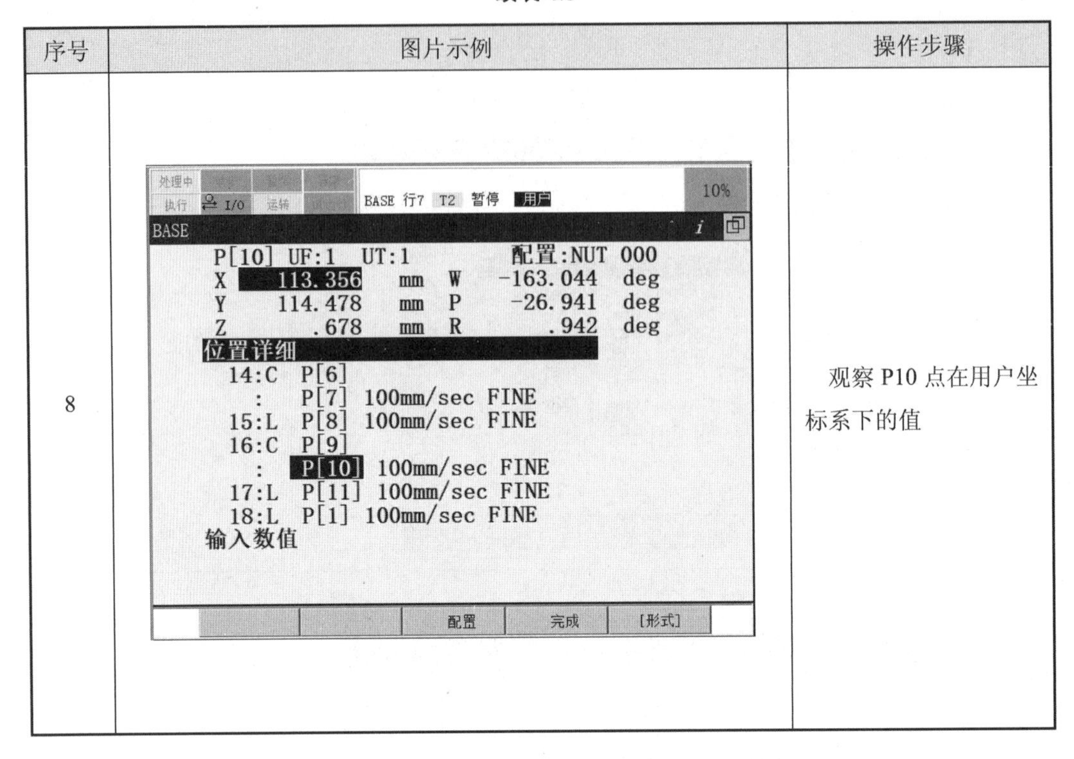

序号	图片示例	操作步骤
8		观察 P10 点在用户坐标系下的值

从表 4.8 中可以看出，S 形曲线涉及的 P5～P10 点的位置信息大致与基础模块上 S 形曲线的各点坐标吻合，进一步验证了本次项目的曲线运动轨迹示教符合项目要求。

注意：基础模块上 S 形曲线的坐标依次为（34，168，0）、（20，143，0）、（45，130，0）、（103，147，0）、（125，136，0）、（114，114，0），单位为 mm。

4.6 项目总结

4.6.1 项目评价

项目评价表见表 4.9。

表 4.9　项目评价表

项目指标		分值	自评	互评	评分说明
项目分析	1. 项目架构分析	6			
	2. 项目流程分析	6			
项目要点	1. 路径规划	8			
	2. 指令解析	8			
	3. 坐标系建立	6			
项目步骤	1. 应用系统连接	8			
	2. 应用系统配置	8			
	3. 关联程序设计	8			
	4. 主体程序设计	8			
	5. 项目程序调试	8			
	6. 项目总体运行	8			
项目验证	1. 效果验证	9			
	2. 数据验证	9			
合计		100			

4.6.2　项目拓展

在完成本项目后，可以尝试更换工具，比如装有激光器的工具，通过对机器人空间运动路径的规划、I/O 信号的控制，采用激光雕刻基础模块，完成机器人模拟激光雕刻的应用。图 4.11 所示为机器人激光雕刻“HRG”“EDUBOT”字样的轨迹运动路径。

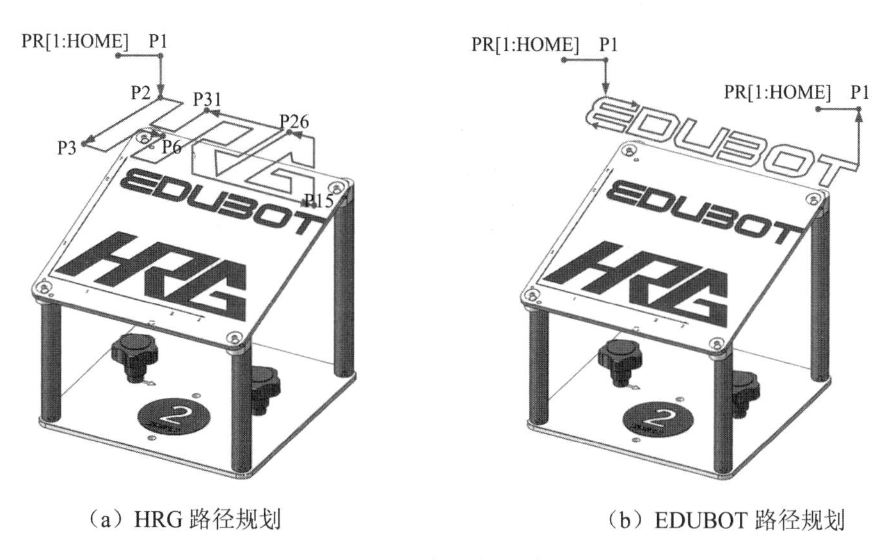

（a）HRG 路径规划　　（b）EDUBOT 路径规划

图 4.11　激光雕刻路径规划

第5章 物料搬运检测项目

5.1 项目概况

5.1.1 项目背景

随着工业生产过程对自动化需求的不断提高，机器人被大量地用于取代人工，替代完成繁重、重复的工作，不仅效率提高几十倍，生产成本也降低了。以劳动密集型企业为主的中国制造业进入新的发展阶段，搬运等行业领域开始进入工业机器人时代，如图5.1所示。

※ 物料搬运检测项目简介

图5.1 机器人搬运箱体

5.1.2 项目需求

本项目模拟机器人搬运、码垛生产线的应用，项目场景如图5.2（a）所示。通过供料模块、微动开关模块及气动夹爪的使用，利用气动夹爪在供料模块上将物料搬至微动开关模块并检测是否存在物料，如图5.2（b）所示。若存在物料，将物料放置在检测开关模块表面圆环中；若不存在物料，则回到安全位置，显示用户报警信息。

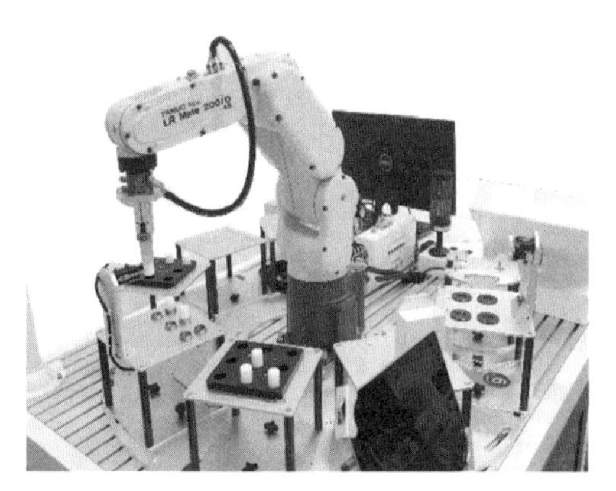

（a）物料搬运检测项目场景

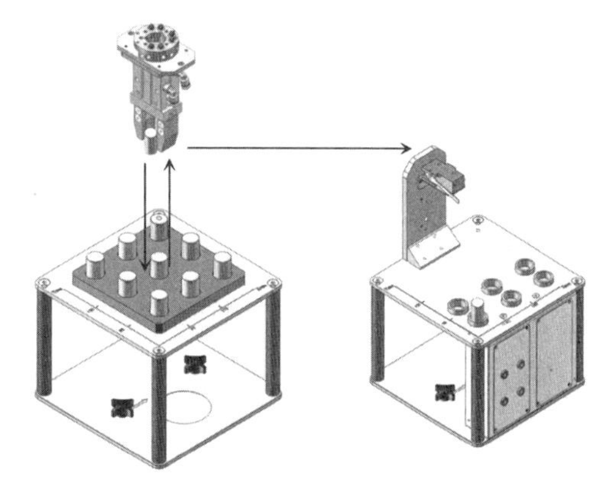

（b）项目需求效果

图 5.2　项目场景需求效果

5.1.3　项目目的

在本项目的学习训练中需实现以下目的：

（1）熟悉了解搬运检测项目应用的场景及项目的意义。

（2）熟悉搬运动作的流程及路径规划。

（3）了解微动开关的工作原理。

（4）掌握机器人 I/O 的设置。

（5）掌握机器人的编程、调试及运行。

5.2　项目分析

5.2.1　项目构架

本项目的整体构架如图 5.3 所示。机器人接收到来自控制系统的信息反馈，自供料模块中拾取物料后运动至微动开关模块，检测是否存在物料。

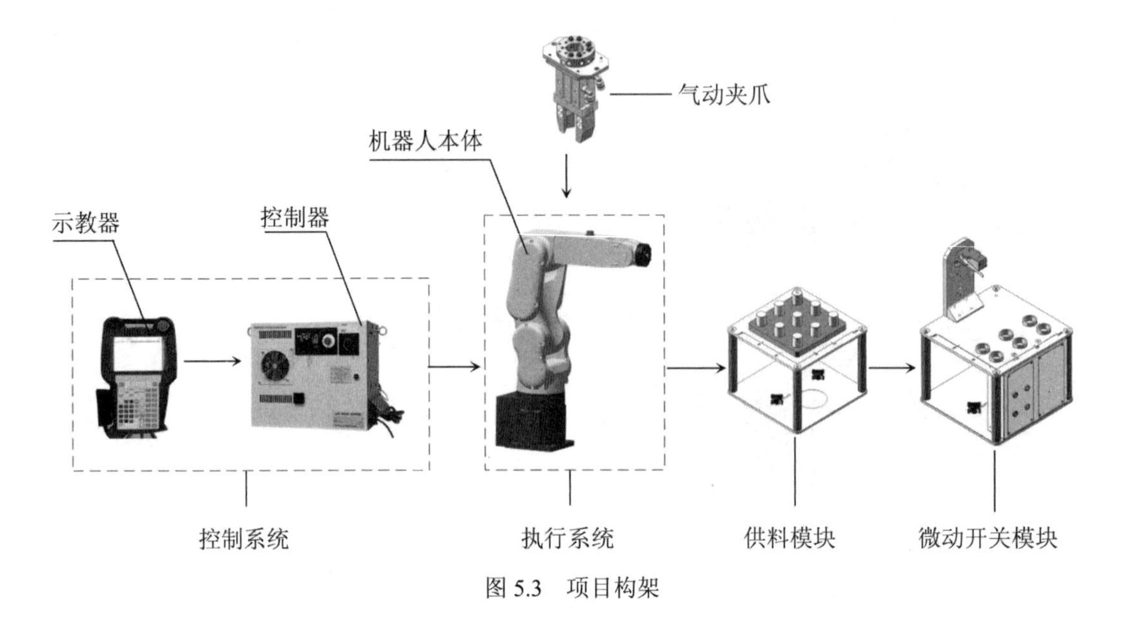

图 5.3　项目构架

5.2.2　项目流程

在项目实施过程中，需要包含以下环节。

（1）对产教应用系统平台进行搭建。

（2）完成编程前的应用系统配置，包括坐标系建立、I/O 的配置。

（3）设计关联程序构架，包括初始化、微动开关检测、装载气动夹爪、卸载气动夹爪等准备工作。

（4）设计主体程序构架。

（5）编写调试检查程序，确认无误后运行程序，观察程序运行结果。

（6）实现手动运行程序。

整体的项目流程如图 5.4 所示。

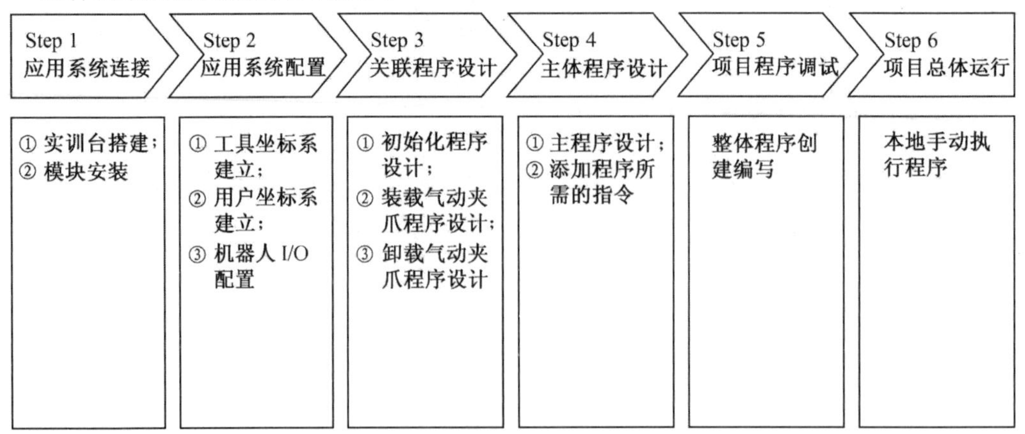

图 5.4　项目流程

5.3　项目要点

5.3.1　路径规划

机器人运动至安全点 P1 位置→运动到抓取物料上方点 P2→线性运动到物料抓取点 P3→机器人使用气动夹爪夹持物料→将物料抓取至上方点 P2→移动机器人至微动开关检测模块→判断机器人输入信号状态→若存在物料，则将机器人放置在微动开关模块上→若不存在，则返回安全点，显示用户报警画面。物料搬运检测路径规如图 5.5 所示。

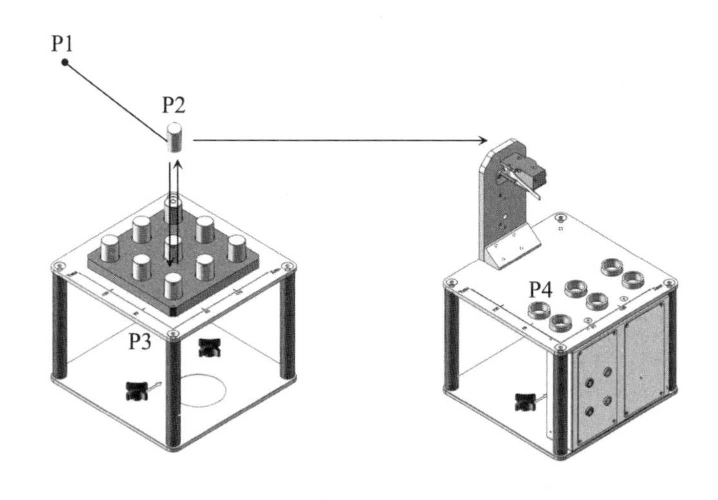

图 5.5　物料搬运检测路径规划

5.3.2　指令解析

1. 机器人 I/O 指令

“RO[i]=ON/OFF”，接通或断开所指定的机器人数字输出信号。

2. 数字 I/O 指令

“R[i]=DI[i]”，接收数字输入信号的状态。

3. 标签指令（LBL[i]）

标签指令是用来表示程序转移目的地的指令。标签可通过标签定义指令来定义。

4. 跳跃指令（JMP　LBL[i]）

跳跃指令使程序的执行转移到相同程序内所指定的标签处。

5. 程序呼叫指令（CALL（程序名））

程序呼叫指令使程序的执行转移到其他程序的第一行后并执行该程序。

6. 指定时间等待指令（WAIT（时间））

指定时间等待指令使程序在指定时间内等待执行（等待时间单位：sec）。

7. 条件比较指令（IF（条件）（处理））

条件比较指令用于在指定的条件得到满足时，使程序跳转到 LBL[...]处，否则执行 IF 下面一条指令。

8. 用户报警指令（UALM（报警号码））

用户报警指令用于在报警显示行显示预先设定的用户报警号码的报警信息。用户报警指令会使机器人执行中的程序暂停。

5.3.3 用户报警

本项目需要使用用户报警指令 UALM[1]，即在程序中微动开关检测无物料抓取时，显示用户报警信息“物料不存在”。设置用户报警信息及添加用户报警指令的步骤见表 5.1。

表 5.1 设置用户报警信息及添加用户报警指令的步骤

序号	图片示例	操作步骤
1	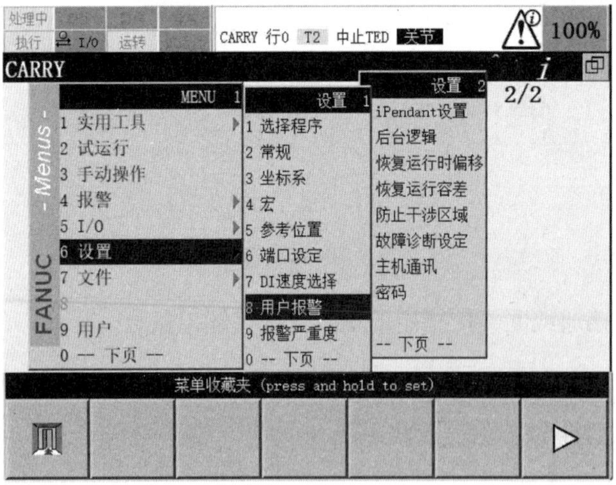	点击【MENU】键，选择“设置”→“用户报警”，进入用户报警设置界面

续表 5.1

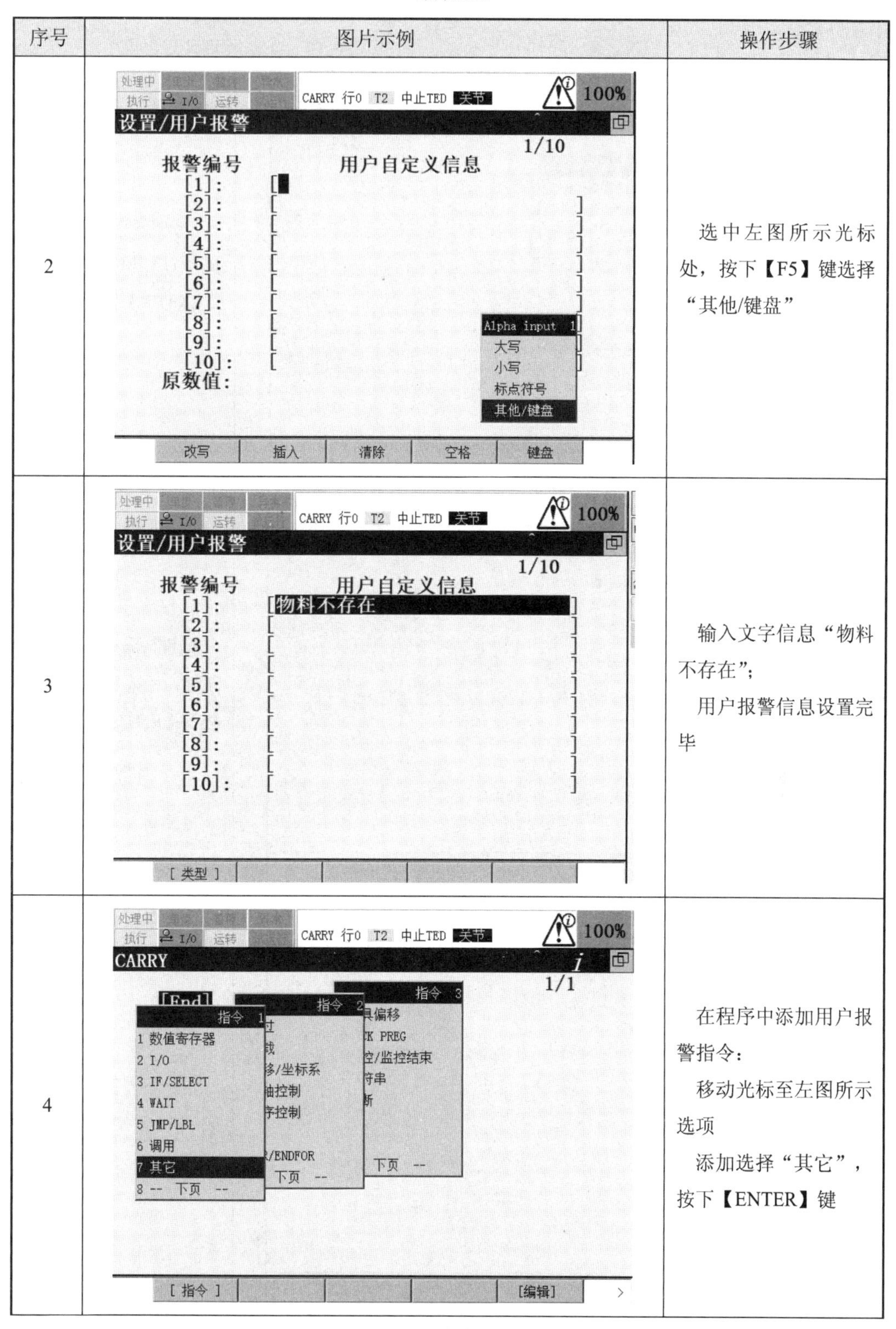

序号	图片示例	操作步骤
2		选中左图所示光标处，按下【F5】键选择“其他/键盘”
3		输入文字信息“物料不存在”； 用户报警信息设置完毕
4		在程序中添加用户报警指令： 移动光标至左图所示选项 添加选择“其它”，按下【ENTER】键

续表 5.1

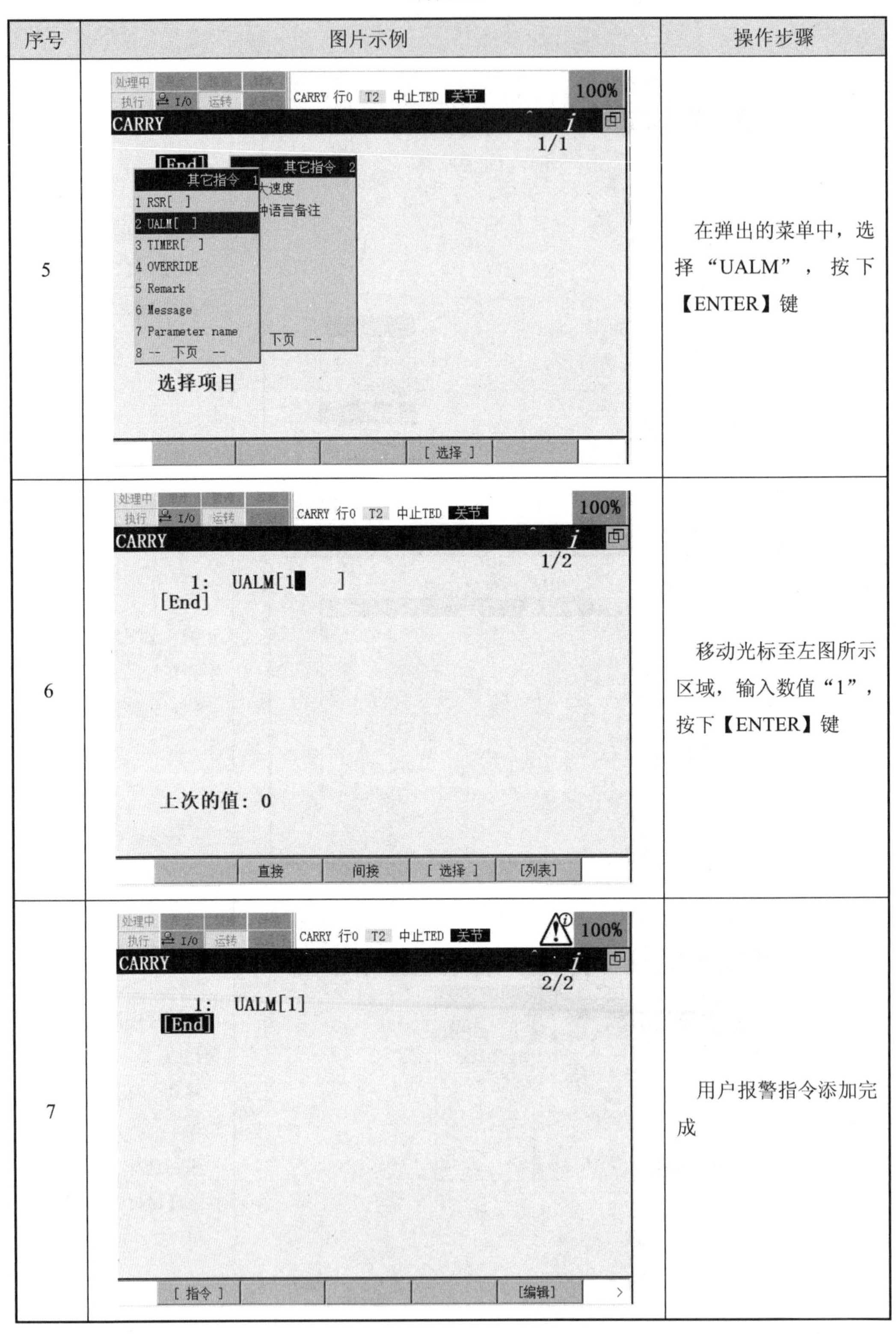

序号	图片示例	操作步骤
5		在弹出的菜单中，选择“UALM”，按下【ENTER】键
6		移动光标至左图所示区域，输入数值“1”，按下【ENTER】键
7		用户报警指令添加完成

5.3.4 信号配置

本项目中机器人需要接收微动开关检测信号，即数字I/O信号，在编程前需要对其进行信号配置。配置数字I/O可对信号和物理接线的映射关系进行再定义，具体配置步骤见表5.2。

表5.2 数字I/O配置步骤

序号	图片示例	操作步骤
1	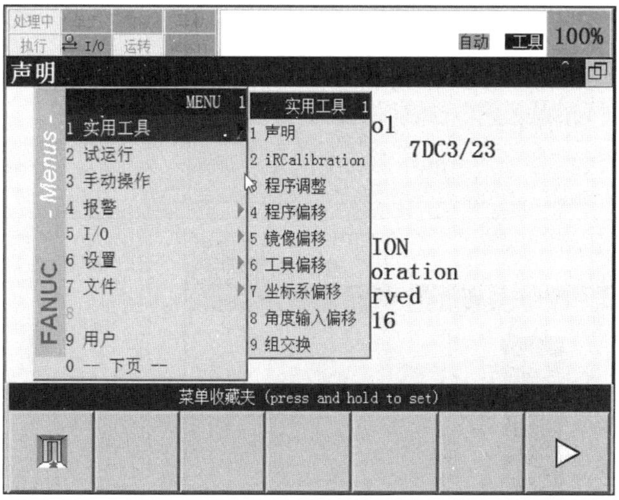	按下【MENU】键，进入菜单画面
2	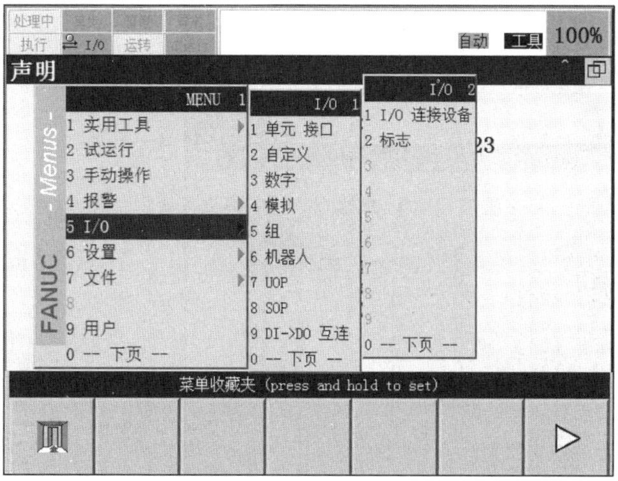	移动光标，选择“I/O”

续表 5.2

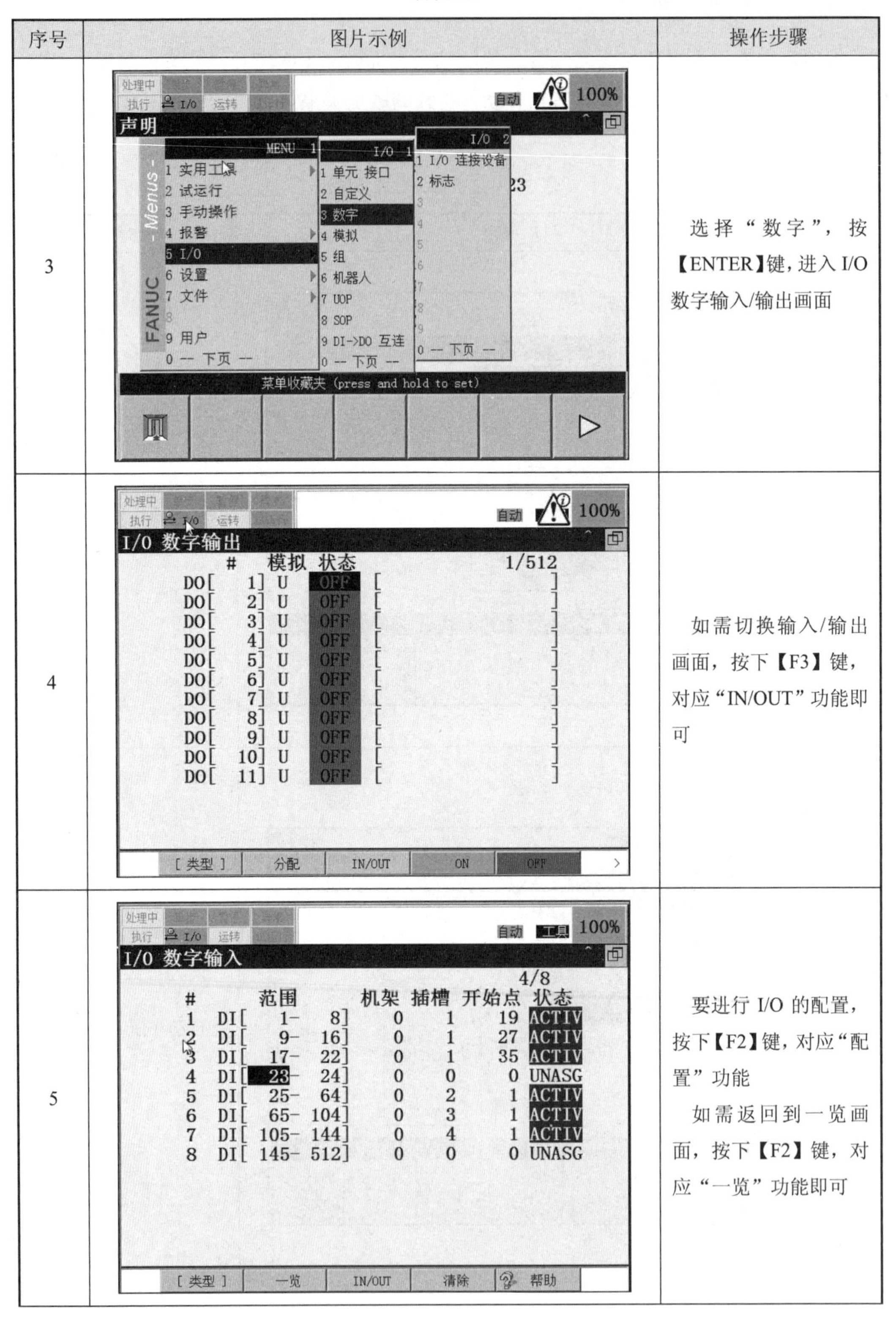

序号	图片示例	操作步骤
3		选择“数字”，按【ENTER】键，进入 I/O 数字输入/输出画面
4		如需切换输入/输出画面，按下【F3】键，对应“IN/OUT”功能即可
5		要进行 I/O 的配置，按下【F2】键，对应“配置”功能 如需返回到一览画面，按下【F2】键，对应“一览”功能即可

续表 5.2

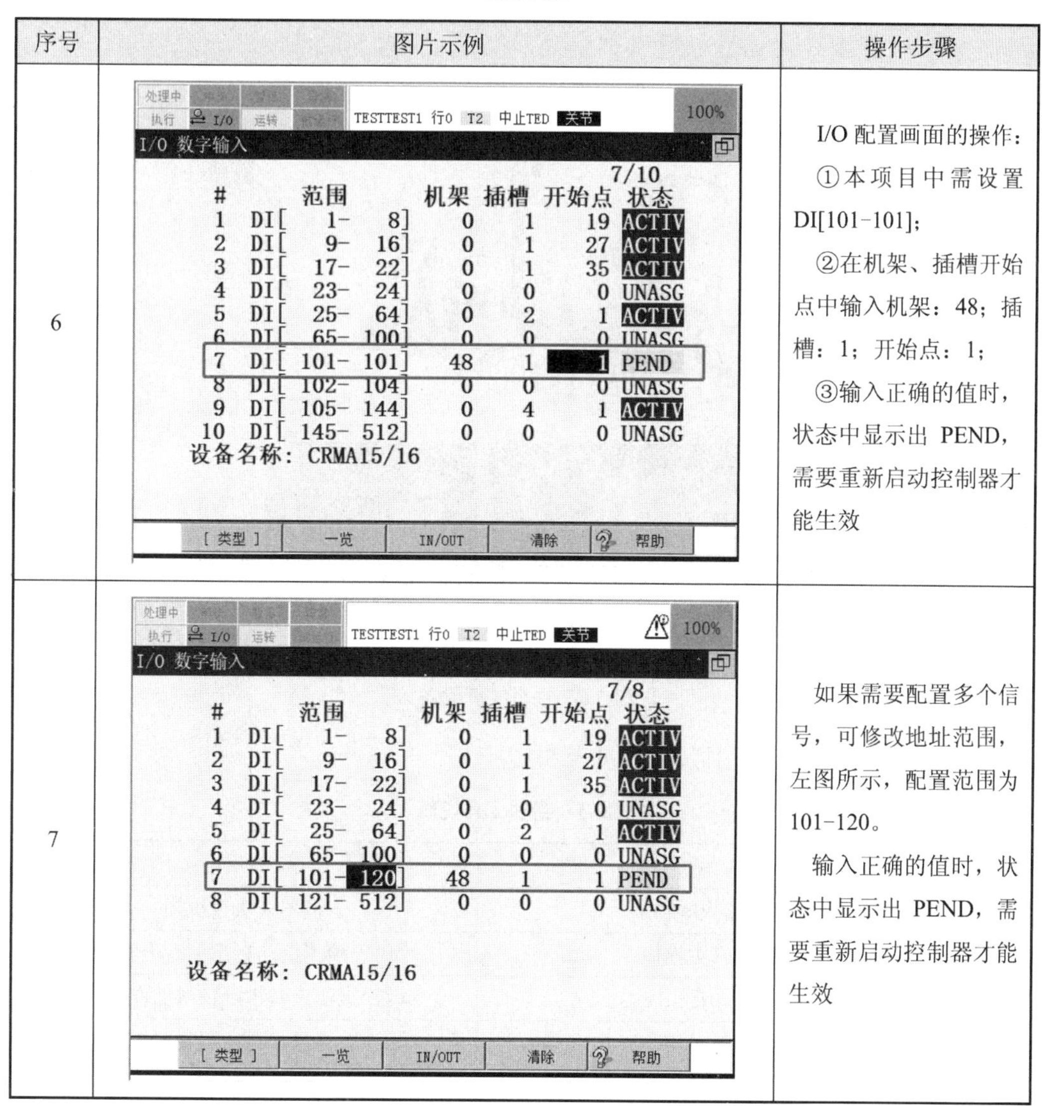

序号	图片示例	操作步骤
6		I/O 配置画面的操作： ①本项目中需设置 DI[101-101]； ②在机架、插槽开始点中输入机架：48；插槽：1；开始点：1； ③输入正确的值时，状态中显示出 PEND，需要重新启动控制器才能生效
7		如果需要配置多个信号，可修改地址范围，左图所示，配置范围为 101-120。 输入正确的值时，状态中显示出 PEND，需要重新启动控制器才能生效

5.4　项目步骤

5.4.1　应用系统连接

※ 物料搬运检测项目步骤

产教应用平台包含一系列实训模块用于实操训练，在项目编程前需要安装供料模块、微动开关模块以及所用工具，如图 5.6 所示。

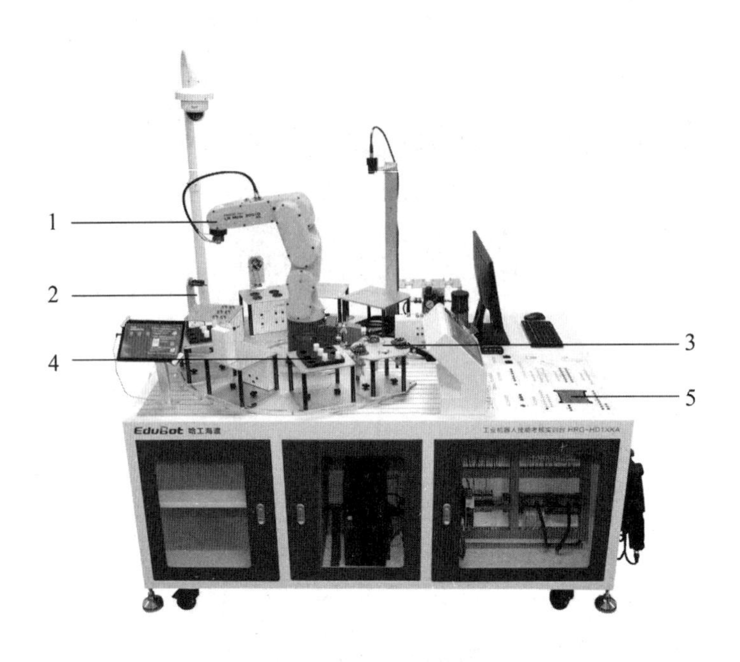

图 5.6　项目实训设备

本项目所涉及的实训工具及说明见表 5.3。

表 5.3　实训工具说明

序号	名称	说明
1	机器人本体	机器人执行机构
2	微动开关模块	用于检测气动夹爪上有无物料
3	气动夹爪	模拟工业工具进行物料抓取工作
4	供料模块	提供项目所用物料
5	产教应用系统	项目实训操作平台

5.4.2　应用系统配置

1. 微动开关输入信号连接

本节以 A-20GV-B 摆杆型微动开关为例，介绍机器人的 I/O 输入信号硬件连接方式。一般微动开关有三个触点：共用端子（COM）、常闭端子（NC）、常开端子（NO），如图 5.7（a）所示。将微动开关的共用端子（COM）连接至外部电源+24 V，常开端子（NO）连接至外围设备接口 DI101，电气原理图如图 5.7（b）所示。

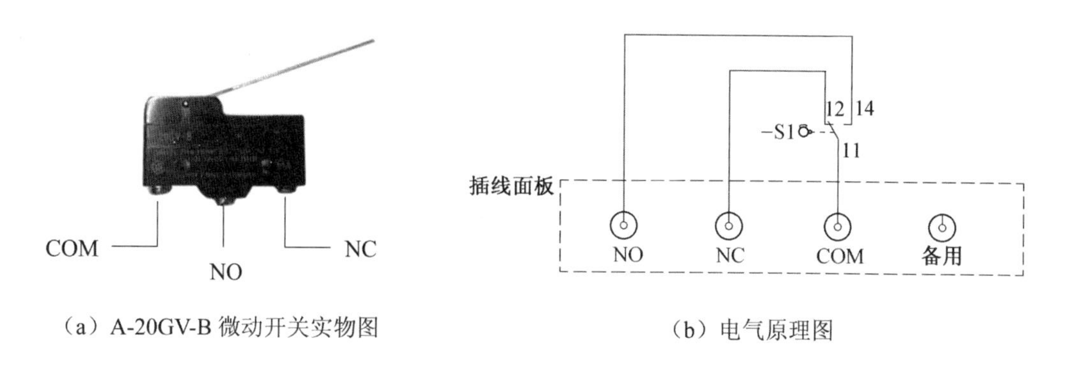

（a）A-20GV-B 微动开关实物图　　（b）电气原理图

图 5.7　微动开关实物图及电气原理图

2. I/O 配置

物料搬运检测应用实训项目需利用气动夹爪在供料模块中抓取物料至微动开关检测模块进行检测。为了使机器人末端接头与夹具快换接头对接并夹持住物料，以及使机器人能够接收微动开关检测的结果反馈，需要配置表 5.4 中机器人 I/O 信号。

表 5.4　机器人 I/O 信号配置

序号	名称	信号类型	功能
1	RO1	机器人输出信号	控制气动夹爪打开或关闭
2	RO3	机器人输出信号	控制快换夹具气路打开或关闭
3	DI[101]	数字输入信号	微动开关检测信号

3. 坐标系建立

本项目需要使用气动夹爪完成物料搬运检测应用。在此，需要对气动夹爪进行工具坐标系建立，以基础模块上的尖锥为固定点，手动操作机器人，以三种不同的工具姿态使机器人工具上的尖锥参考点尽可能与固定点刚好接触。建立后的工具坐标系如图 5.8 所示。

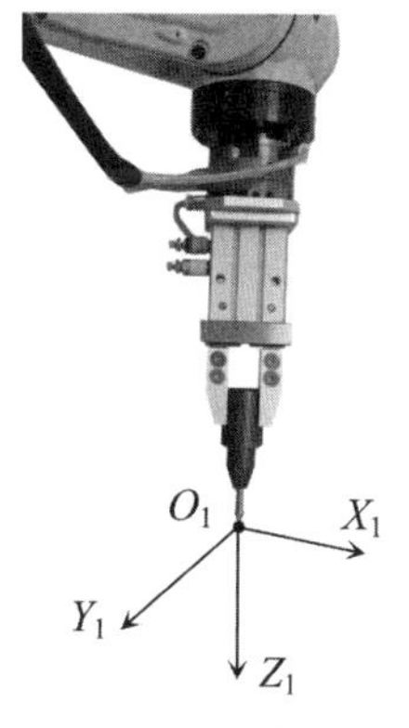

图 5.8　工具坐标系建立

在工具坐标系建立完成后，还应建立用户坐标系。在本项目中，需要选用三点法建立供料模块及微动开关模块的坐标系，即在模块的原点示教第一个点，在 X 轴上示教第二个点，在 XY 平面上示教第三个点。供料模块及微动开关坐标系建立结果分别如图 5.9、图 5.10 所示。

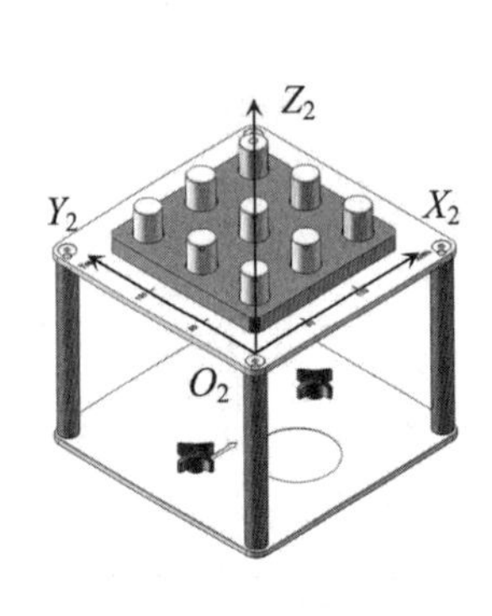

图 5.9　供料模块坐标系建立

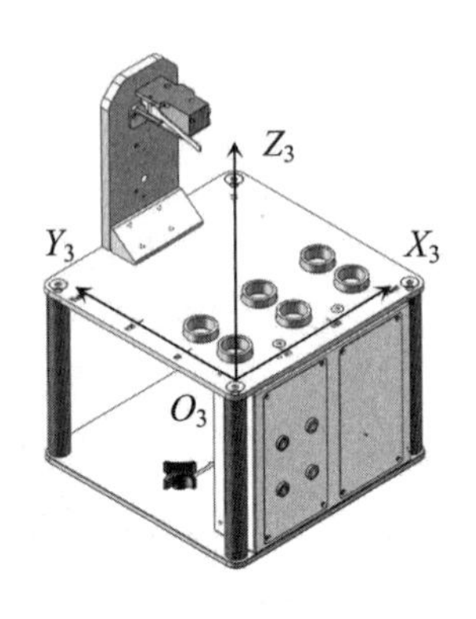

图 5.10　微动开关模块坐标系建立

5.4.3　关联程序设计

本项目的关联程序为初始化程序、装载气动夹爪程序及卸载气动夹爪程序。

1. 初始化程序

初始化程序是为了能够更好地完成物料搬运检测应用，包括将机器人移动至安全位置、关闭快换夹具气路等操作。

INIT1	
1：RO[3]=OFF	*//关闭快换夹具气路*
2：J　P[1]　20%　FINE	*//机器人移动至安全位置*
[End]	

2. 装载气动夹爪程序

装载气动夹爪程序是为了安装机器人末端夹具进行物料搬运检测应用，包括将机器人移动至气动夹爪处、打开快换夹具气路、关闭气动夹爪等操作。

LOADING	
1：J　P[1]　20%　FINE	//机器人移动至夹具模块上方
2：L　P[2]　100 mm/sec　FINE	//机器人移动至初始点
3：L　P[3]　100 mm/sec　FINE	//机器人移动至过渡点
4：L　P[4]　100 mm/sec　FINE	//机器人移动至气动夹爪放置处
5：RO[3]=ON	//快换夹具气路打开
6：WAIT　1.00 sec	//等待时间
7：L　P[3]　100 mm/sec　FINE	//机器人移动至过渡点
8：L　P[2]　100 mm/sec　FINE	//机器人移动至初始点
9：L　P[1]　100 mm/sec　FINE	//机器人移动至夹具模块上方
10：RO[1]=OFF	//气动夹爪松开
11：J　P[5]　20%　FINE	//机器人移动至安全位置
[End]	

3. 卸载气动夹爪程序

在物料搬运检测应用完成之后，需要将气动夹爪放置在原位置。程序如下：

UNLOADING	
1：J　P[1]　20%　FINE	//机器人移动至夹具模块上方
2：L　P[2]　100 mm/sec　FINE	//机器人移动至初始点
3：L　P[3]　100 mm/sec　FINE	//机器人移动至过渡点
4：L　P[4]　100 mm/sec　FINE	//机器人移动至气动夹爪放置处
5：RO[3]=OFF	//快换夹具气路打开
6：WAIT　1.00 sec	//等待时间
7：L　P[3]　100 mm/sec　FINE	//机器人移动至过渡点
8：L　P[2]　100 mm/sec　FINE	//机器人移动至初始点
9：L　P[1]　100 mm/sec　FINE	//机器人移动至夹具模块上方
[End]	

5.4.4　主体程序设计

主体程序设计包含物料检测、调用物料搬运应用初始化、装载气动夹爪、卸载气动夹爪等程序设计。物料搬运检测应用的主体程序如下：

CARRY	
1：LBL[1]	//标签 1
2：CALL　INIT1	//调用初始化程序
3：WAIT　1.00 sec	//等待时间
4：CALL　LOADING	//调用装载气动夹爪程序
5：WAIT　1.00 sec	//等待时间
6：J　P[1]　20%　FINE	//机器人移动至安全点位置
7：UFRAME_NUM=2	//切换至用户坐标系 2
8：UTOOL_NUM=1	//切换至工具坐标系 1
9：L　P[2]　100 mm/sec　FINE	//机器人移动至供料模块上方
10：L　P[3]　100 mm/sec　FINE	//机器人移动至物料抓取点
11：RO[1]=ON	//气爪夹紧物料
12：WAIT　1.00 sec	//等待时间
13：L　P[2]　100 mm/sec　FINE	//机器人返回至供料模块上方
14：L　P[1]　100 mm/sec　FINE	//机器人移动至安全点位置
15：UFRAME_NUM=3	//切换至用户坐标系 3
16：UTOOL_NUM=1	//切换至工具坐标系 1
17：L　P[4]　100 mm/sec　FINE	//机器人移动至微动开关过渡点
18：L　P[5]　100 mm/sec　FINE	//机器人移动至微动开关摆杆处
19：IF DI[101]=OFF,JMP LBL[2]	//判断机器人是否成功抓取物料 //未成功抓取，跳转到标签 2
20：L　P[4]　100 mm/sec　FINE	//成功抓取，机器人返回至微动开关模块过渡点
21：L　P[6]　100 mm/sec　FINE	//机器人移动至微动开关模块上方
22：L　P[7]　100 mm/sec　FINE	//机器人移动至物料放置点
23：RO[1]=OFF	//机器人松开气爪
24：WAIT　1.00 sec	//等待时间
25：L　P[6]　100 mm/sec　FINE	//机器人返回至微动开关模块上方
26：CALL　UNLOADING	//调用卸载气动夹爪程序
27：JMP　LBL[1]	//跳转至标签 1
28：LBL[2]	//标签 2
29：L　P[4]　100 mm/sec　FINE	//机器人返回至微动开关模块过渡点
30：L　P[1]　100 mm/sec　FINE	//机器人返回至安全点位置
31：UALM[1]	//未成功抓取，显示用户报警信息
[End]	

5.4.5　项目程序调试

项目程序调试是指在程序编写完成后，对程序进行单步运行，以验证程序是否正确。项目程序调试的步骤见表 5.5。

表 5.5　项目程序调试

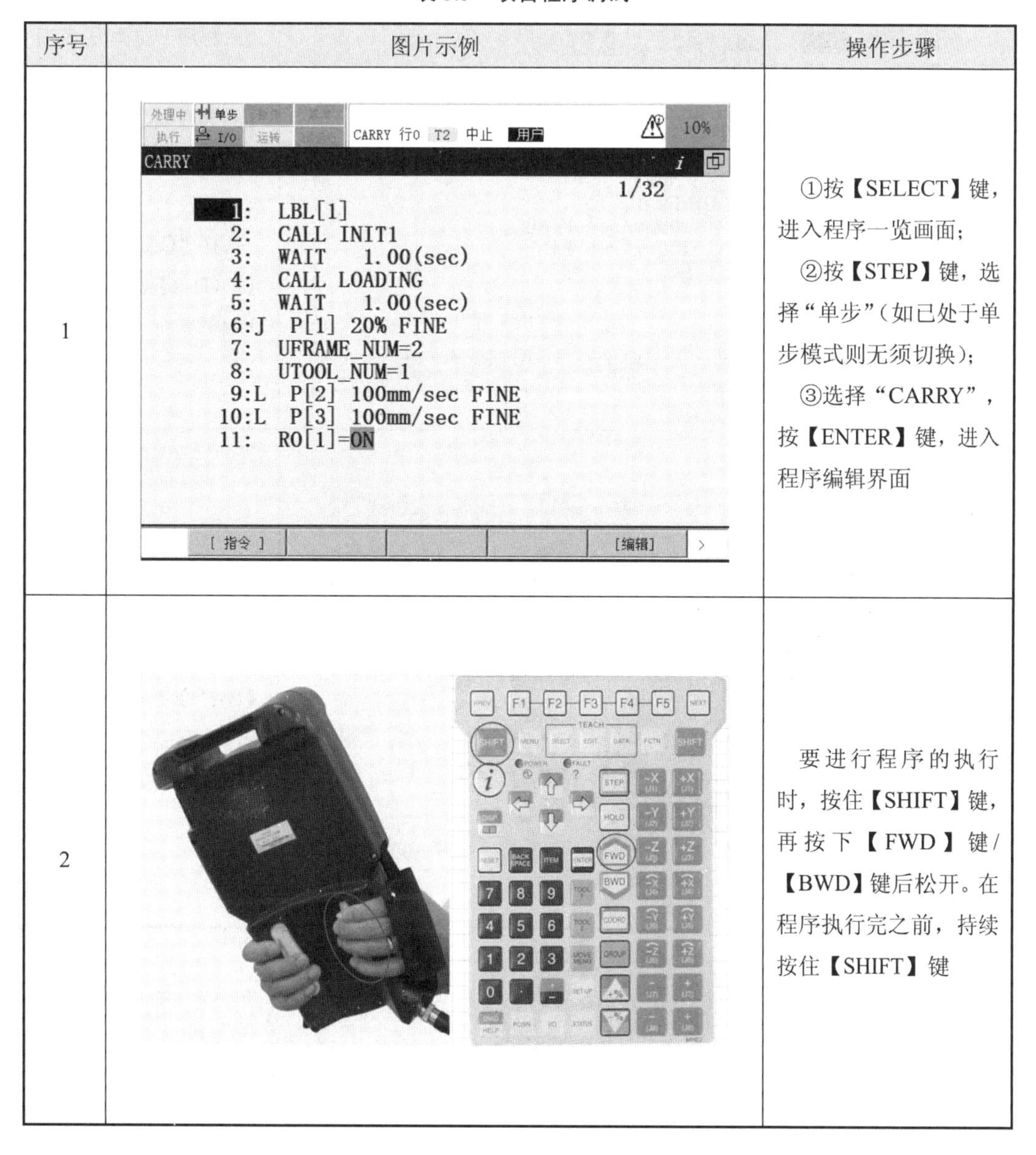

序号	图片示例	操作步骤
1		①按【SELECT】键，进入程序一览画面； ②按【STEP】键，选择“单步”（如已处于单步模式则无须切换）； ③选择“CARRY”，按【ENTER】键，进入程序编辑界面
2		要进行程序的执行时，按住【SHIFT】键，再按下【FWD】键/【BWD】键后松开。在程序执行完之前，持续按住【SHIFT】键

5.4.6　项目总体运行

在项目程序调试完成且无误的情况下，可进行项目的总体运行，手动总体运行步骤见表 5.6。

表 5.6　手动总体运行

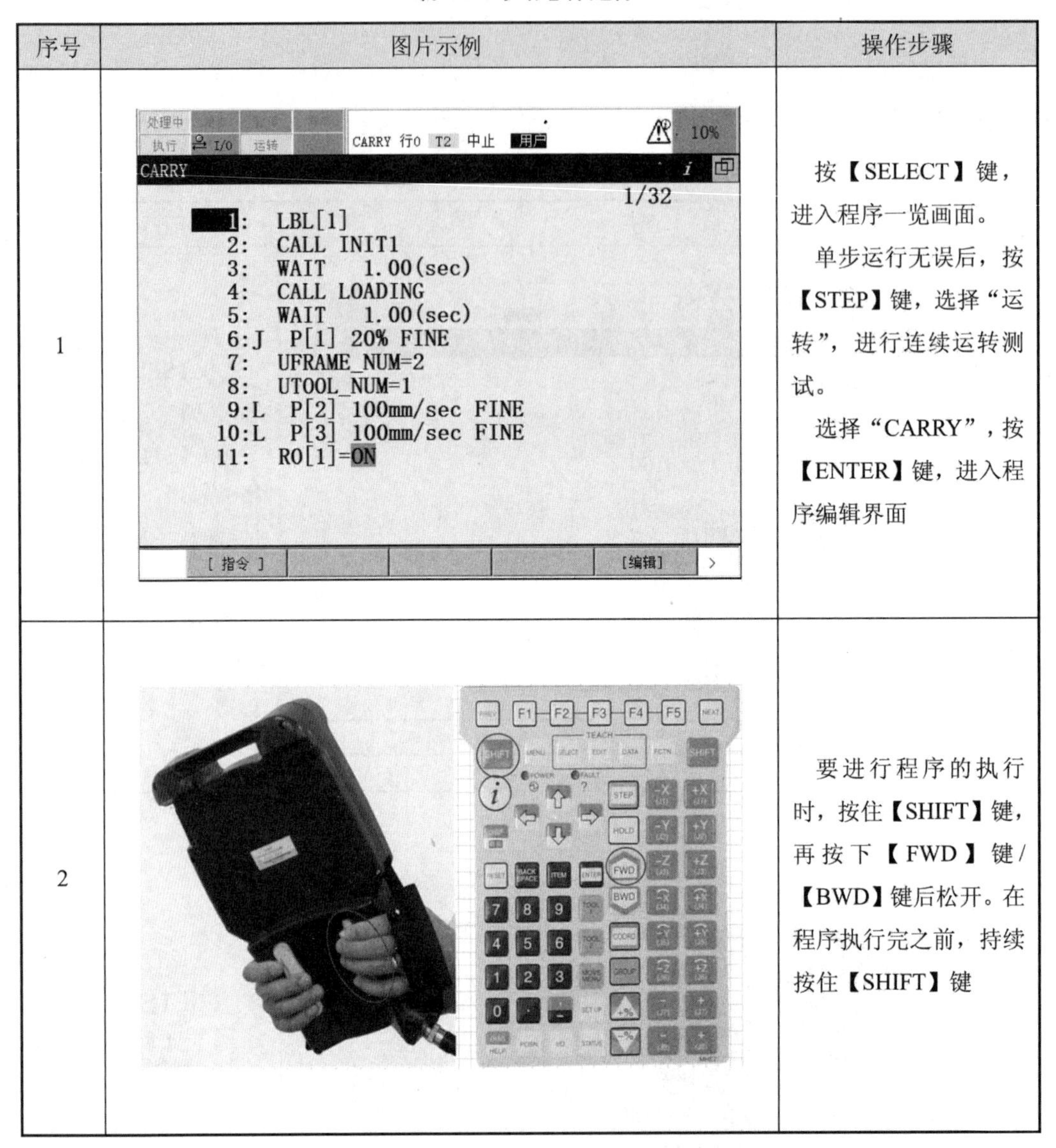

序号	图片示例	操作步骤
1		按【SELECT】键，进入程序一览画面。 单步运行无误后，按【STEP】键，选择“运转”，进行连续运转测试。 选择“CARRY”，按【ENTER】键，进入程序编辑界面
2		要进行程序的执行时，按住【SHIFT】键，再按下【FWD】键/【BWD】键后松开。在程序执行完之前，持续按住【SHIFT】键

5.5　项目验证

5.5.1　效果验证

项目调试完成之后，观察程序运行的结果。如图 5.11 所示，按照程序设定，机器人从供料模块中抓取物料，搬运至微动开关进行检测，观察是否达到此预期效果。

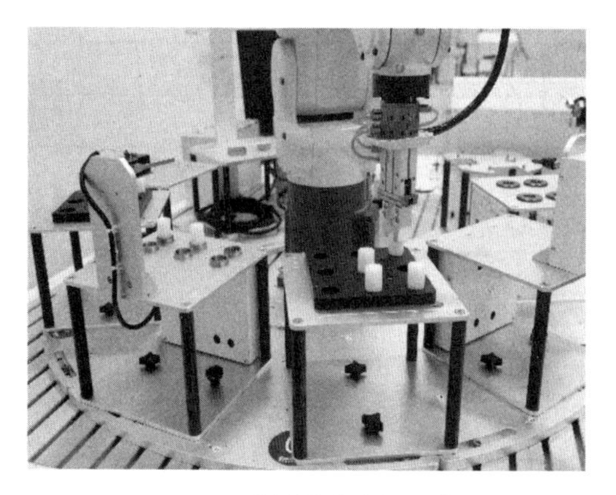

（a）供料模块中抓取物料

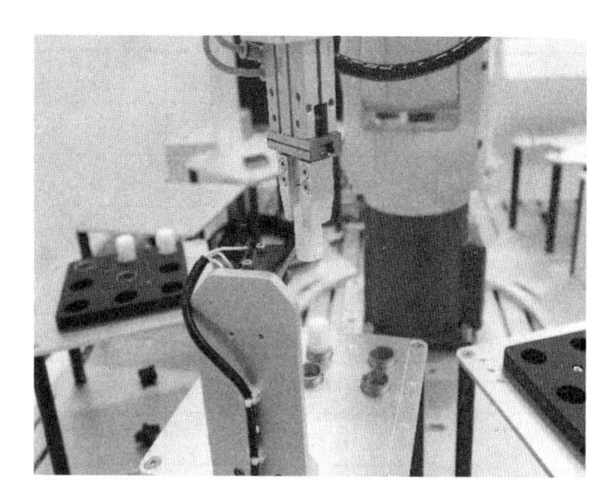

（b）微动开关检测物料

图 5.11　程序运行效果图

5.5.2　数据验证

在程序中，机器人运行到微动开关处，执行 IF DI[101]=OFF，JMP LBL[2]指令时，查看机器人数字 I/O 状态，如图 5.12 所示，若存在物料，则 DI[101]的状态为“ON”。

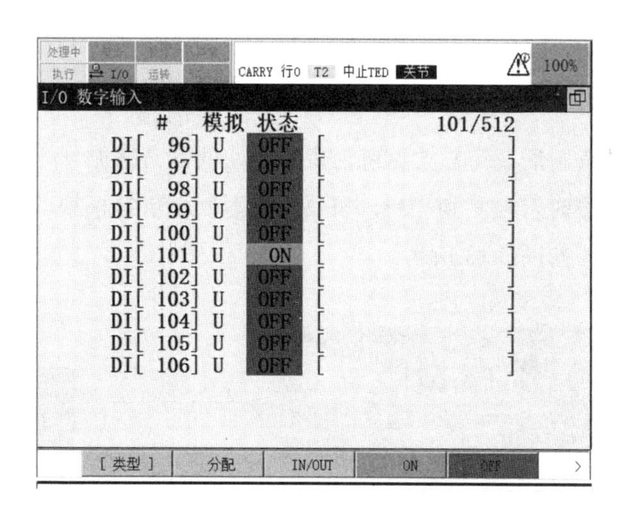

图 5.12　查看数字 I/O 状态

5.6　项目总结

5.6.1　项目评价

项目评价表见表 5.7。

表 5.7　项目评价表

项目指标		分值	自评	互评	评分说明
项目分析	1. 项目架构分析	6			
	2. 项目流程分析	6			
项目要点	1. 路径规划	6			
	2. 指令解析	4			
	3. 用户报警	6			
	4. 信号配置	6			
项目步骤	1. 应用系统连接	8			
	2. 应用系统配置	8			
	3. 关联程序设计	8			
	4. 主体程序设计	8			
	5. 项目程序调试	8			
	6. 项目总体运行	8			
项目验证	1. 效果验证	9			
	2. 数据验证	9			
合计		100			

5.6.2　项目拓展

在完成本项目的练习后，可以尝试练习供料模块的九宫格循环搬运项目，比如，第一次搬运至微动开关检测时未检测到物料，机器人则返回至供料模块的二号工位继续抓取、检测，依此循环，标号如图 5.13 所示。

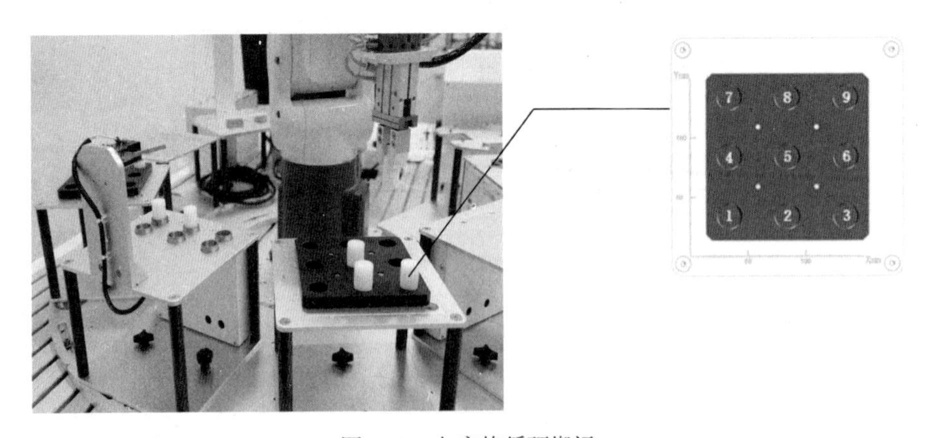

图 5.13　九宫格循环搬运

第 6 章 物料数控加工项目

6.1 项目概况

6.1.1 项目背景

※ 物料数控加工项目介绍

在工业产品加工过程中，去毛刺，打磨、抛光是机加生产中的重要环节，仅通过人工操作不但费时费力、生产效率低下，且精度和合格率也不尽如人意。随着工业技术的发展，目前生产自动化趋势愈加明显，例如，工业机器人在数控加工打磨行业大展身手，具有打磨精确、工件加工质量好、工作效率高等特点。图 6.1 所示为机器人在数控加工中的应用。

图 6.1 工业机器人数控加工应用

6.1.2 项目需求

本项目通过供料模块、去毛刺模块及气动夹爪的使用，实现工业机器人的数控加工应用，项目场景如图 6.2 所示。本项目利用气动夹爪从供料模块上将物料搬至模拟数控加工模块进行虚拟加工，随后进行去毛刺处理，将处理好的物料放至成品模块中。项目需求效果图如图 6.3 所示。

图 6.2　物料数控加工项目场景

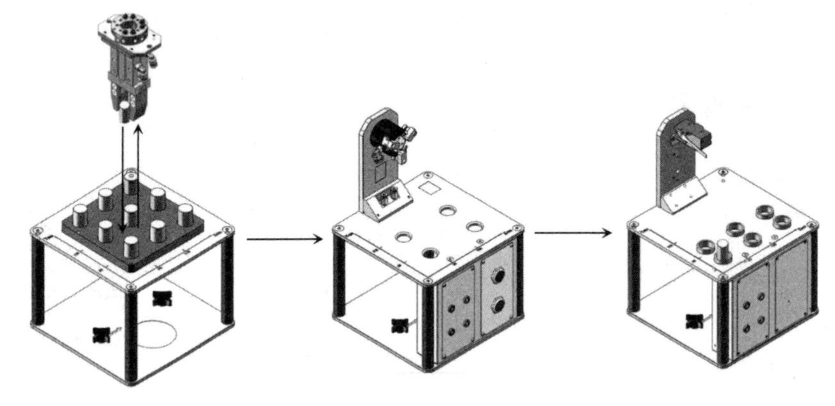

图 6.3　项目需求效果图

6.1.3　项目目的

在本项目的学习训练中需实现以下目的：

（1）熟悉了解加工打磨项目应用的场景及项目的意义。

（2）熟悉加工打磨项目的流程及路径规划。

（3）了解数控加工模块、去毛刺模块的工作原理。

（4）掌握机器人 I/O 的设置。

（5）掌握机器人的编程、调试及运行。

6.2　项目分析

6.2.1　项目构架

本项目整体构架如图 6.4 所示，机器人接收到来自控制系统的信息反馈，自供料模块中拾取物料后运动至模拟数控加工模块，进行模拟加工，对加工过的物料打磨处理，最后将处理好的物料放至成品托盘中。

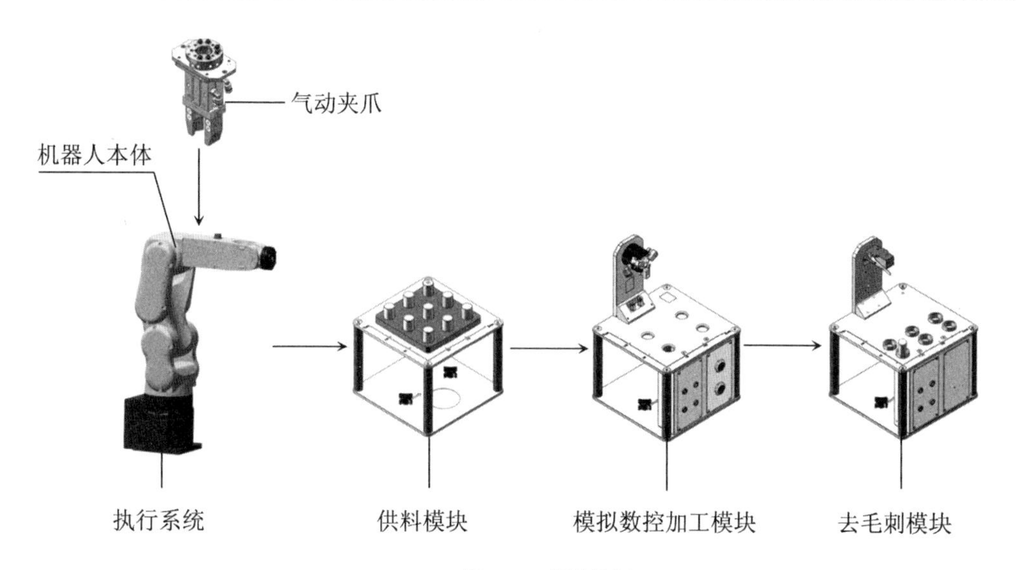

图 6.4　项目构架

6.2.2　项目流程

在项目实施过程中，需要包含以下环节。

（1）对产教应用系统平台进行搭建。

（2）完成编程前的应用系统配置，包括坐标系建立、I/O 配置与连接。

（3）设计关联程序，包括初始化、加工、打磨、装载、卸载气动夹爪等程序。

（4）设计主体程序。

（5）调试检查程序，确认无误后运行程序，观察程序运行效果。

（6）实现本地自动运行程序。

整体的项目流程如图 6.5 所示。

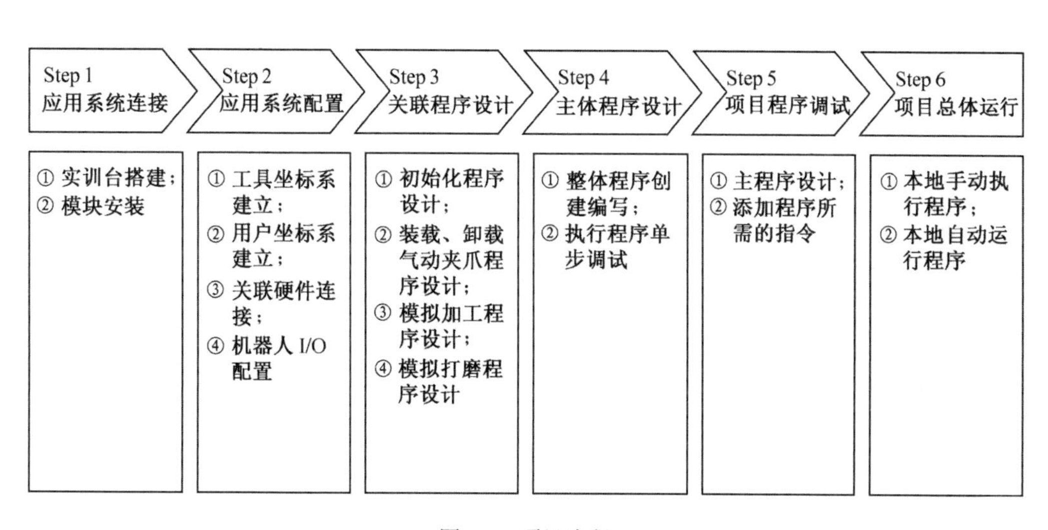

图 6.5　项目流程

6.3 项目要点

6.3.1 指令解析

1. 机器人 I/O 指令

“RO[*i*]=ON/OFF”，接通或断开所指定的机器人数字输出信号。

2. 数字 I/O 指令

“R[*i*]=DI[*i*]”，接收数字输入信号的状态；“DO[*i*]=ON/OFF”，反馈数字输出信号的状态。

3. 标签指令（LBL[*i*]）

标签指令是用来表示程序转移目的地的指令。标签可通过标签定义指令来定义。

4. 跳跃指令（JMP LBL[*i*]）

跳跃指令使程序的执行转移到相同程序内所指定的标签处。

5. 程序呼叫指令（CALL（程序名））

程序呼叫指令使程序的执行转移到其他程序的第一行后执行该程序。

6. 指定时间等待指令（WAIT（时间））

指定时间等待指令使程序在指定时间内等待执行（等待时间单位：sec）。

7. 位置寄存器指令（PR[i]（位置寄存器[*i*]的值））

位置寄存器指令是进行位置数据算术运算的指令，其作用是将当前位置的直角坐标值代入位置寄存器。

8. 用户坐标系偏移指令（Offset PR[*i*]）

用户坐标系偏移指令用于在指定的用户坐标系下，确定机器人点位后，增加位置寄存器指定偏移的方向和偏移量。

6.3.2 偏移指令

在使用用户坐标系偏移指令之前，需要先设置位置寄存器，设置位置寄存器及应用用户坐标系偏移指令的步骤见表 6.1。

表 6.1　位置寄存器设置步骤

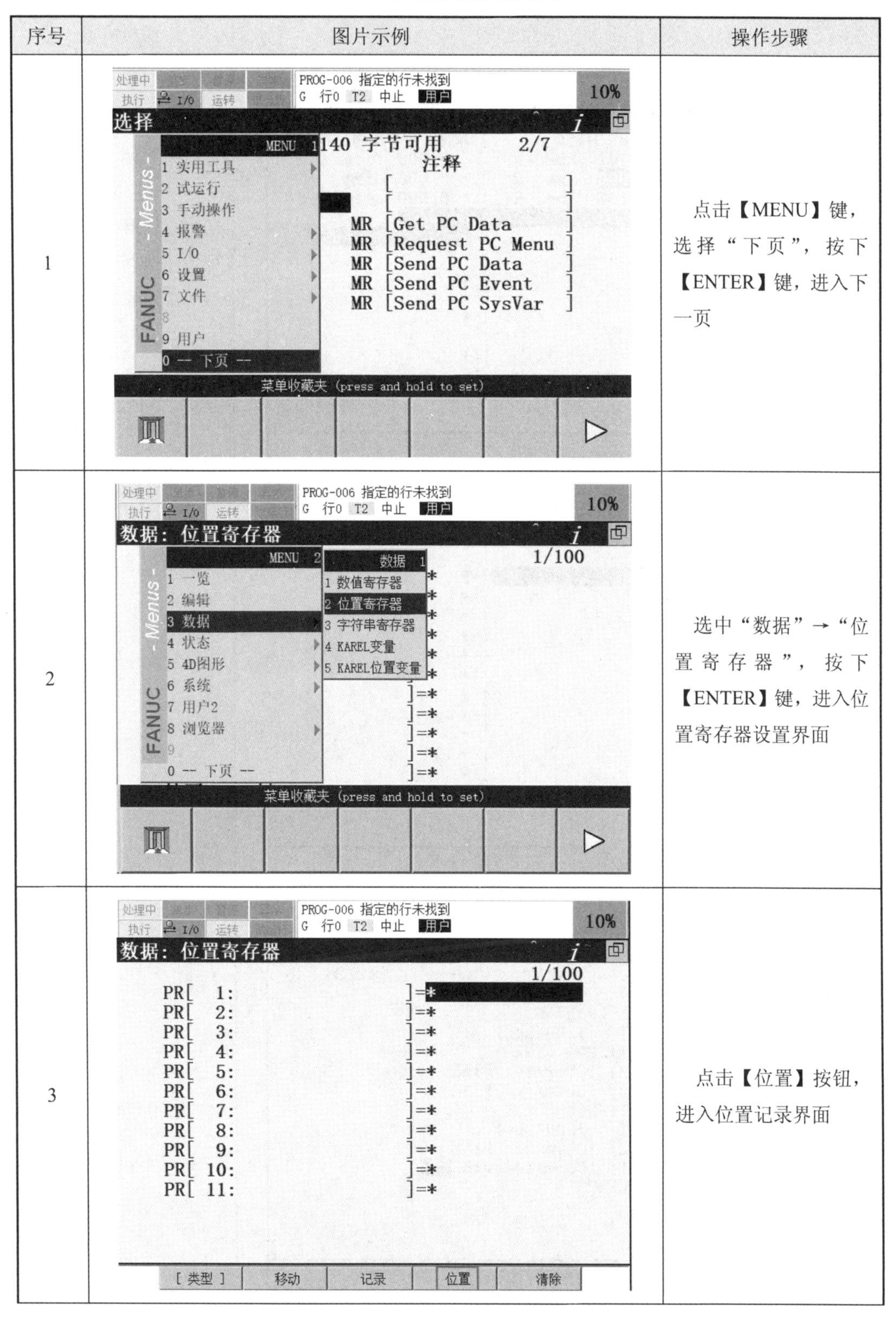

序号	图片示例	操作步骤
1		点击【MENU】键，选择“下页”，按下【ENTER】键，进入下一页
2		选中“数据”→“位置寄存器”，按下【ENTER】键，进入位置寄存器设置界面
3		点击【位置】按钮，进入位置记录界面

续表 6.1

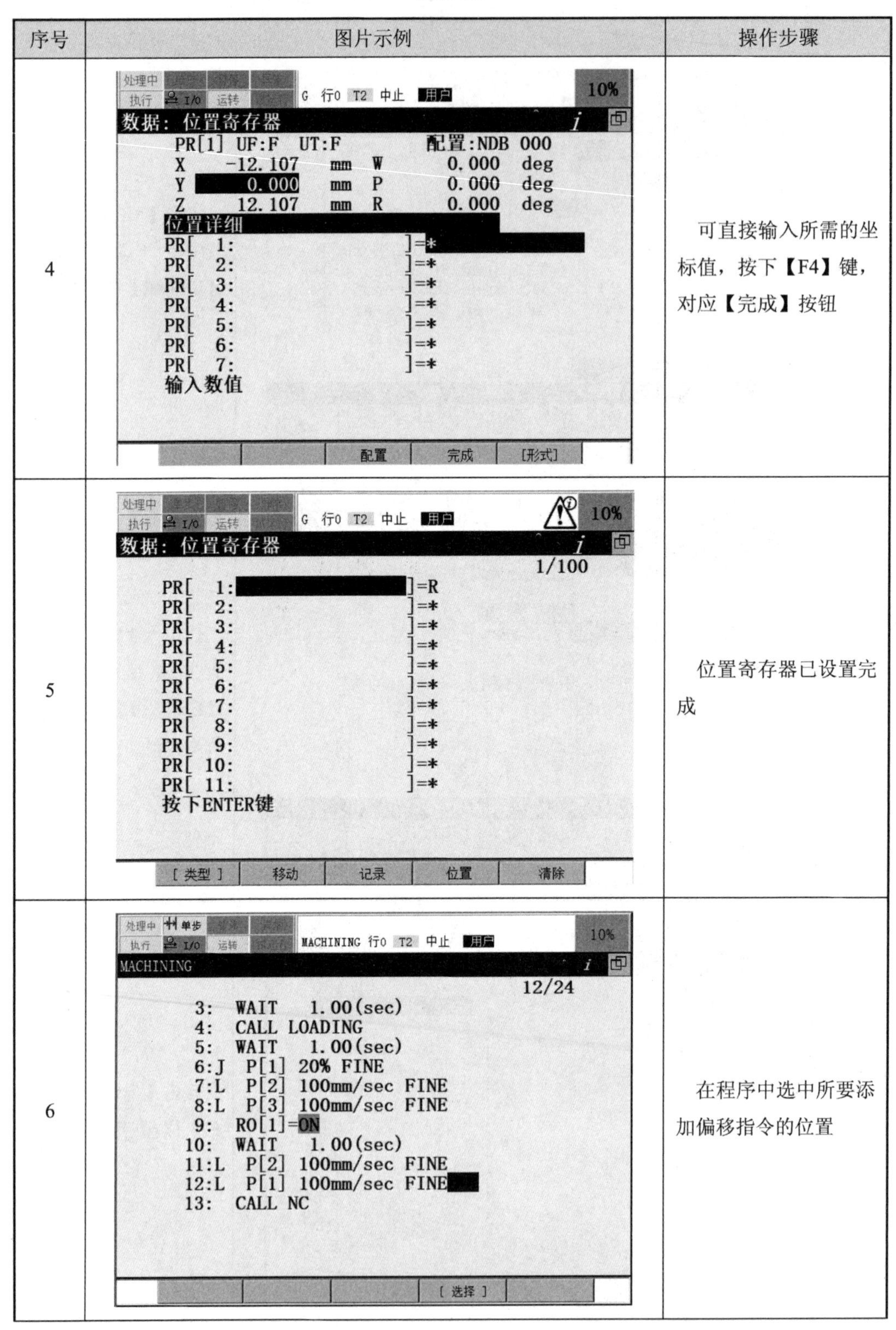

序号	图片示例	操作步骤
4		可直接输入所需的坐标值，按下【F4】键，对应【完成】按钮
5		位置寄存器已设置完成
6		在程序中选中所要添加偏移指令的位置

续表 6.1

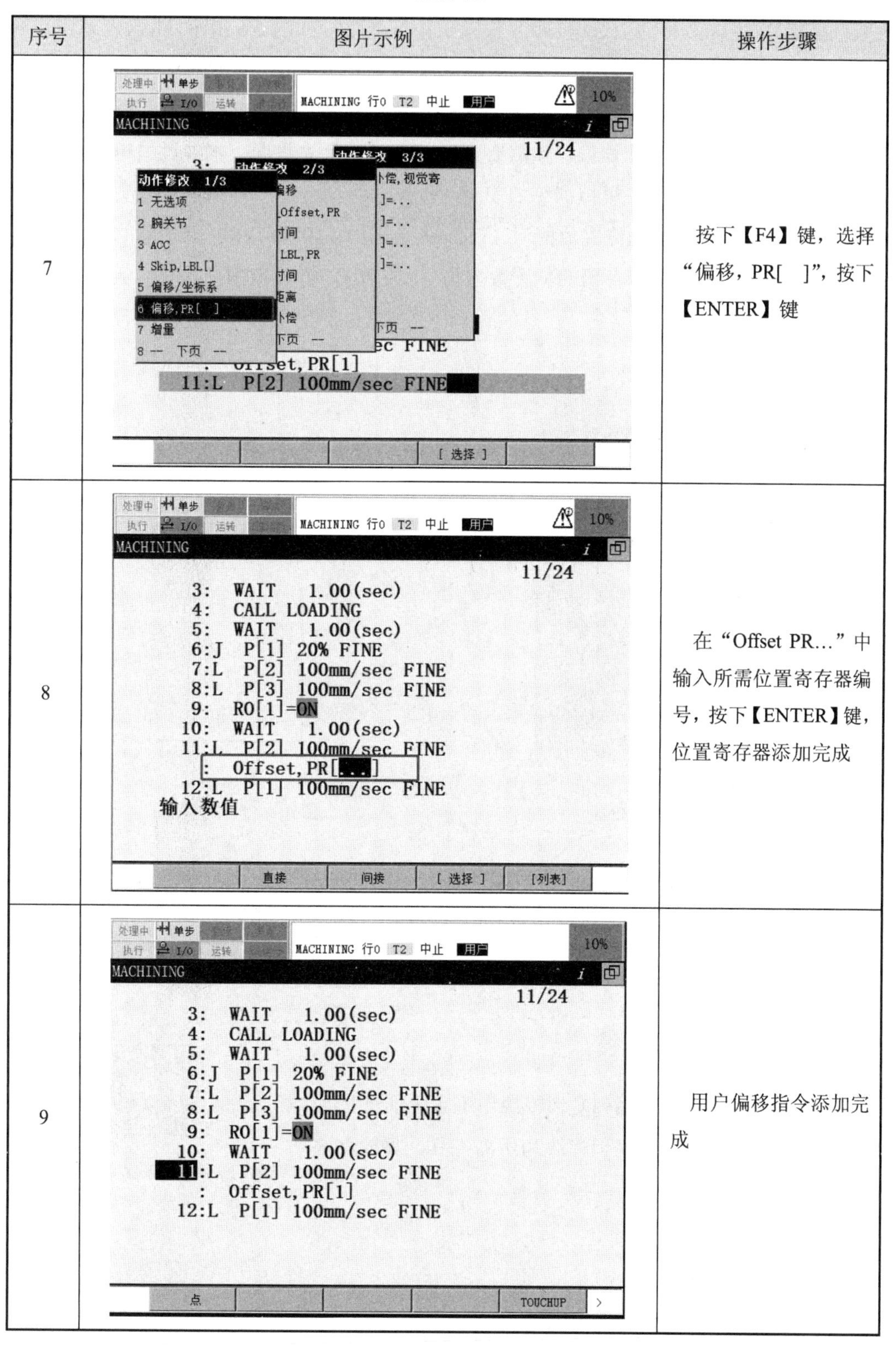

序号	图片示例	操作步骤
7		按下【F4】键，选择“偏移，PR[ ]”，按下【ENTER】键
8		在“Offset PR...”中输入所需位置寄存器编号，按下【ENTER】键，位置寄存器添加完成
9		用户偏移指令添加完成

本项目使用用户坐标系偏移方式，进行去毛刺动作模拟。该坐标系偏移是在去毛刺模块用户坐标系的 *XOZ* 平面上进行，项目模拟工件打磨路径如图 6.6 所示，机器人夹住物料，将圆柱体物料绕着磨头打磨柱底一周，在这里需要用到圆弧指令的偏移。

首先标定一个参考点 P[3]，以参考点进行偏移，设置三个 PR 寄存器，分别代表三个位置点，如图 6.6 所示。计算偏移量需要磨石与物料的尺寸数据，本项目的相关尺寸俯视图如图 6.7 所示。为了保证模拟训练的安全，根据实际情况适当使物料与磨头保持一定的距离，设置 PR1 寄存器的位置数据为（-12.107，0，12.107），PR2 寄存器的位置数据为（-24.414，0，0），PR3 寄存器的位置数据为（-12.107，0，-12.107）。

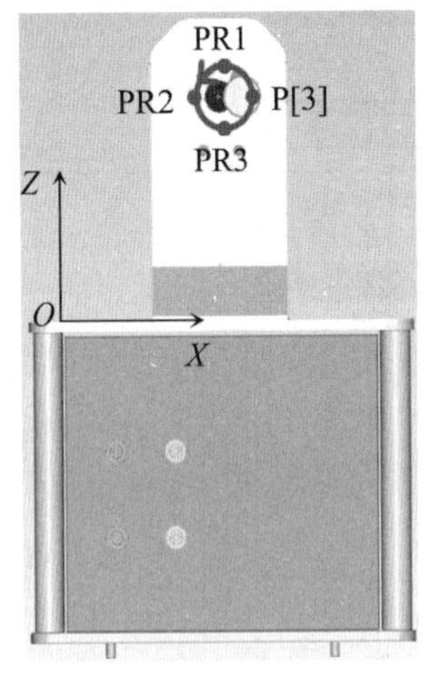

图 6.6　转动平面

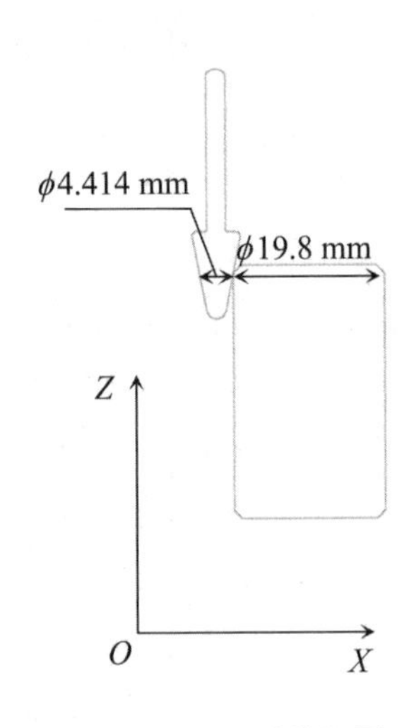

图 6.7　尺寸俯视图

6.4　项目步骤

6.4.1　应用系统连接

※ 物料数控加工项目步骤

产教应用平台包含一系列实训模块用于实操训练，在项目编程前需要安装基础实训模块和所需工具，如图 6.8 所示。

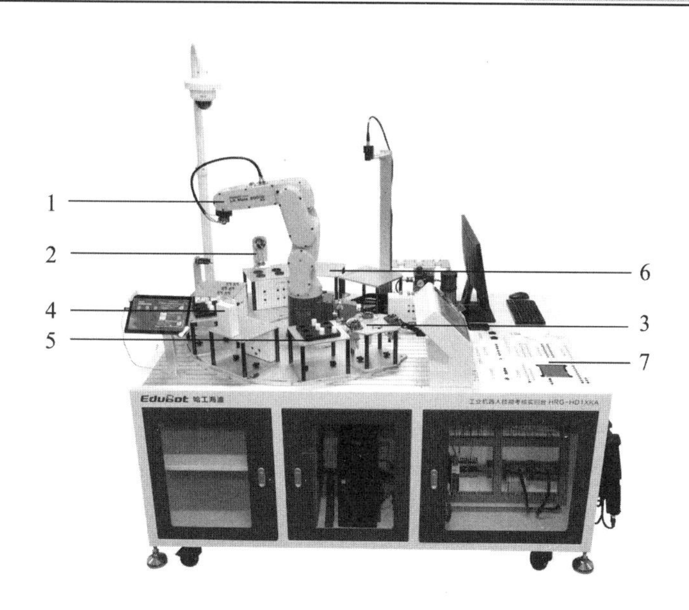

图 6.8　项目实训设备

本项目所涉及的实训工具及说明见表 6.2。

表 6.2　实训工具及说明

序号	名称	说明
1	机器人本体	机器人执行机构
2	数控加工模块	用于模拟机床装夹卡盘
3	气动夹爪	模拟工业工具进行物料抓取工作
4	去毛刺模块	打磨去除加工后工件表面的毛刺
5	供料模块	用于存放物料
6	成品模块	存放加工后的成品
7	产教应用系统	提供项目实训操作平台

6.4.2　应用系统配置

1. 数控加工模块连接

数控加工模块中气动机械爪（含磁性开关）被安装在支板上，用于模拟机床装夹卡盘。

本模块的工作过程为：从上一工位搬运过来的工件，被移动至数控加工模块的机械爪中心处并保持静止，机械爪收到指令后气动夹紧，机器人夹具（气动夹爪）松开；下一环节中，待机器人夹具（气动夹爪）运行至被夹紧工件凹槽处，收到指令后卡紧，完成后机械爪松开，机器人取走工件搬运至下一工位。本模块模拟数控加工过程中机械爪的张开与夹紧状态，并通过信号灯亮灭的方式展现。

数控加工模块的电气接线图及电气原理图分别如图 6.9（a）（b）所示。

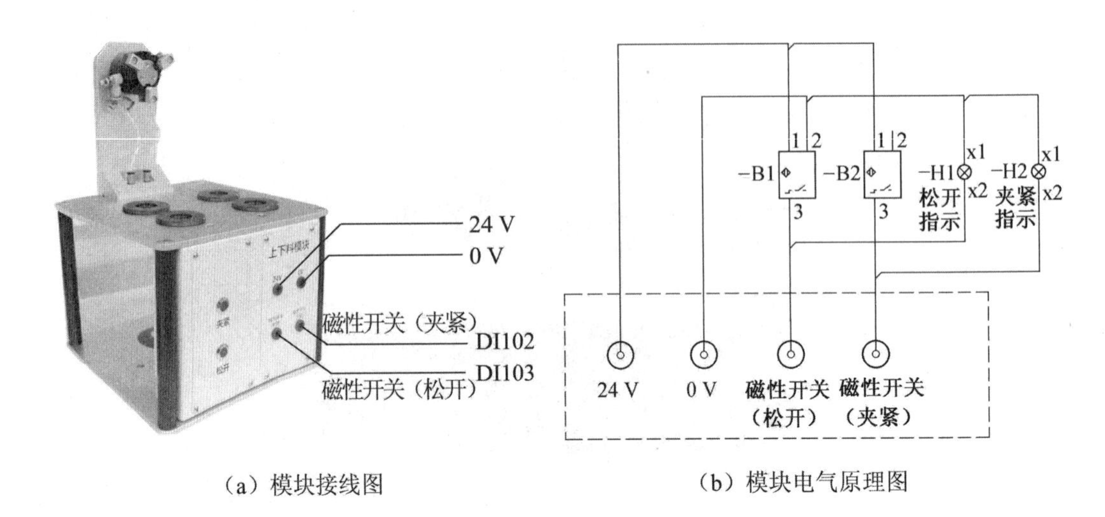

（a）模块接线图　　（b）模块电气原理图

图 6.9　模块连接

2. 去毛刺模块连接

去毛刺模块配有电机和打磨头，如图 6.10（a）所示，此模块功能是打磨去除加工后工件表面的毛刺。上一工位检测到夹爪存在工件后，机器人搬运工件至该模块，调整动作将工件需要去毛刺的表面移至打磨头附近，缓缓移动工件接触打磨头，去除表面毛刺。其电气原理图如图 6.10（b）所示，将电机棕色线连接 24 V，蓝色线连接 0 V，继电器的线圈接通 DO[102]，控制电机的电源通断。

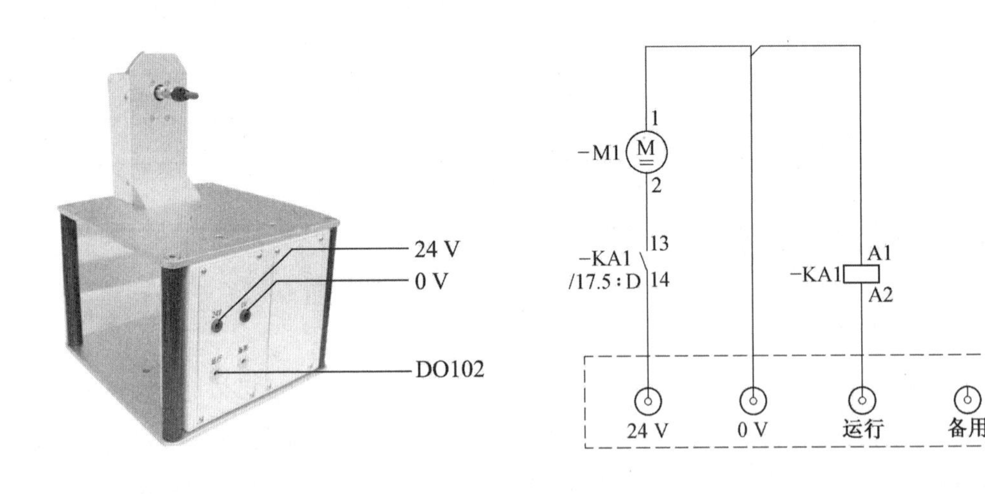

（a）去毛刺模块接线图　　（b）模块电气原理图

图 6.10　模块连接

3. I/O 配置

物料数控加工应用实训项目需要利用气动夹爪在供料模块中抓取物料至数控加工模块，再进行加工，随后在去毛刺模块上进行打磨处理。为了控制机器人末端接头与夹具快换接头对接和夹持物料的时机，机器人需要接收数控模块的夹紧、松开信号反馈，并控制数控加工模块的气爪及去毛刺模块的电机开关动作。机器人 I/O 信号配置见表 6.3。

表 6.3　机器人 I/O 信号配置

序号	名称	信号类型	功能
1	RO1	机器人输出信号	控制气爪打开或关闭
2	RO3	机器人输出信号	控制快换夹具气路打开或关闭
3	DI[102]	数字输入信号	磁性开关（夹紧）信号
4	DI[103]	数字输入信号	磁性开关（松开）信号
5	DO[101]	数字输出信号	控制数控加工模块中气爪夹紧或松开
6	DO[102]	数字输出信号	控制去毛刺模块中电机开启或关闭

4. 坐标系建立

本项目需要使用气动夹爪完成物料数控加工应用。在此，需要对气动夹爪进行工具坐标系建立，以基础模块上的尖锥为固定点，手动操作机器人，以三种不同的工具姿态使机器人工具上的尖锥参考点尽可能与固定点刚好接触。建立后的工具坐标系如图 6.11 所示。

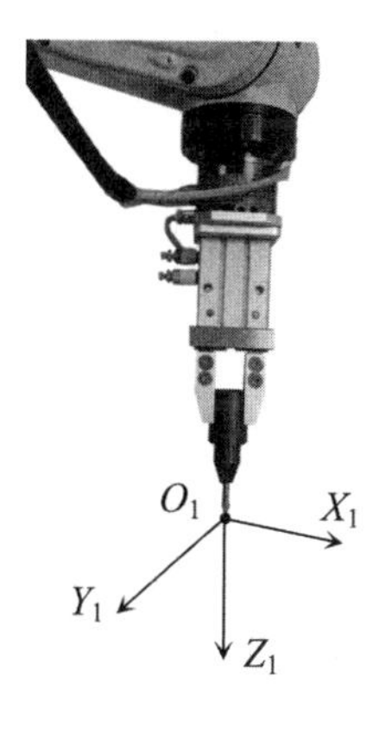

图 6.11　工具坐标系建立

在工具坐标系建立完成后，还应建立用户坐标系。在本项目中，需要选用三点法建立供料模块、数控加工模块及去毛刺模块的坐标系，即在模块的原点示教第一个点，在 X 轴上示教第二个点，在 XY 平面上示教第三个点。数控加工模块坐标系、去毛刺模块坐标系建立结果分别如图 6.12、图 6.13 所示。

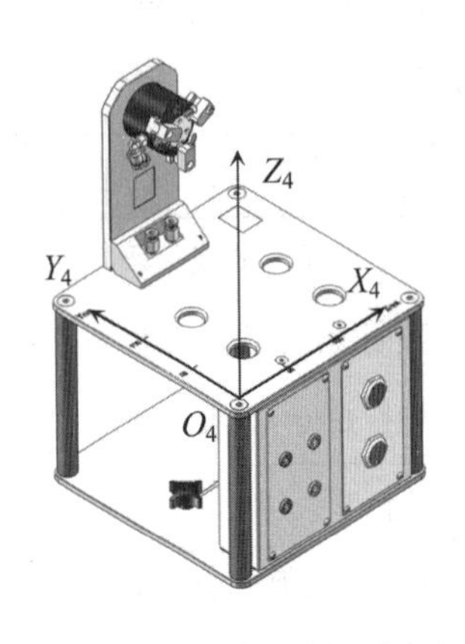

图 6.12　数控加工模块坐标系建立结果

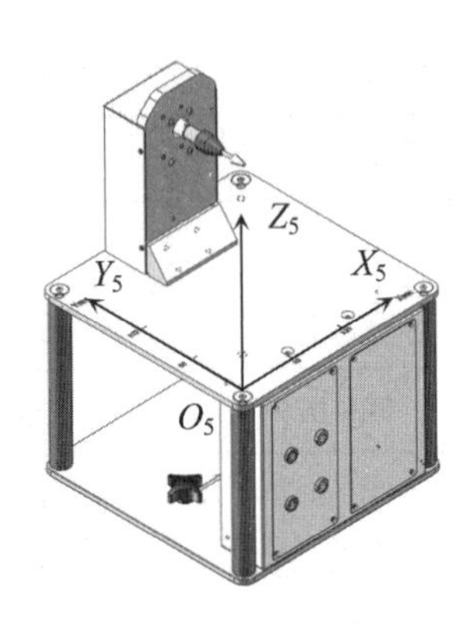

图 6.13　去毛刺模块坐标系建立结果

6. 4. 3　关联程序设计

本项目的关联程序为初始化程序、装载气动夹爪程序及卸载气动夹爪程序。

1. 初始化程序

初始化程序是为了能够更好地完成物料数控加工应用，包括将机器人移动至安全位置、关闭快换夹具气路、关闭数控加工模块气爪及去毛刺模块的电机等操作。

INIT2	
1：RO[3]=OFF	*//关闭快换夹具气路*
2：DO[101]=OFF	*//松开数控加工模块气爪*
3：DO[102]=OFF	*//关闭去毛刺模块中电机*
4：J　P[1]　20%　FINE	*//机器人移动至安全位置*
[End]	

2. 装载气动夹爪程序

装载气动夹爪程序是为了安装机器人末端夹具并进行物料数控加工应用，包括将机器人移动至气动夹爪、打开快换夹具气路、关闭气动夹爪等操作。程序如下：

LOADING	
1：J　P[1]　20%　FINE	//机器人移动至夹具模块上方
2：L　P[2]　100mm/sec　FINE	//机器人移动至初始点
3：L　P[3]　100mm/sec　FINE	//机器人移动至过渡点
4：L　P[4]　100mm/sec　FINE	//机器人移动至气动夹爪放置处
5：RO[3]=ON	//快换夹具气路打开
6：WAIT　1.00 sec	//等待时间
7：L　P[3]　100mm/sec　FINE	//机器人移动至过渡点
8：L　P[2]　100mm/sec　FINE	//机器人移动至初始点
9：L　P[1]　100mm/sec　FINE	//机器人移动至夹具模块上方
10：RO[1]=OFF	//气动夹爪松开
11：WAIT　1.00 sec	//等待时间
12：J　P[5]　20%　FINE	//机器人移动至安全位置
[End]	

3. 模拟物料数控加工程序

模拟物料数控加工程序是机器人夹持物料移动至数控加工模块，通过运动指令及 I/O 信号实现模拟物料数控加工过程的程序。程序如下：

NC	
1：UFRAME_NUM=4	//切换至用户坐标系 4
2：UTOOL_NUM=1	//切换至工具坐标系 1
3：J　P[1]　20%　FINE	//机器人移动至数控加工模块上方
4：L　P[2]　100mm/sec　FINE	//机器人移动至过渡点
5：L　P[3]　100mm/sec　FINE	//机器人转换工具姿态
6：L　P[4]　100mm/sec　FINE	//机器人移动至工件凹槽处
7：DO[101]=ON	//数控加工模块上机械爪夹紧
8：WAIT　DI[102]=ON	//等待磁性开关（夹紧）状态灯亮
9：RO[1]=OFF	//气动夹爪松开
10：WAIT　1.00 sec	//等待时间
11：L　P[3]　100mm/sec　FINE	//机器人返回至过渡点
12：WAIT　5.00 sec	//等待时间进行模拟加工
13：L　P[4]　100mm/sec　FINE	//机器人移动至工件凹槽处
14：RO[1]=ON	//气动夹爪夹紧
15：WAIT　1.00 sec	//等待时间
16：DO[101]=OFF	//数控加工模块上机械爪松开
17：WAIT　DI[103]=ON	//等待磁性开关（松开）状态灯亮
18：WAIT　1.00 sec	//等待时间
19：L　P[3]　100mm/sec　FINE	//机器人返回至过渡点
20：L　P[2]　100mm/sec　FINE	//机器人转换工具姿态
21：L　P[1]　100mm/sec　FINE	//机器人移动至数控模块上方
22：L　P[5]　100mm/sec　FINE	//机器人移动至模块间过渡点

4. 模拟物料去毛刺程序

模拟物料去毛刺程序是机器人夹持物料经过模拟数控加工后，移动至去毛刺模块，通过运动指令及I/O信号实现模拟物料去毛刺过程的程序。程序如下：

BURRING	
1：UFRAME_NUM=5	*//切换至用户坐标系5*
2：UTOOL_NUM=1	*//切换至工具坐标系1*
3：J　P[1] 50% FINE	*//机器人移动至去毛刺模块上方*
4：DO[102]=ON	*//开启去毛刺模块电机*
5：WAIT　1.00 sec	*//等待时间*
6：J　P[2]　50% FINE	*//机器人移动至模块接近点*
7：L　P[3]　100mm/sec　FINE	*//机器人移动至去毛刺开始点位置*
8：C　P[3] OFFSET PR[1] P[3] 50mm/sec FINE Offset,PR[2]	*//转动第1段圆弧*
9：C　P[3] OFFSET PR[3] P[3] 50mm/sec FINE	*//转动第2段圆弧*
10：L　P[2]　100mm/sec　FINE	*//机器人返回至模块接近点*
11：DO[102]=OFF	*//关闭去毛刺模块电机*
12：J　P[1] 50% FINE	*//机器人返回至去毛刺模块上方*
[End]	

5. 卸载气动夹爪程序

在物料数控加工应用完成之后，需要将气动夹爪放置在原位置。程序如下：

UNLOADING	
1：J　P[1]　20%　FINE	*//机器人移动至夹具模块上方*
2：L　P[2]　100mm/sec　FINE	*//机器人移动至初始点*
3：L　P[3]　100mm/sec　FINE	*//机器人移动至过渡点*
4：L　P[4]　100mm/sec　FINE	*//机器人移动至气动夹爪放置处*
5：RO[3]=OFF	*// 快换夹具气路松开*
6：WAIT　1.00 sec	*//等待时间*
7：L　P[3]　100mm/sec　FINE	*//机器人移动至过渡点*
8：L　P[2]　100mm/sec　FINE	*//机器人移动至初始点*
9：L　P[1]　100mm/sec　FINE	*//机器人移动至夹具模块上方*
10：J　P[5]　20%　FINE	*//机器人移动至安全位置*
[End]	

6.4.4　主体程序设计

主体程序设计包含物料数控加工应用初始化、物料加工、打磨、装载气动夹爪、卸载气动夹爪等程序设计。物料数控加工应用的主体程序如下：

MACHINING	
1：LBL[1]	*//标签 1*
2：CALL　INIT1	*//调用初始化程序*
3：WAIT　1.00 sec	*//等待时间*
4：CALL　LOADING	*//调用装载气动夹爪程序*
5：WAIT　1.00 sec	*//等待时间*
6：J　P[1]　20%　FINE	*//机器人移动至安全点位置*
7：L　P[2]　100mm/sec　FINE	*//机器人移动至供料模块上方*
8：L　P[3]　100mm/sec　FINE	*//机器人移动至物料抓取点*
9：RO[1]=ON	*//气爪夹紧物料*
10：WAIT　1.00 sec	*//等待时间*
11：L　P[2]　100mm/sec　FINE	*//机器人返回至供料模块上方*
12：L　P[1]　100mm/sec　FINE	*//机器人移动至安全点位置*
13：CALL　NC	*//调用物料加工程序*
14：CALL　BURRING	*//调用物料打磨程序*
15：WAIT　1.00 sec	*//等待时间*
16：J　P[4]　20%　FINE	*//机器人移动至成品模块上方*
17：L　P[5]　100mm/sec　FINE	*//机器人移动至成品模块放置物料*
18：RO[1]=OFF	*//气爪松开物料*
19：WAIT　1.00 sec	*//等待时间*
20：L　P[4]　100mm/sec　FINE	*//机器人返回至成品模块上方*
21：J　P[1]　20%　FINE	*//机器人移动至安全点位置*
22：CALL　UNLOADING	*//调用卸载气动夹爪程序*
23：JMP　LBL[1]	*//跳转至标签 1*
[End]	

6.4.5　项目程序调试

项目程序调试是指在程序编写完成后，对程序进行单步运行，以验证程序是否正确。项目程序调试的步骤见表 6.4。

表 6.4 项目程序调试

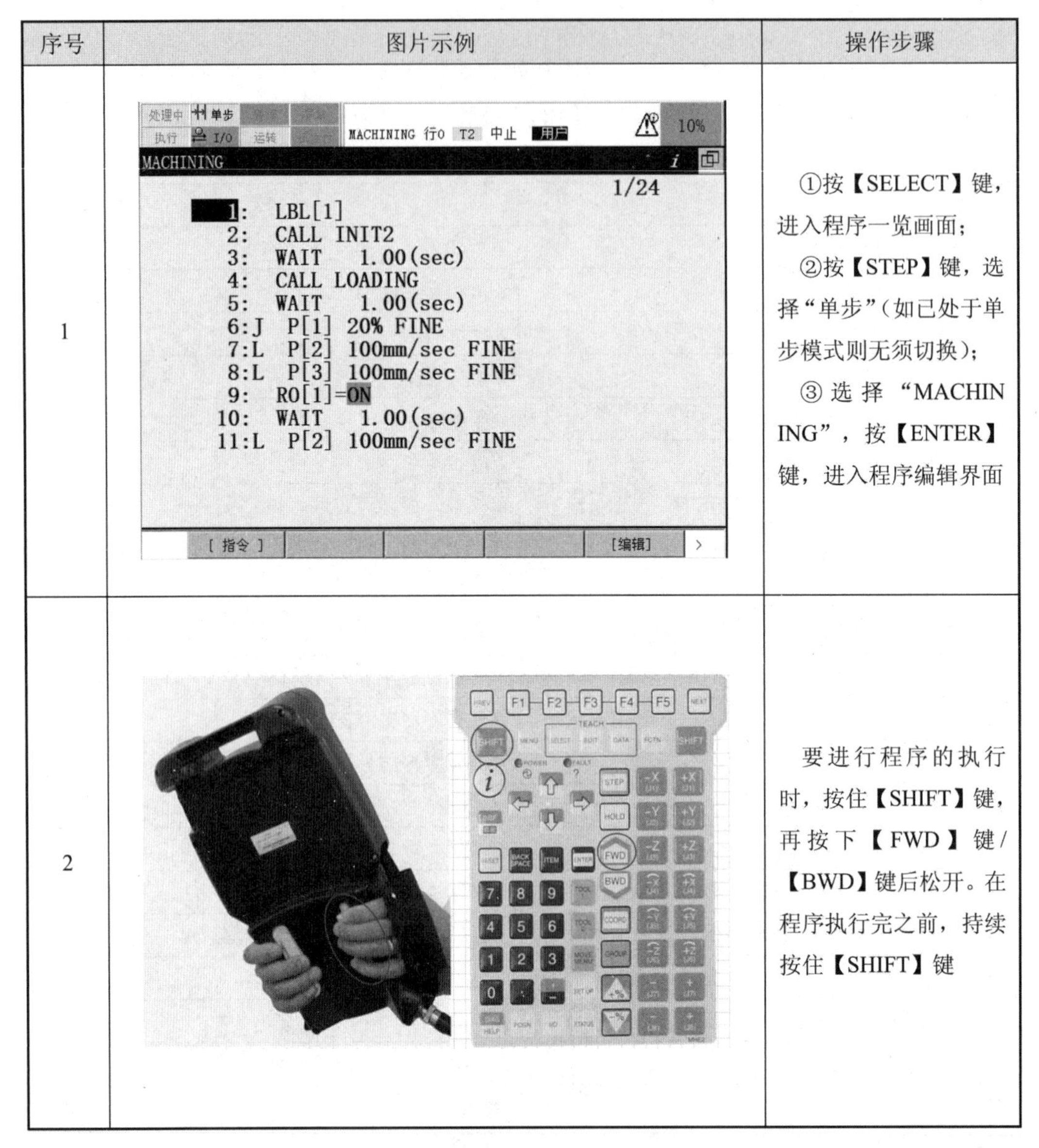

序号	图片示例	操作步骤
1		①按【SELECT】键，进入程序一览画面；②按【STEP】键，选择“单步”(如已处于单步模式则无须切换)；③选择“MACHINING”，按【ENTER】键，进入程序编辑界面
2		要进行程序的执行时，按住【SHIFT】键，再按下【FWD】键/【BWD】键后松开。在程序执行完之前，持续按住【SHIFT】键

6.4.6 项目总体运行

在项目程序调试完成且无误的情况下，可进行项目的总体运行。由于示教运行机器人程序时无法达到机器人的正常运行速度，因此采用本地自动运行来测试机器人运行时的相关参数。本地自动运行设定步骤见表 6.5。

表 6.5 本地自动运行设定步骤

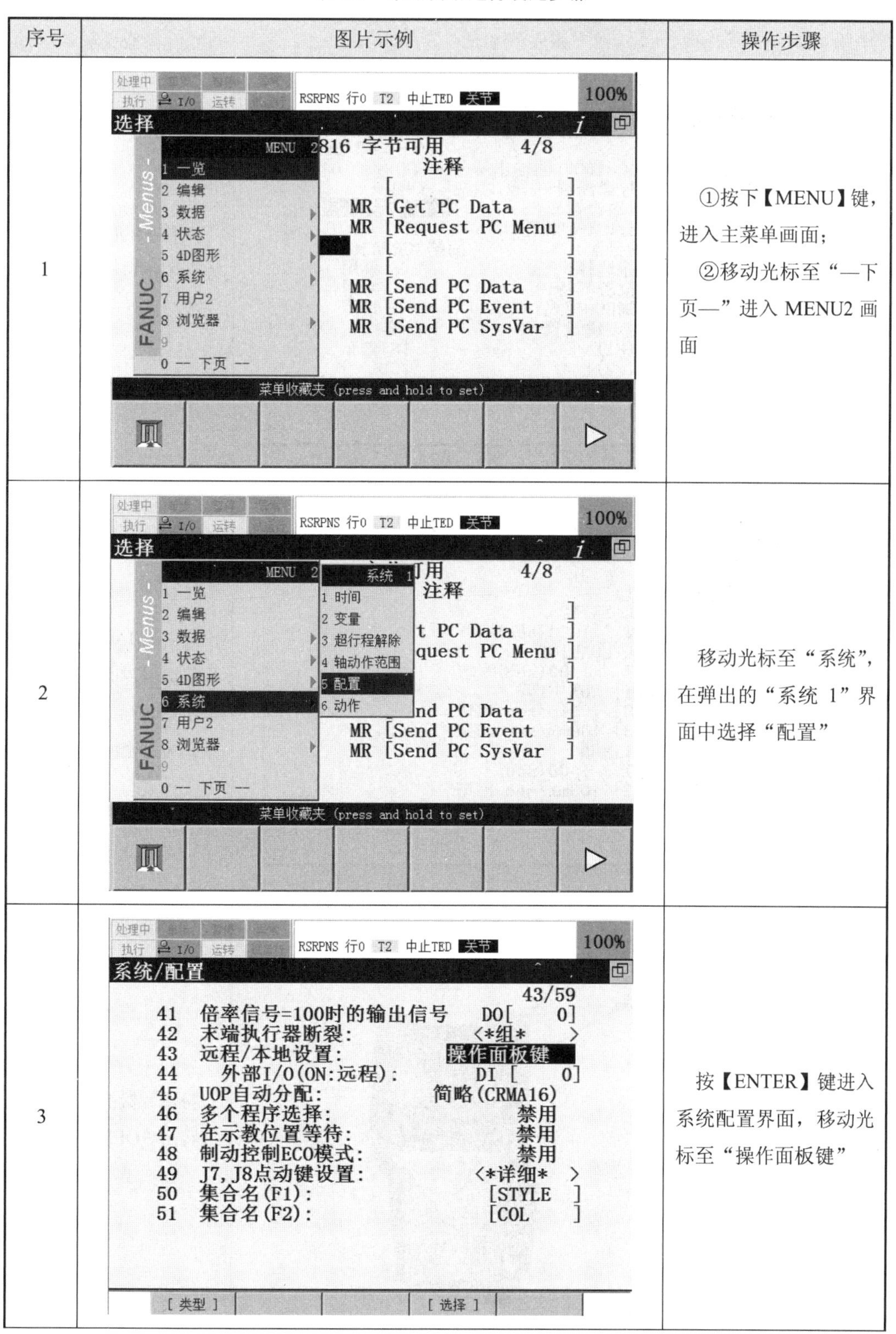

序号	图片示例	操作步骤
1		①按下【MENU】键，进入主菜单画面； ②移动光标至“—下页—”进入 MENU2 画面
2		移动光标至“系统”，在弹出的“系统 1”界面中选择“配置”
3		按【ENTER】键进入系统配置界面，移动光标至“操作面板键”

续表 6.5

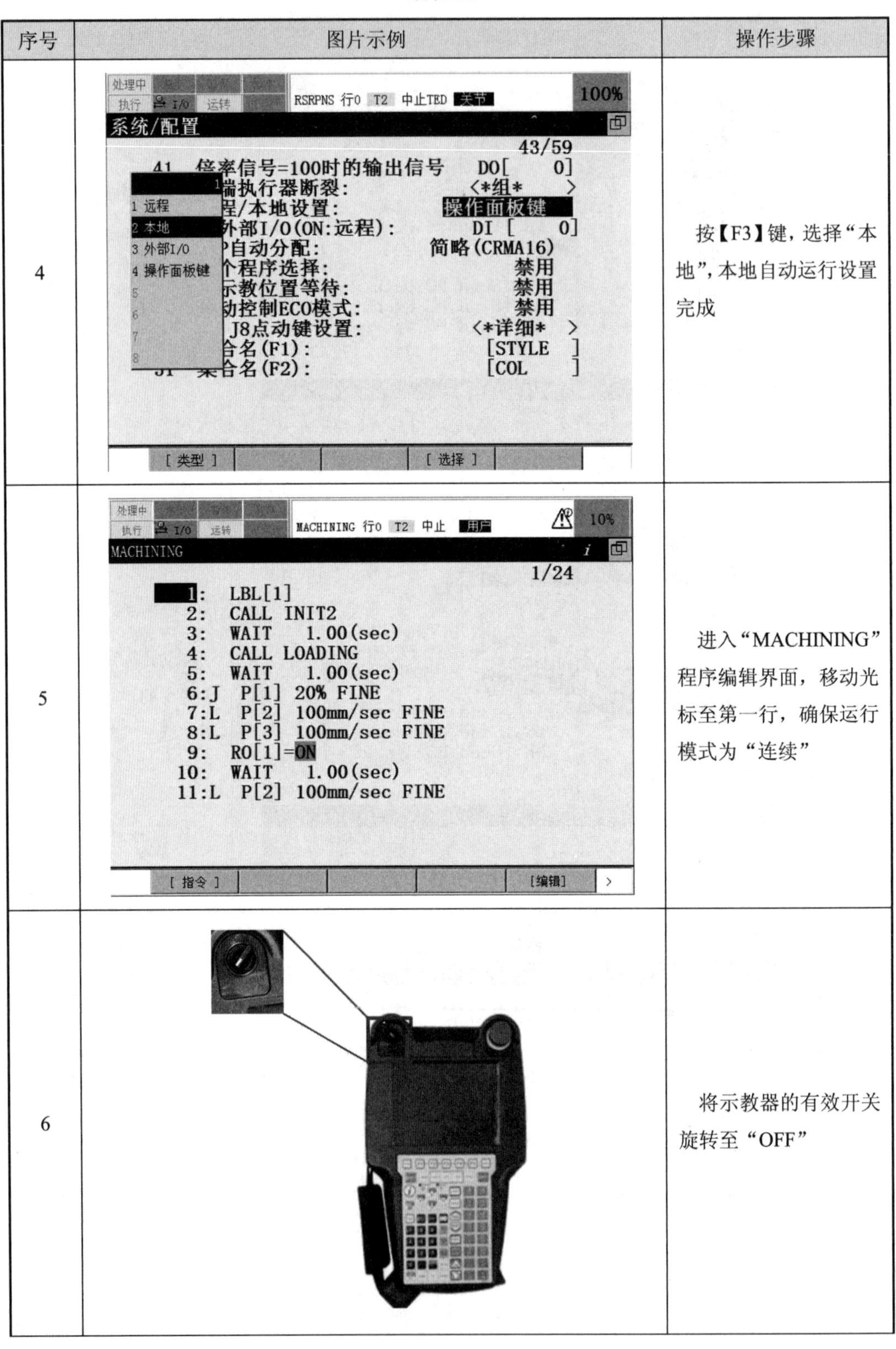

序号	图片示例	操作步骤
4		按【F3】键，选择“本地”，本地自动运行设置完成
5		进入“MACHINING”程序编辑界面，移动光标至第一行，确保运行模式为“连续”
6		将示教器的有效开关旋转至“OFF”

续表 6.5

序号	图片示例	操作步骤
7		将控制器上的模式开关切换为“AUTO”模式，手动清除示教器上的报警信号。 按下控制器上的【启动】按钮，即可启动“MACHINING”程序

6.5　项目验证

6.5.1　效果验证

项目调试完成之后，观察程序运行的结果是否达到预期效果。程序运行效果如图 6.14 所示。

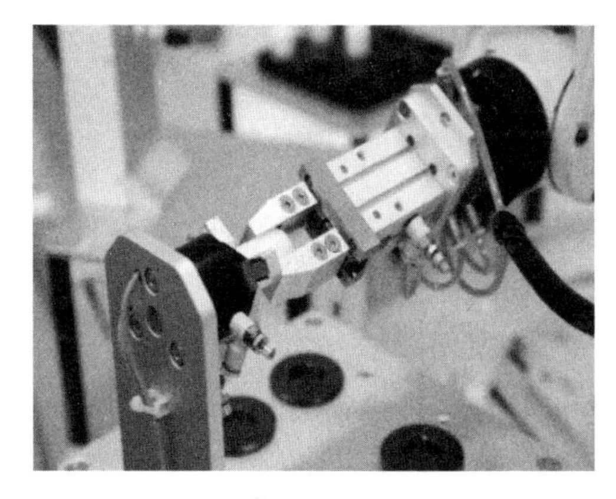

（a）模拟加工效果

（b）模拟去毛刺效果

图 6.14　程序运行效果图

6.5.2 数据验证

本项目使用位置寄存器和偏移指令完成去毛刺动作，项目完成后需要观察 PR 位置寄存器的设置值。

表 6.6 数据验证

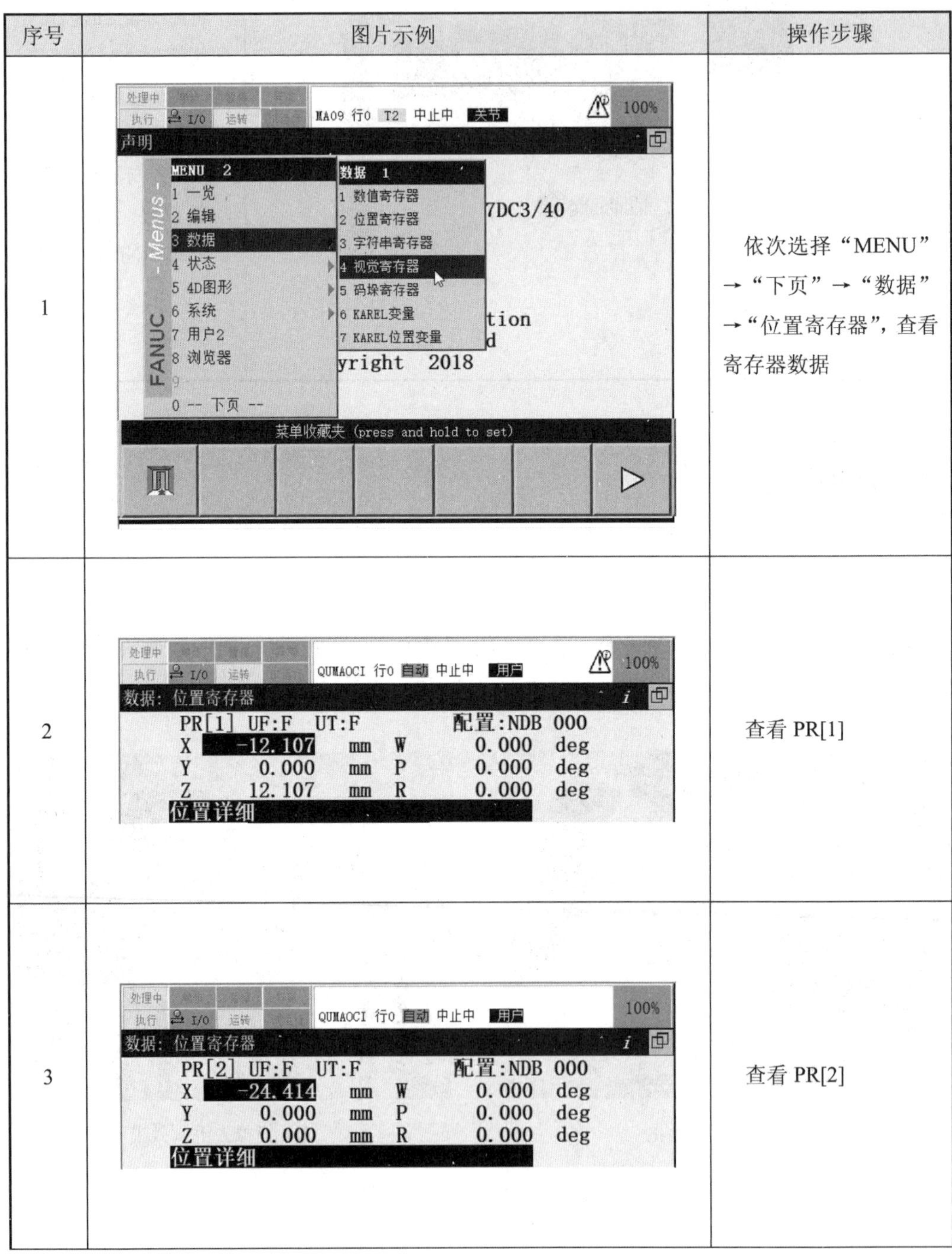

序号	图片示例	操作步骤
1		依次选择“MENU”→“下页”→“数据”→“位置寄存器”，查看寄存器数据
2		查看 PR[1]
3		查看 PR[2]

续表 6.6

序号	图片示例	操作步骤
4	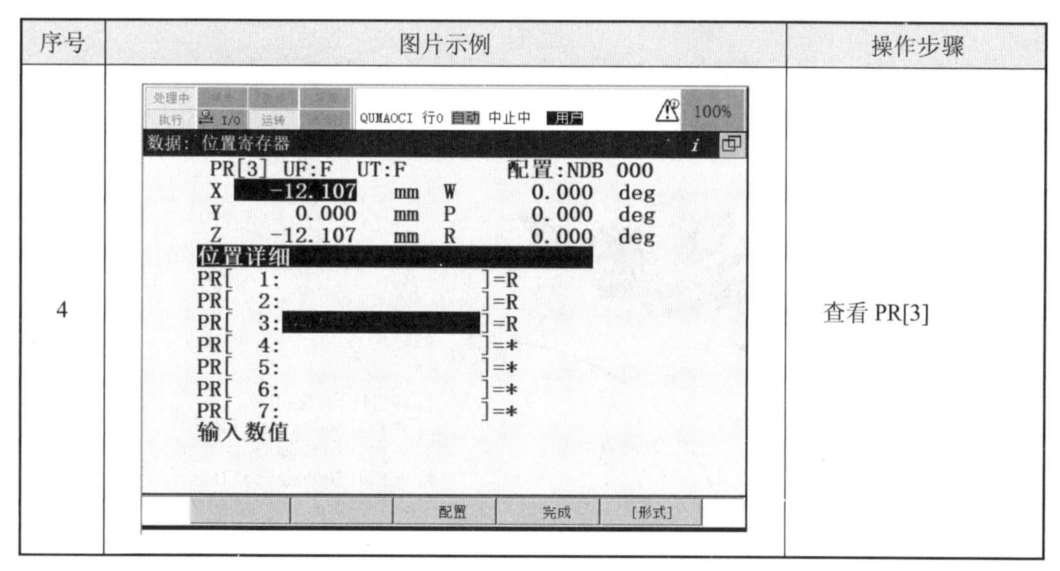	查看 PR[3]

6.6　项目总结

6.6.1　项目评价

项目评价表见表 6.7。

表 6.7　项目评价表

项目指标		分值	自评	互评	评分说明
项目分析	1. 项目架构分析	6			
	2. 项目流程分析	6			
项目要点	1. 指令解析	6			
	2. 偏移指令	6			
项目步骤	1. 应用系统连接	8			
	2. 应用系统配置	8			
	3. 关联程序设计	13			
	4. 主体程序设计	13			
	5. 项目程序调试	8			
	6. 项目总体运行	8			
项目验证	1. 效果验证	9			
	2. 数据验证	9			
合计		100			

6.6.2 项目拓展

完成本项目后，可以尝试使用 A 圆弧指令并设置多个 PR 寄存器完成去毛刺动作，A 圆弧指令的示例如图 6.15 所示。

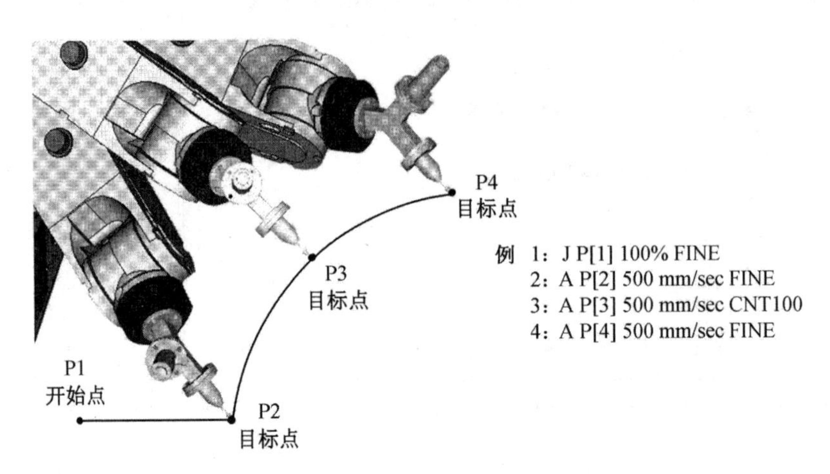

图 6.15 A 圆弧指令的示例

第 7 章 视觉检测物料项目

7.1 项目概况

7.1.1 项目背景

※ 视觉检测物料项目介绍

随着图像处理和模式识别技术的快速发展，机器视觉的应用也越来越广泛。机器人视觉诞生于机器视觉之后，是指通过视觉系统使机器人获取环境信息，从而指导机器人完成一系列动作和特定行为。机器人视觉技术能够提高工业机器人的识别定位和多机协作能力，为工业机器人在高柔性和高智能化生产线中的应用奠定了基础。图 7.1 展示的场景是通过机器人视觉系统完成工件打磨位置的定位。

图 7.1 机器人视觉定位场景

7.1.2 项目需求

本项目为基于机器人视觉检测物料项目，项目场景如图 7.2 所示。本项目使用 FANUC iRVision 视觉系统，通过供料模块、视觉模块及气动夹爪的使用，实现物料搬运与视觉定位抓取。项目需求效果如图 7.3 所示。

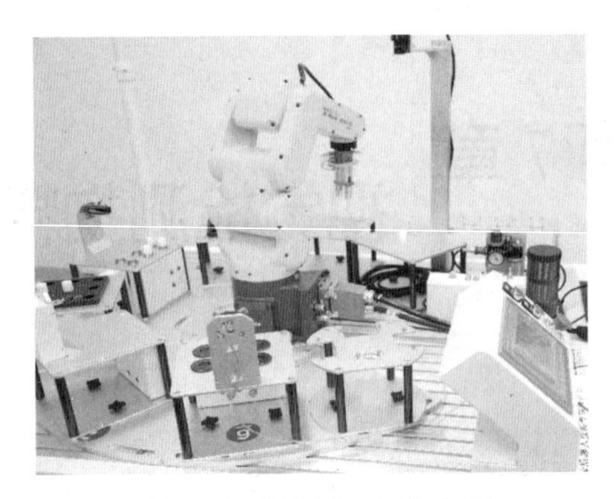

图 7.2　视觉检测物料项目场景

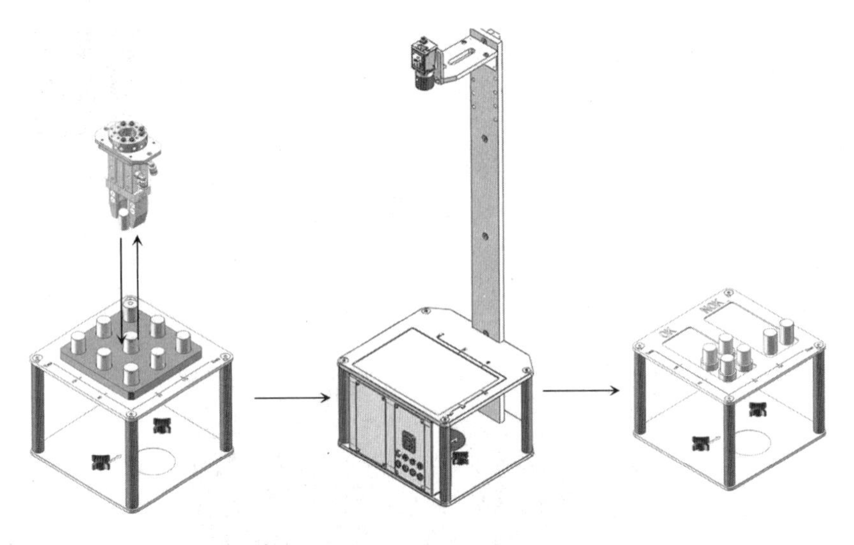

图 7.3　项目需求效果图

7.1.3　项目目的

在本项目的学习训练中需实现以下目的：

（1）熟悉了解视觉检测定位应用项目的场景及项目的意义。

（2）熟悉搬运动作的流程及路径规划。

（3）学习机器人坐标系的偏移方法。

（4）掌握机器人 I/O 的设置。

（5）学会 iRVision 的简单设置。

（6）掌握视觉程序的编写、调试及运行。

7.2　项目分析

7.2.1　项目构架

本项目整体构架如图 7.4 所示。机器人接收到来自控制系统的信息反馈，自供料模块中拾取物料后，将物料放至视觉模块，随后进行视觉检测，通过读取相机传输的物料位置数据，机器人进行物料抓取，最后将抓取到的物料放至成品托盘中。

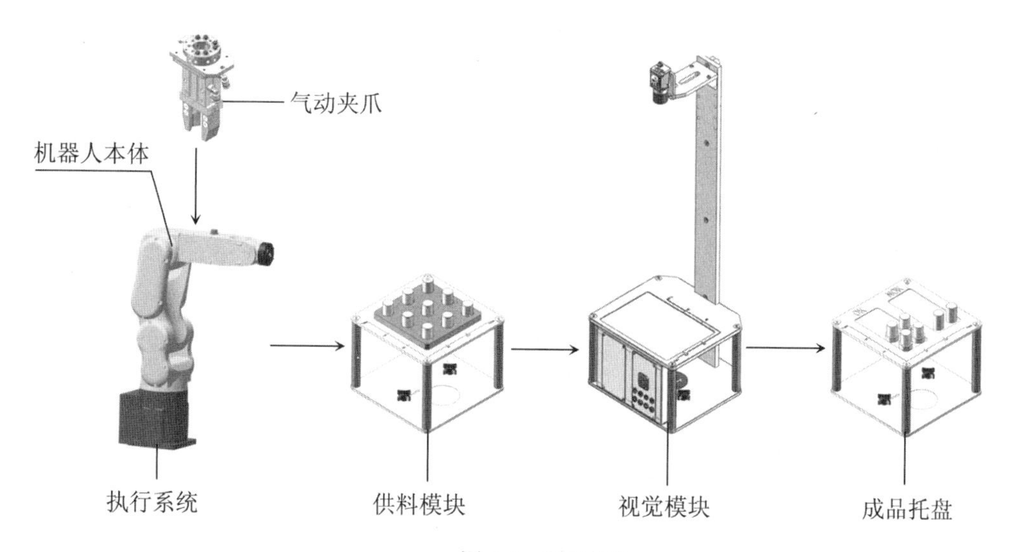

图 7.4　项目构架

7.2.2　项目流程

在项目实施过程中，需要包含以下环节。

（1）对产教应用系统平台进行搭建。

（2）完成编程前的应用系统配置，包括坐标系建立、I/O 信号配置、视觉系统的配置与连接。

（3）设计关联程序，包括初始化、搬运、视觉应用、装载、卸载气动夹爪等程序。

（4）设计主体程序。

（5）调试检查程序，确认无误后运行程序，观察程序运行效果。

（6）实现本地自动运行程序。

整体的项目流程如图 7.5 所示。

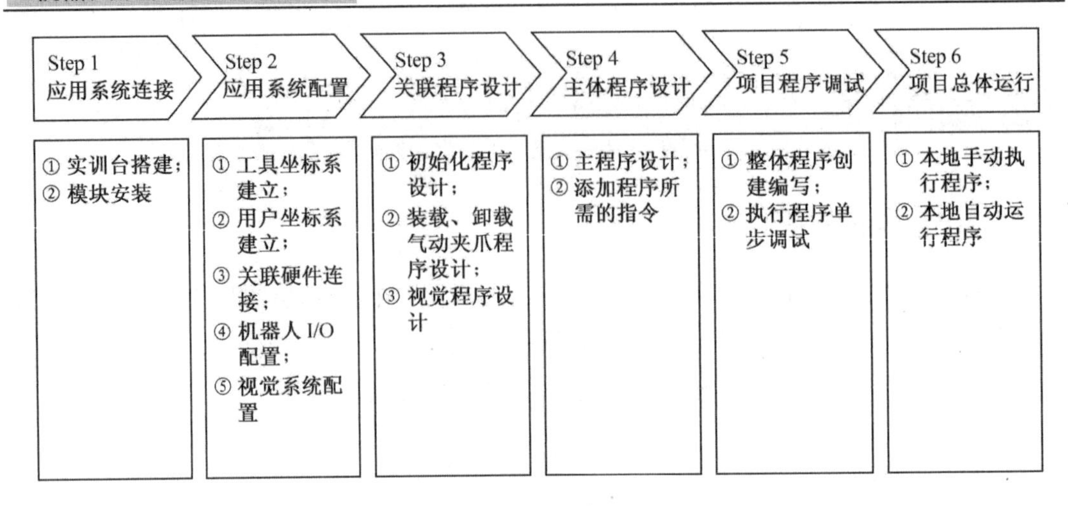

图 7.5　项目流程

7.3　项目要点

7.3.1　指令解析

1. 坐标系偏移类型

坐标系偏移可以分为两类，即用户坐标系偏移和工具坐标系偏移。本项目主要介绍针对 2D 相机的偏移，使用用户坐标系偏移，即不考虑 *Z* 轴的变化。

当相机找到指定用户坐标系内工件 ab 的实际位置 a′b′后，开始计算新的用户坐标系（图 7.6 中虚线所示坐标），a′b′和新用户坐标系的相对位置与 ab 和原用户坐标系的相对位置相同，然后将新用户坐标系和原用户坐标系之间的相对位置变换用 6 维变量表达出来。该偏移方法通常用于机器人抓取治具上的工件，如图 7.7 所示。

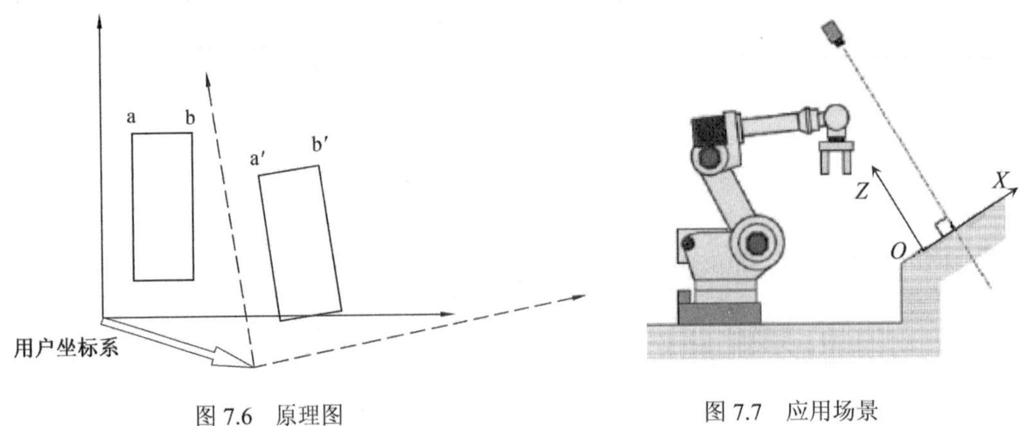

图 7.6　原理图

图 7.7　应用场景

2. 坐标系偏移指令

FANUC 机器人的坐标系偏移指令，根据偏移类型可以分为用户坐标系偏移指令和工具坐标系偏移指令。本文只需用到用户坐标系偏移指令，工具坐标系偏移指令不做叙述。

3. 用户坐标系偏移指令

PR[ ]寄存器的使用示例通常为：L P[1] 100 mm/sec FINE，Offset PR[1]。

4. 视觉程序指令

（1）视觉补偿指令。

➢ L P[1] 100 mm/sec FINE，VOFFSET，VR[a]：该指令用存储在视觉寄存器中的数据补偿机器人的位置。

（2）视觉执行指令。

➢ VISION RUN_FIND（视觉程序名称）：该指令用于连接视觉程序。

➢ VISION GET_OFFSET（视觉程序名称）VR[a]，JMP LBL[b]：该指令从视觉程序中获取视觉补偿数据，并保存在指定的视觉寄存器中，用于 VISION RUN_FIND 指令之后。

7. 3. 2　iRVision 设置

iRVision 的设置流程主要有三步：设置相机、设置相机校准、设置视觉处理程序。

1. 设置相机校准

iRVision 的设置界面如图 7.8 所示，读者可以依次单击示教器上的【MENU】→【iRVision】→【示教和试验】按钮，进入该界面。相机的校准是通过相机识别点阵板，从而建立坐标系的过程，点阵板如图 7.9 所示。

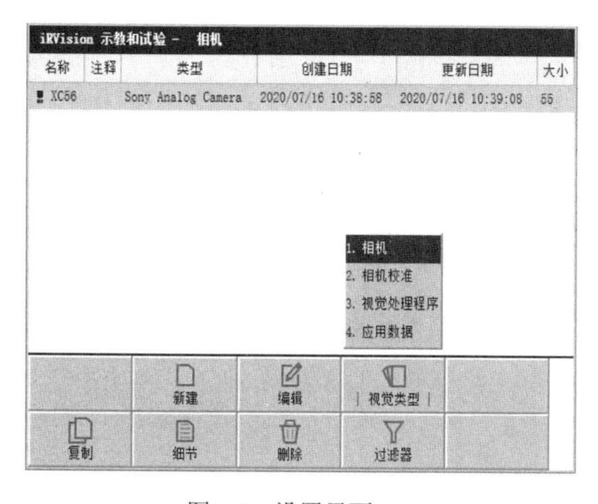

图 7.8　设置界面

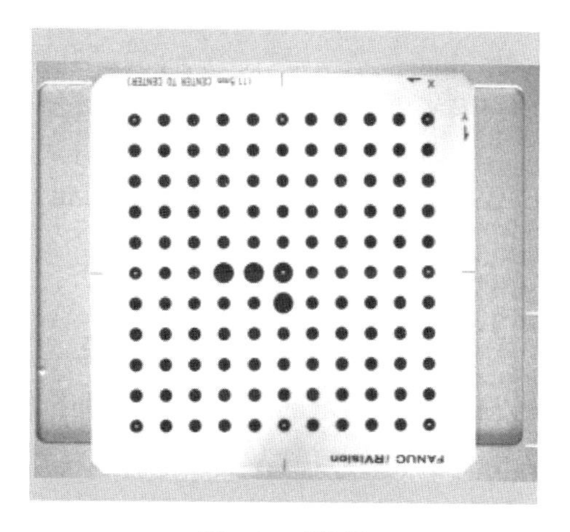

图 7.9　点阵板

2. 相机校准的类型

相机校准的类型主要有三种：针对机器人手持相机的校准、针对机器人手持标定板的校准和针对固定相机的校准，几种校准类型的区别见表 7.1。本项目主要介绍固定相机的校准。

表 7.1 相机校准类型

校准类型	基准坐标系类型	标定板坐标系类型	校正板数量	示例图片
机器人手持相机	用户坐标系	用户坐标系	1 板/2 板	第 1 板 第 2 板 工件面 点阵板
机器人手持点阵板	用户坐标系	工具坐标系	1 板/2 板	第 1 板 点阵板 第 2 板
固定相机与点阵板	用户坐标系	用户坐标系	只支持 1 板法	点阵板

3. 固定相机的校准

固定相机的校准是指相机与点阵板均固定的情况下，利用相机的用户坐标系与预先设定的点阵板坐标系重合，进而完成相机的校准，其中点阵板坐标系的 *X* 轴与 *Y* 轴如图 7.10 所示，三个大圆方向为 *X* 轴，两个大圆方向为 *Y* 轴。

相机校准设置界面如图 7.11 所示，在进入“示教和试验”界面后，依次单击【视觉类型】→【相机校准】→【新建】按钮，选择“Grid Pattern Calibration Tool”并点【确定】按钮，进而进入相机校准设置界面。

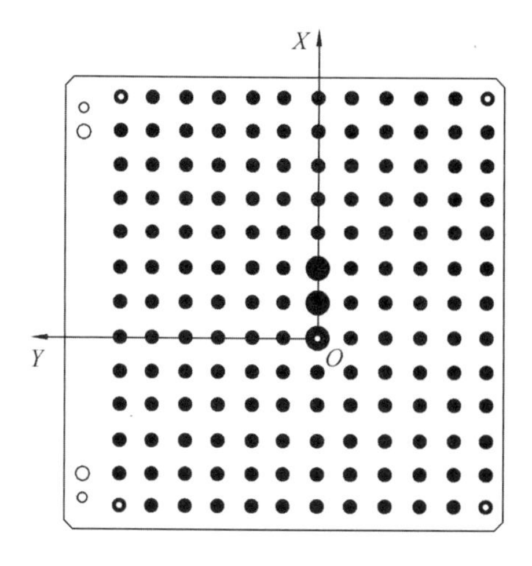

图 7.10　点阵板坐标系

图 7.11　校准设置界面

在校准设置界面中，需要设置以下项目：

（1）相机：选择设置好的相机。

（2）基准坐标系：选择一个平面，代表工件偏移的平面。

（3）格子间距：设置点阵板中两个点之间的距离。

（4）校准面的数量：只支持 1 板法。

（5）机器人抓取点阵板：选择“否”。

（6）点阵板设置情报：选择对应的点阵板坐标系。

（7）焦距：输入镜头焦距的理论长度，本项目使用 12 mm 的镜头。

（8）设定点阵板的位置；点击【设定】按钮后，表示已选定相应坐标系。

（9）检出校准面：点击【检出】按钮后，开始校准。

7. 3. 3　视觉程序创建

1. 视觉处理程序

iRVision 视觉处理程序按照相机类型可以分为 2D、2.5D 和 3D；按照视野数量可分为单视野和多视野，两者的区别在于多视野在识别时需要拍摄多张相片。

常用的视觉处理程序有以下几种：

（1）2D 单视野检测（2D Single View）。

（2）2D 多视野检测（2D Multi View）。

（3）2.5D 单视野检测（2.5D Single View / Depalletization）。

（4）3D 单视野检测（3D Single View）。

（5）3D 多视野检测（3D Multi View）。

2. 视觉工具

在 iRVision 中选择好视觉处理程序的类型并打开后，需要选择视觉工具，iRVision 支持众多相机工具，其中常用的有以下几类：

（1）GMP 定位工具（GMP Locator Tool）。

GMP 定位工具运用图像处理工具，检查相机获取的图像与先前设置的模型图案是否一致，并输出其位置。该工具在创建视觉程序后会自动默认添加。本项目使用的相机工具为默认添加的 GMP 定位工具。

（2）柱状图工具（Histogram Tool）。

柱状图工具用于测量图像的亮度。当柱状图工具运用于其他定位工具时，在树形列表中柱状图工具测量窗口随主定位工具查找到的结果动态变化。

（3）条件执行工具(Conditional Execution Tool)。

条件执行工具用于在指定的条件下评估柱状图或其他工具的结果，当条件满足时执行指定的操作。

（4）测量输出工具（Measurement Output Tool）。

测量输出工具将柱状图、其他工具的测量结果和补偿数据一起输出到视觉寄存器中。

3. 坐标系偏移方法

FANUC 机器人的视觉坐标系偏移方法有两类，一是使用 PR[]位置寄存器与 OFFSET 偏移指令，二是使用 VR[]视觉寄存器与 VOFFSET 视觉补偿指令。

PR[]寄存器的使用示例通常为：L P[1] 2000 mm/sec FINE, Offset PR[1]。

视觉寄存器的使用示例见表 7.2。

表 7.2　视觉寄存器使用示例

指令	说　明
1：UFRAME_NUM=1	设置视觉用户坐标系
2：UTOOL_NUM=1	选择使用的工具坐标系
3：J P[1] 50% FINE	移动到拍摄等待点
4：VISION RUN_FIND ‘PROG’	运行视觉程序
5：VISION GET_OFFSET ‘PROG’ VR[1], JMP LBL[99]	视觉检出并输出位置补偿数据，未检出则跳转至 LBL[99]
6：CALL HANDOPEN	调用打开手抓程序
7：L P[2] 100 mm/sec FINE, VOFFSET,VR[1]	抓取点根据 VR[1]偏移
8：CALL HANDCLOSE	调用关闭手抓程序
9：L P[3] 100 mm/sec FINE, VOFFSET,VR[1]	离开点根据 VR[1]偏移
10：END	调用程序停止指令
11：LBL[99]	LBL[99]标签位置
12：UALM[1]	显示用户报警[1]

7.4　项目步骤

7.4.1　应用系统连接

※　视觉检测物料项目步骤

产教应用平台包含一系列实训模块用于实操训练，在项目编程前需要安装基础实训模块和所需工具，如图 7.12 所示。

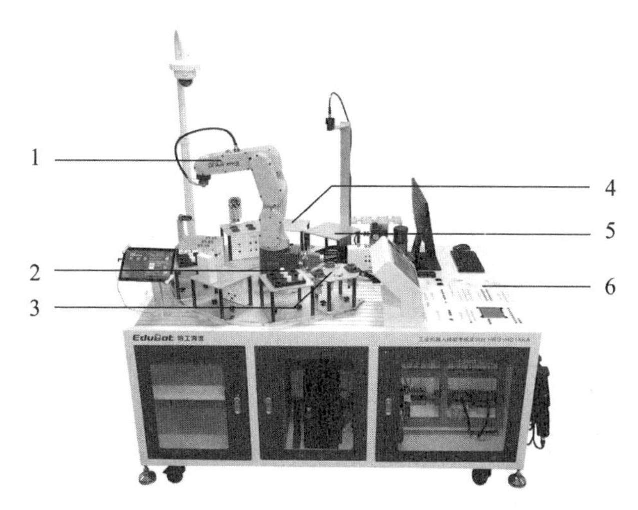

图 7.12　项目实训设备

本项目所涉及的实训工具及说明见表 7.3。

表 7.3　实训工具说明

序号	名称	说　明
1	机器人本体	机器人执行机构
2	供料模块	用于供给物料
3	气动夹爪	模拟工业工具进行物料抓取工作
4	成品模块	存放检测后的成品
5	视觉模块	用于识别检测物料
6	产教应用系统	提供项目实训操作平台

7.4.2　应用系统配置

1. 相机安装

iRVision 支持固定照相机安装方式或照相机固定在机器人上的安装方式，见表 7.4。

表 7.4 相机安装方式

图例	说　　明
	固定照相机：可以在机器人运动时照相，照相机连接线缆铺设简单
	照相机固定在机器人上：检测区域可以随机器人变化，整体检测范围增加

本项目采用的是照相机固定的方式进行安装，选择的相机为 SONY XC-56 相机，配备焦距为 12 mm 的镜头，该相机为模拟信号相机。SONY XC-56 相机如图 7.13 所示。

（a）相机外形

（b）相机接口

图 7.13　SONY XC-56 相机

为了能正常使用 SONY XC-56，必须如图 7.14 所示设置拨码开关，涉及的视觉模块如图 7.15 所示。

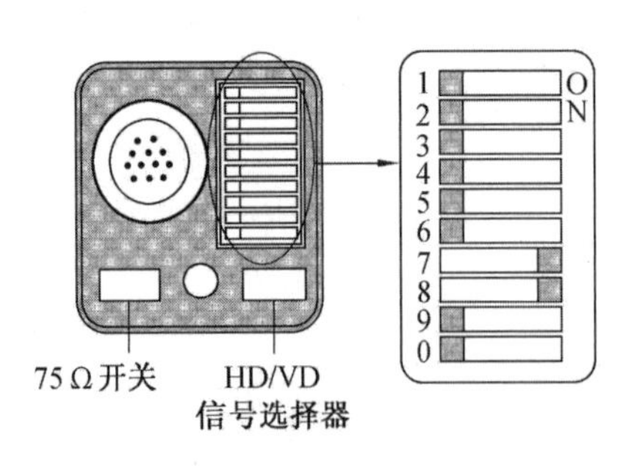

图 7.14　SONY XC-56 拨码开关位置

图 7.15　视觉模块

2. 相机与控制柜连接

在控制柜主板上有一个相机接口（JRL6），可将相机线缆直接连接到主板端口 JRL6 上。iRVision 的基本构成如图 7.16 所示。

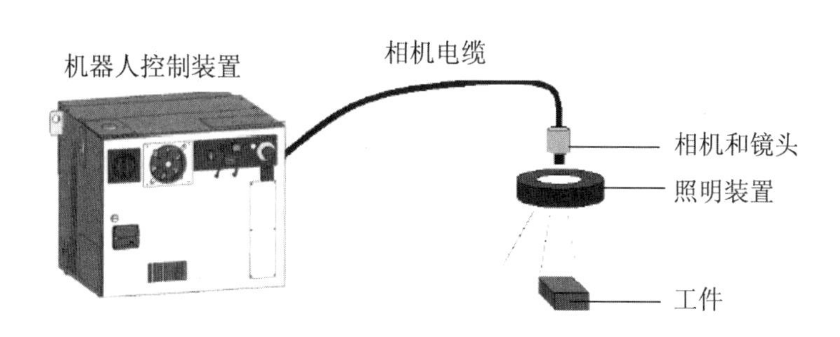

图 7.16　iRVision 的基本构成

3. 坐标系建立

本项目需要使用气动夹爪完成视觉检测物料应用。在此，需要对气动夹爪进行工具坐标系建立，以基础模块上的尖锥为固定点，手动操作机器人，以三种不同的工具姿态使机器人工具上的尖锥参考点尽可能与固定点刚好接触。建立后的工具坐标系如图 7.17 所示。

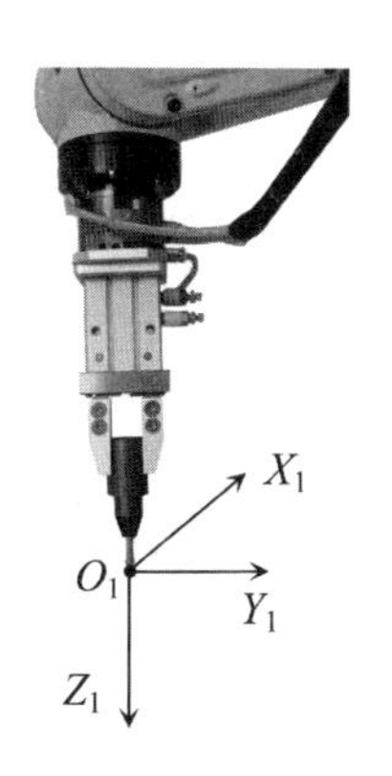

图 7.17　工具坐标系建立

在工具坐标系建立完成后，还应建立用户坐标系。在本项目中，需要选用三点法对点阵板进行用户坐标系的建立，即在点阵板的原点示教第一个点，在 *X* 轴上示教第二个点，在 *OXY* 平面上示教第三个点。点阵板用户坐标系建立结果如图 7.18 所示。

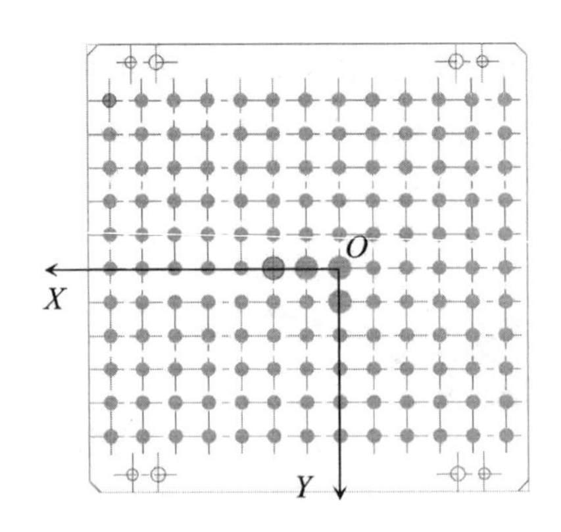

图 7.18　点阵板用户坐标系建立

7.4.3　关联程序设计

本项目的关联程序为初始化程序、装载气动夹爪程序、视觉程序及卸载气动夹爪程序，初始化程序、装载、卸载气动夹爪程序参考 4.4.3 节内容，这里不做赘述。

视觉程序的创建分为三步：iRVision 基础设置、视觉处理程序的创建和视觉抓取程序的创建。

（1）iRVision 基础设置及视觉处理程序创建。

本项目对 iRVision 设置时需在计算机端进行操作，iRVision 基础设置及视觉处理程序的创建具体步骤见表 7.5

表 7.5　iRVision 基础设置步骤

序号	图片示例	操作步骤
1		连接通信线缆： 将网络电缆一端连接至机器人控制装置，另一端连接至 iRVision 示教用计算机

续表 7.5

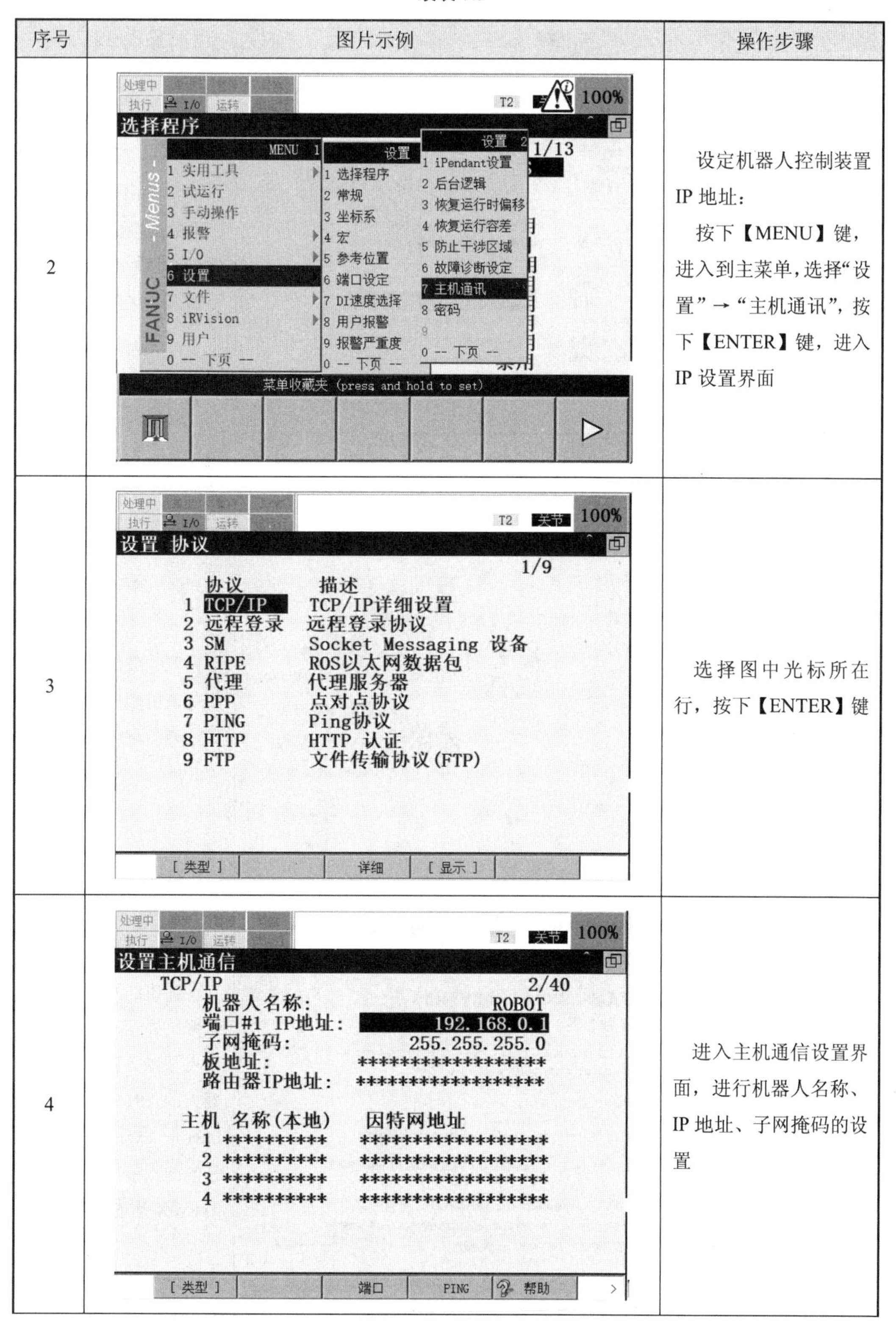

序号	图片示例	操作步骤
2		设定机器人控制装置 IP 地址： 按下【MENU】键，进入到主菜单，选择“设置”→“主机通讯”，按下【ENTER】键，进入 IP 设置界面
3		选择图中光标所在行，按下【ENTER】键
4		进入主机通信设置界面，进行机器人名称、IP 地址、子网掩码的设置

续表 7.5

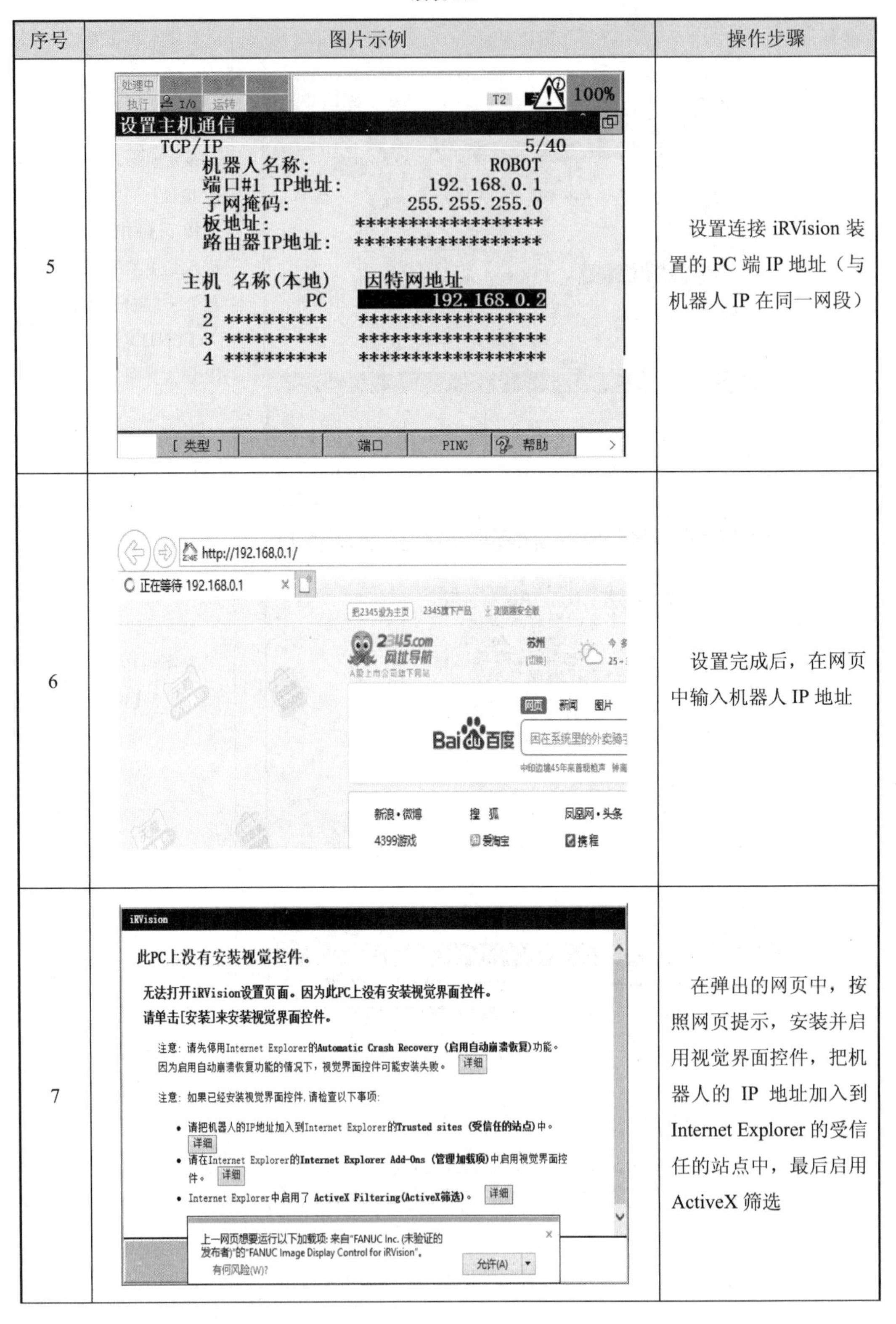

序号	图片示例	操作步骤
5		设置连接 iRVision 装置的 PC 端 IP 地址（与机器人 IP 在同一网段）
6		设置完成后，在网页中输入机器人 IP 地址
7		在弹出的网页中，按照网页提示，安装并启用视觉界面控件，把机器人的 IP 地址加入到 Internet Explorer 的受信任的站点中，最后启用 ActiveX 筛选

续表 7.5

序号	图片示例	操作步骤
8	FANUC WEB服务器 主机名: ROBOT 机器人号码: YJ31696 文件名: FRS:DEFAULTC.STM 日期: 01/02/09 时间: 00:21:00 iRVision® 示教和试验 执行时监视器 执行履历 视觉数据文件 *iRVision® FANUC公司的注册商标 当前机器人的状态 概要/状态 报警一览表 当前程序的状态 IO状态 安全信号状态 现在位置 程序/参数/诊断数据 参数文件(MD:) 程序文件(MD:) 错误/诊断数据文件(MD:) 其他文件(MD:)	单击网页中的“示教与试验”，进入 iRVision 设置界面
9	iRVision 示教和试验 － 相机 名称 注释 类型 创建日期 更新日期 大小 1. 相机 2. 相机校准 3. 视觉处理程序 4. 应用数据 新建 编辑 视觉类型 复制 细节 删除 过滤器	依次单击【视觉类型】→“相机”→【新建】，新建相机
10	iRVision 示教和试验 － 相机 名称 注释 类型 创建日期 更新日期 大小 创建新的视觉数据 类型: Sony Analog Camera 名称: XC56 注释: 确定 取消	类型选择为“Sony Analog Camera”，并设置相机名称，本项目的名称设为“XC56”。最后单击【确定】

续表 7.5

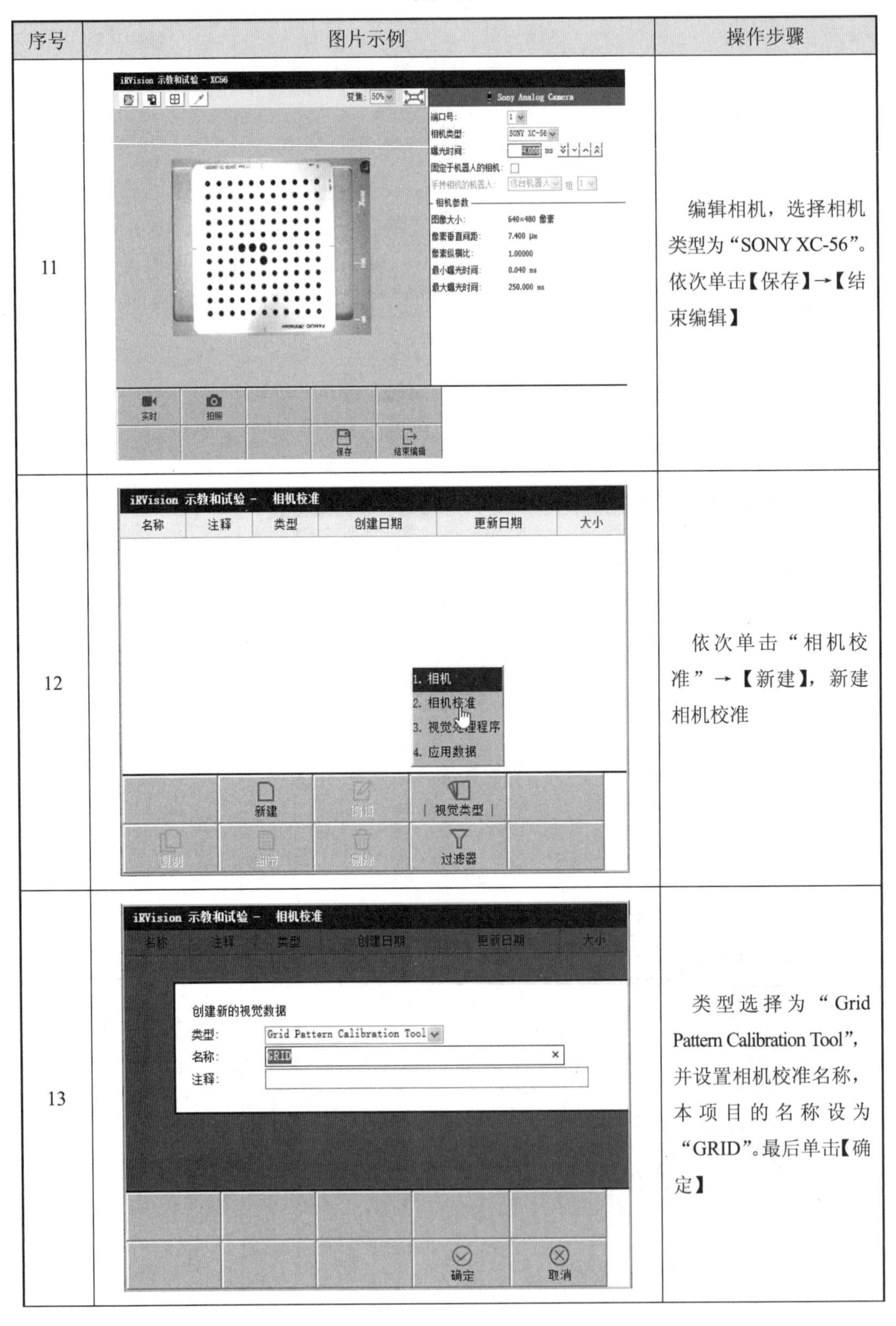

序号	图片示例	操作步骤
11		编辑相机，选择相机类型为“SONY XC-56”。依次单击【保存】→【结束编辑】
12		依次单击“相机校准”→【新建】，新建相机校准
13		类型选择为“Grid Pattern Calibration Tool”，并设置相机校准名称，本项目的名称设为“GRID”。最后单击【确定】

续表 7.5

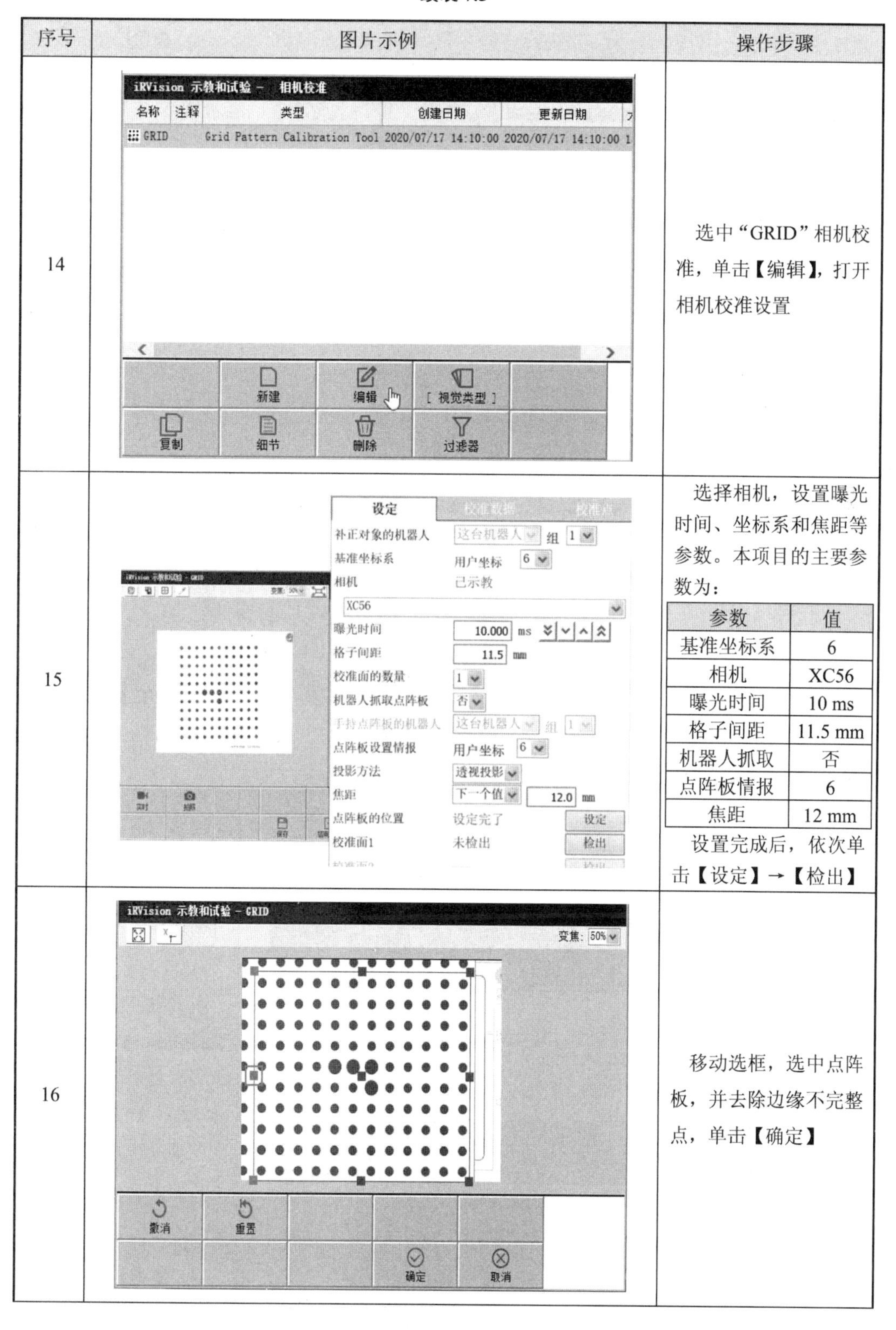

序号	图片示例	操作步骤
14		选中“GRID”相机校准，单击【编辑】，打开相机校准设置
15		选择相机，设置曝光时间、坐标系和焦距等参数。本项目的主要参数为： 参数：值 基准坐标系：6 相机：XC56 曝光时间：10 ms 格子间距：11.5 mm 机器人抓取：否 点阵板情报：6 焦距：12 mm 设置完成后，依次单击【设定】→【检出】
16		移动选框，选中点阵板，并去除边缘不完整点，单击【确定】

参数	值
基准坐标系	6
相机	XC56
曝光时间	10 ms
格子间距	11.5 mm
机器人抓取	否
点阵板情报	6
焦距	12 mm

续表 7.5

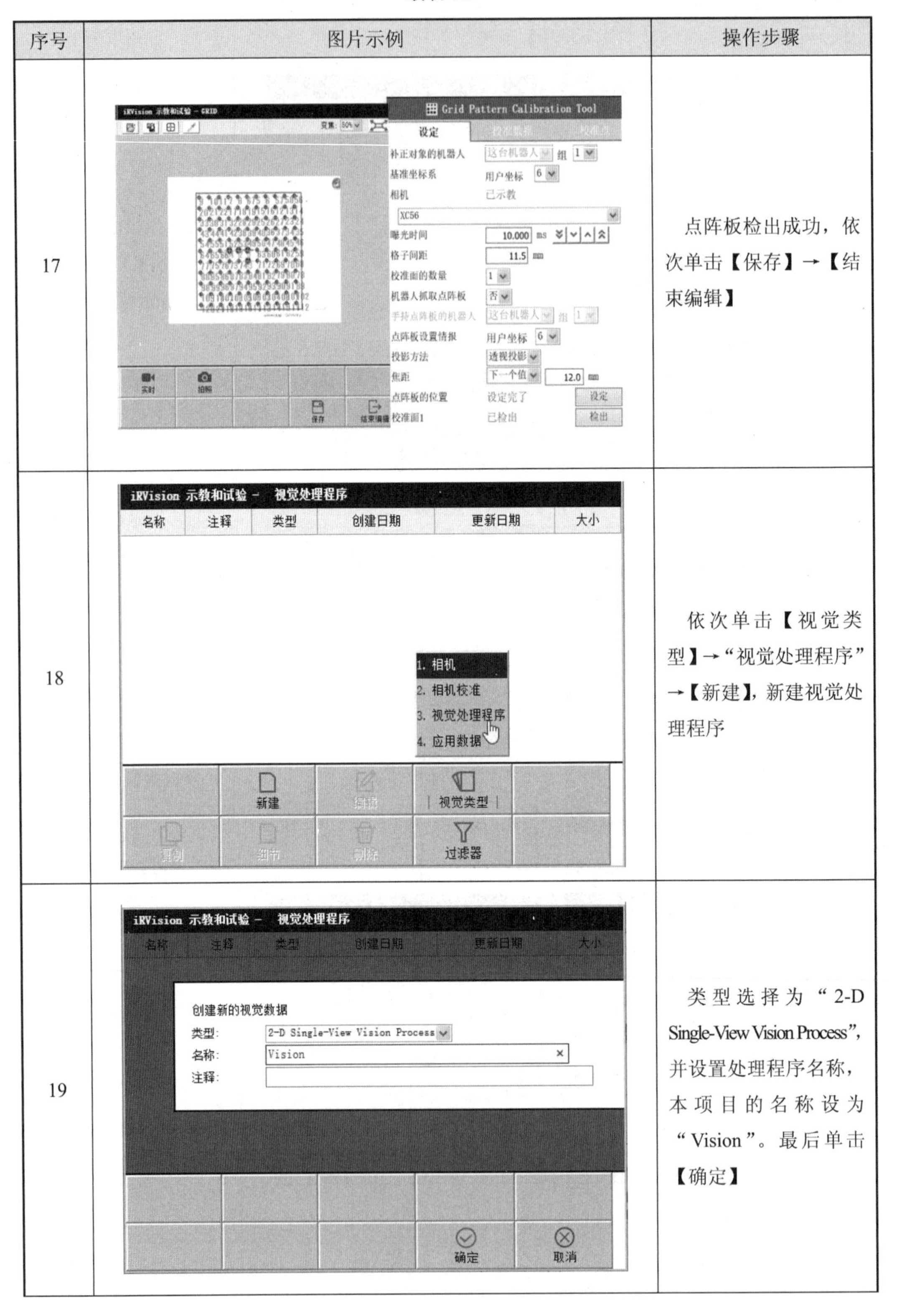

序号	图片示例	操作步骤
17		点阵板检出成功，依次单击【保存】→【结束编辑】
18		依次单击【视觉类型】→“视觉处理程序”→【新建】，新建视觉处理程序
19		类型选择为“2-D Single-View Vision Process”，并设置处理程序名称，本项目的名称设为“Vision”。最后单击【确定】

续表 7.5

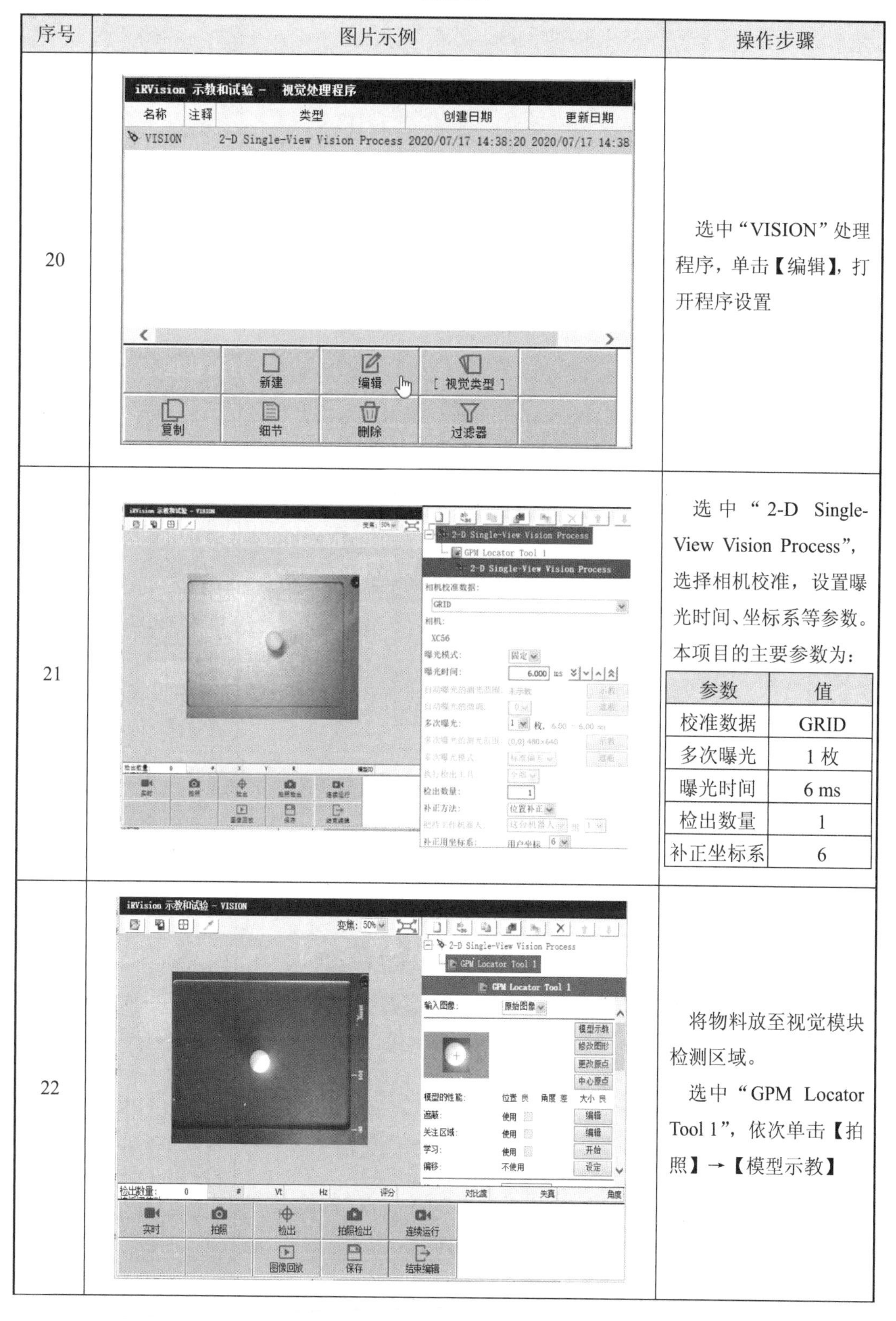

序号	图片示例	操作步骤
20		选中“VISION”处理程序，单击【编辑】，打开程序设置
21		选中“2-D Single-View Vision Process”，选择相机校准，设置曝光时间、坐标系等参数。本项目的主要参数为： 参数 / 值 校准数据 / GRID 多次曝光 / 1 枚 曝光时间 / 6 ms 检出数量 / 1 补正坐标系 / 6
22		将物料放至视觉模块检测区域。 选中“GPM Locator Tool 1”，依次单击【拍照】→【模型示教】

续表 7.5

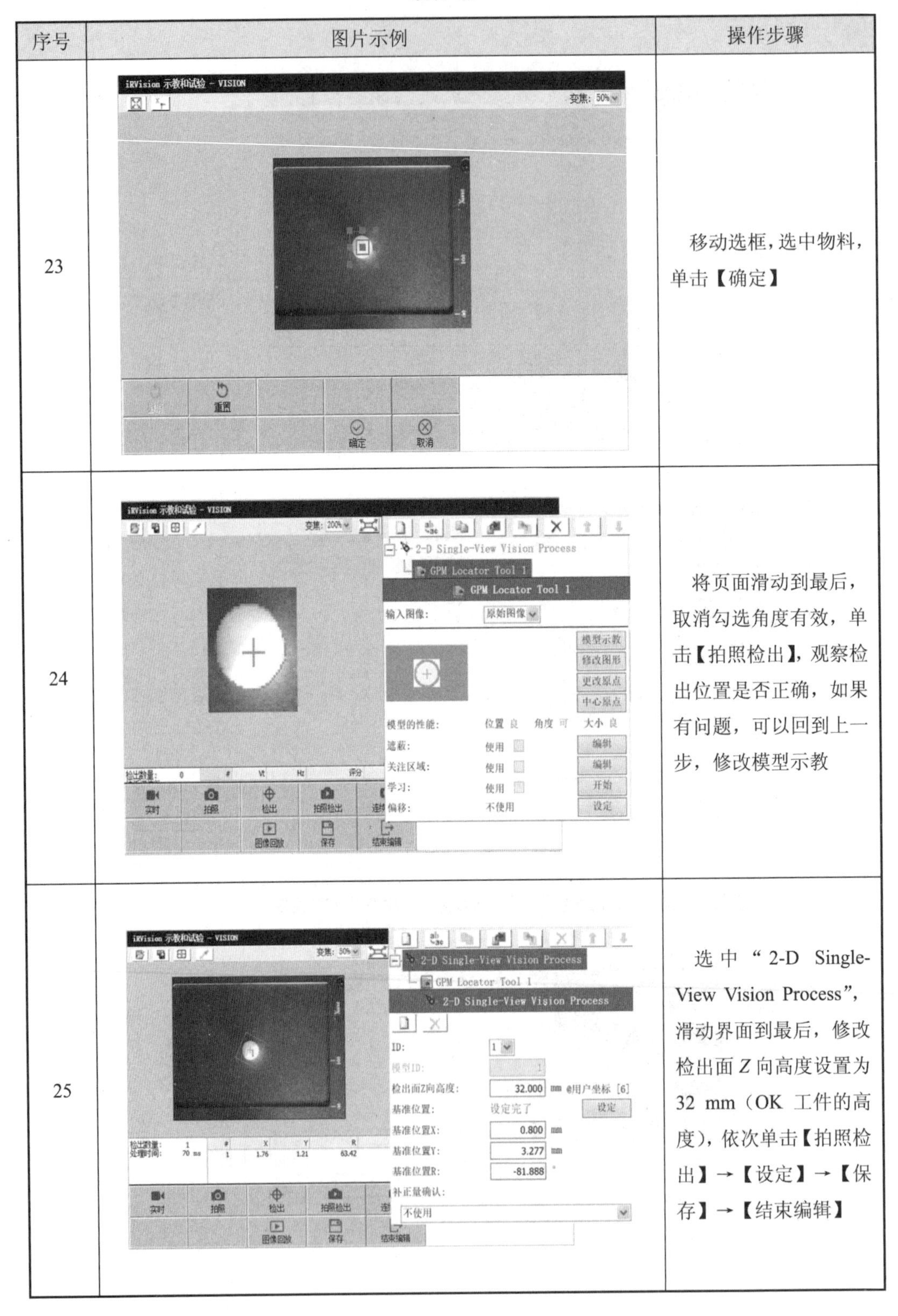

序号	图片示例	操作步骤
23		移动选框，选中物料，单击【确定】
24		将页面滑动到最后，取消勾选角度有效，单击【拍照检出】，观察检出位置是否正确，如果有问题，可以回到上一步，修改模型示教
25		选中“2-D Single-View Vision Process”，滑动界面到最后，修改检出面 Z 向高度设置为 32 mm（OK 工件的高度），依次单击【拍照检出】→【设定】→【保存】→【结束编辑】

（2）视觉抓取程序的创建。

视觉抓取程序用于检测模块上物料的位置，通过视觉寄存器使机器人运动到指定位置并抓取物料。视觉抓取程序设置步骤见表 7.6。

表 7.6　视觉抓取程序设置

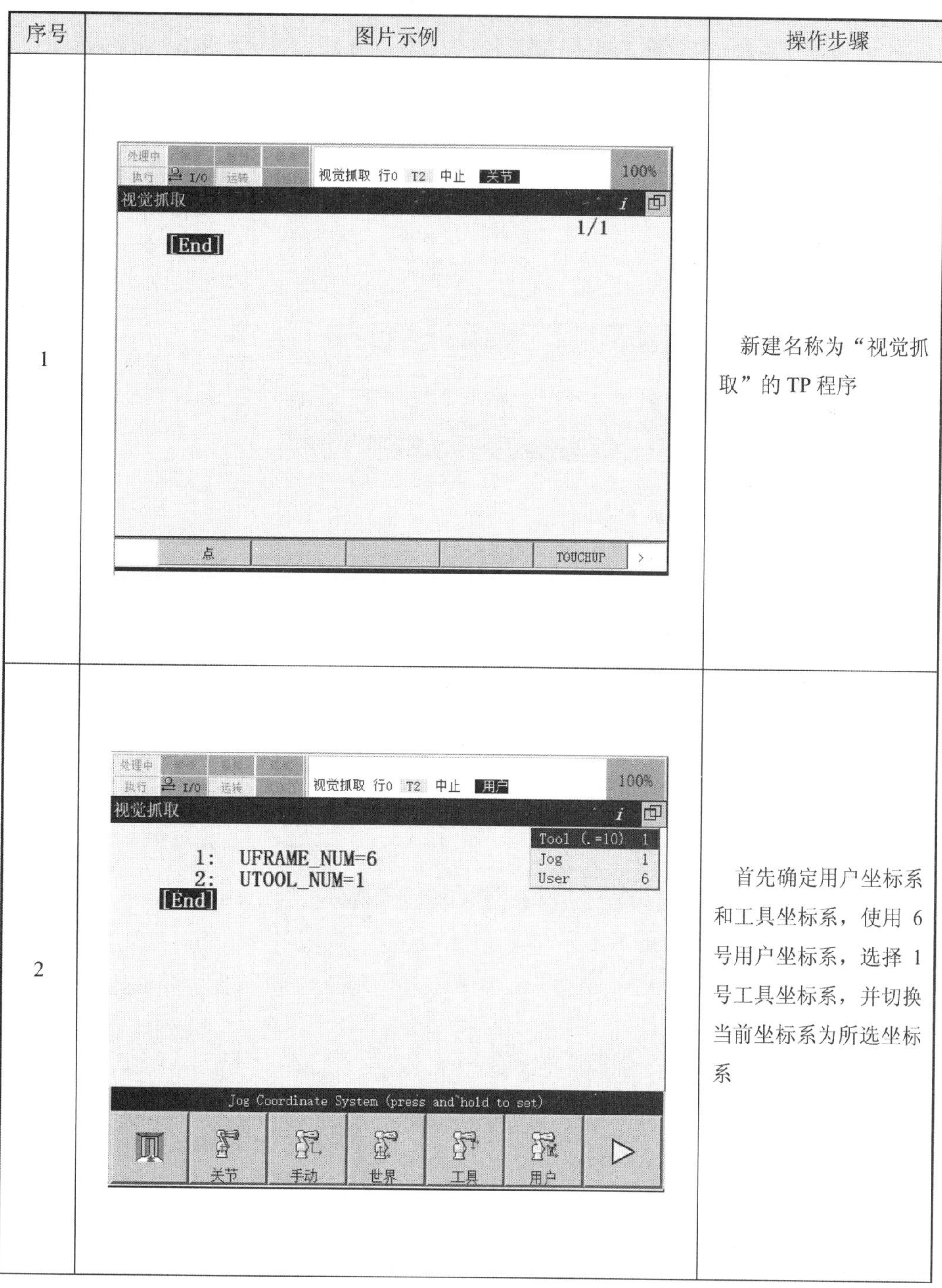

序号	图片示例	操作步骤
1	视觉抓取 行0 T2 中止 关节 100% 视觉抓取 1/1 [End] 点 TOUCHUP	新建名称为“视觉抓取”的 TP 程序
2	视觉抓取 行0 T2 中止 用户 100% 视觉抓取 Tool (.=10) 1 Jog 1 User 6 1: UFRAME_NUM=6 2: UTOOL_NUM=1 [End] Jog Coordinate System (press and hold to set) 关节 手动 世界 工具 用户	首先确定用户坐标系和工具坐标系，使用 6 号用户坐标系，选择 1 号工具坐标系，并切换当前坐标系为所选坐标系

续表 7.6

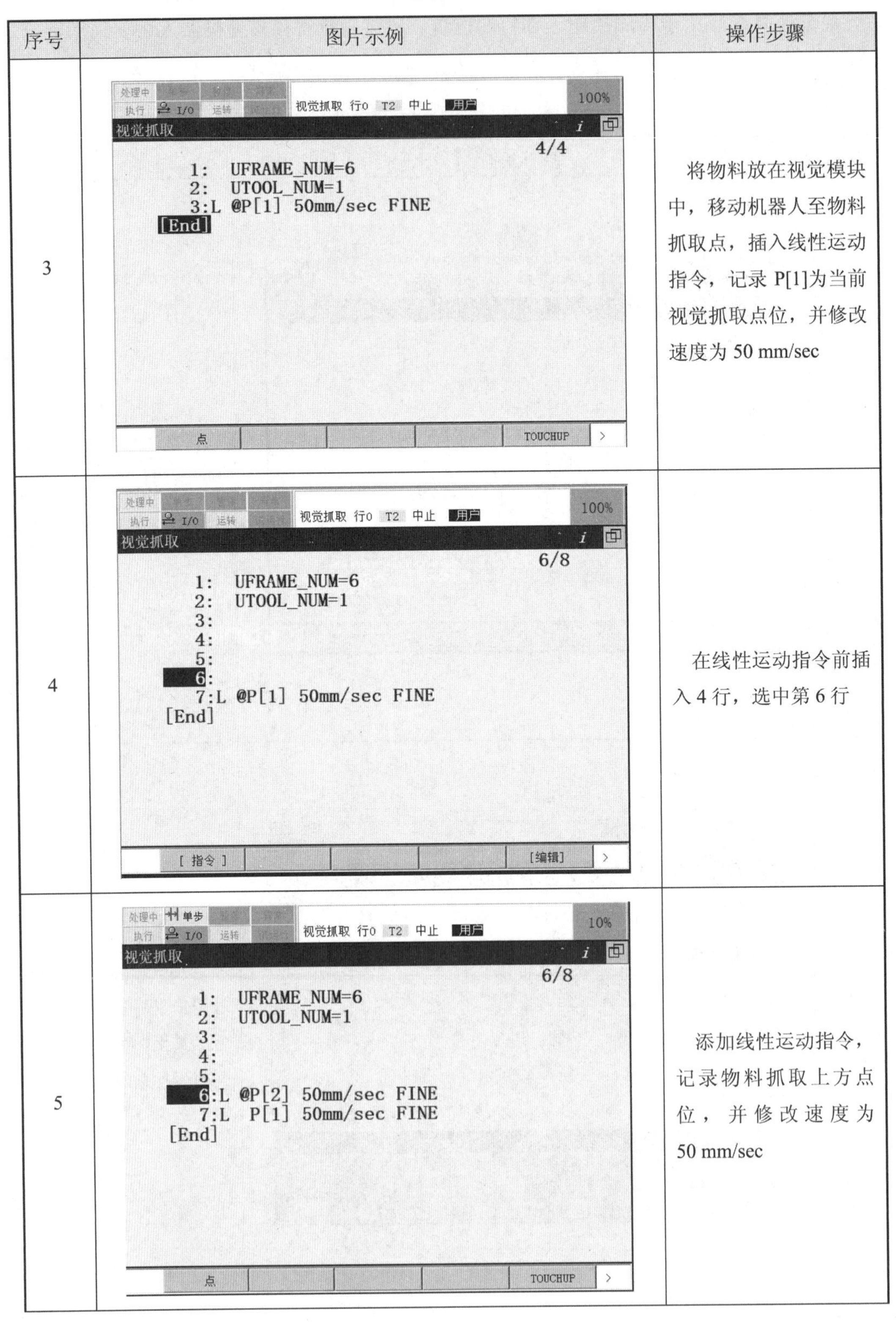

序号	图片示例	操作步骤
3	处理中 执行 I/O 运转 视觉抓取 行0 T2 中止 用户 100% 视觉抓取 4/4 1: UFRAME_NUM=6 2: UTOOL_NUM=1 3:L @P[1] 50mm/sec FINE [End] 点 TOUCHUP >	将物料放在视觉模块中，移动机器人至物料抓取点，插入线性运动指令，记录 P[1]为当前视觉抓取点位，并修改速度为 50 mm/sec
4	处理中 执行 I/O 运转 视觉抓取 行0 T2 中止 用户 100% 视觉抓取 6/8 1: UFRAME_NUM=6 2: UTOOL_NUM=1 3: 4: 5: 6: 7:L @P[1] 50mm/sec FINE [End] [指令] [编辑] >	在线性运动指令前插入 4 行，选中第 6 行
5	处理中 单步 执行 I/O 运转 视觉抓取 行0 T2 中止 用户 10% 视觉抓取 6/8 1: UFRAME_NUM=6 2: UTOOL_NUM=1 3: 4: 5: 6:L @P[2] 50mm/sec FINE 7:L P[1] 50mm/sec FINE [End] 点 TOUCHUP >	添加线性运动指令，记录物料抓取上方点位，并修改速度为 50 mm/sec

续表 7.6

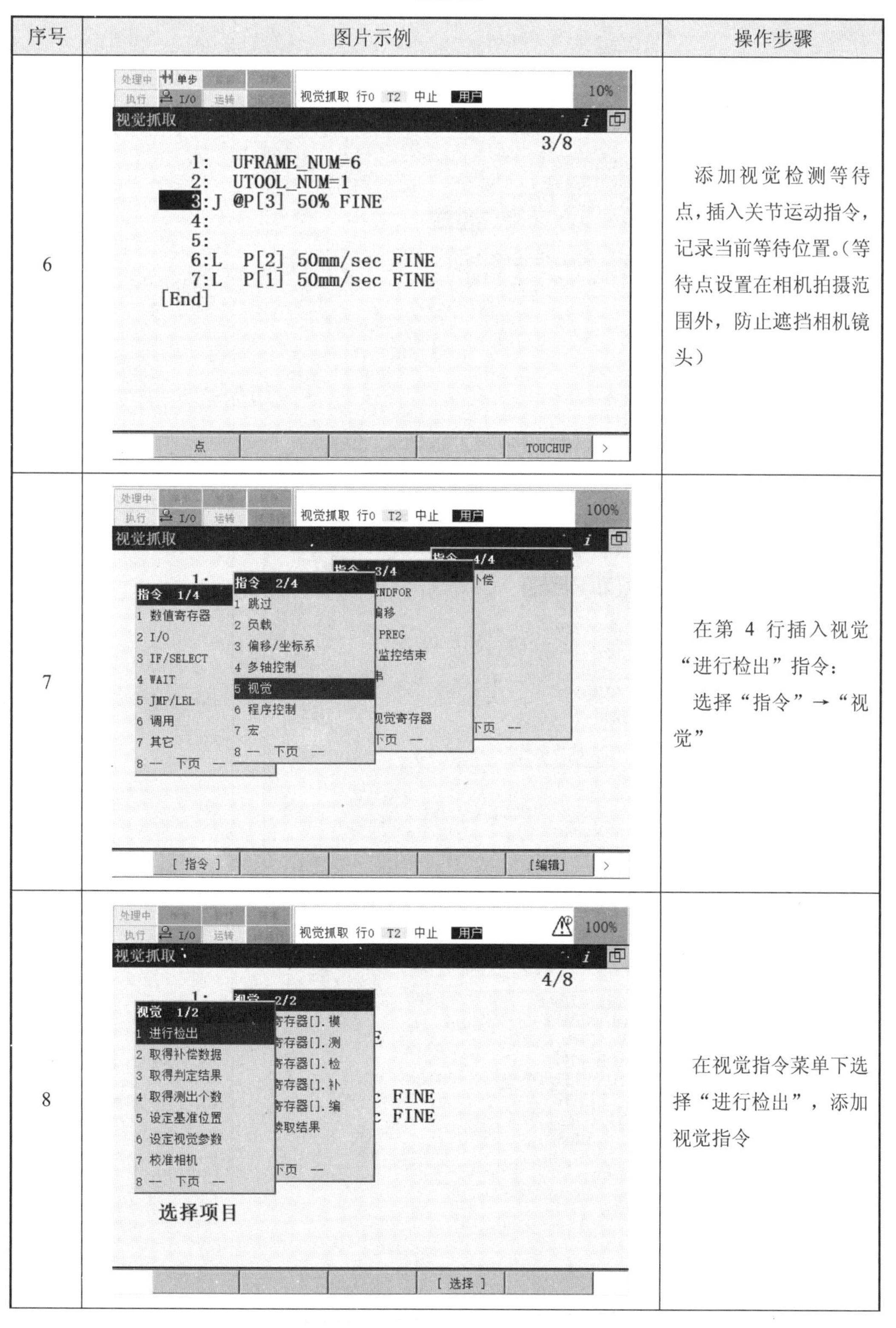

序号	图片示例	操作步骤
6		添加视觉检测等待点，插入关节运动指令，记录当前等待位置。（等待点设置在相机拍摄范围外，防止遮挡相机镜头）
7		在第 4 行插入视觉“进行检出”指令： 选择“指令”→“视觉”
8		在视觉指令菜单下选择“进行检出”，添加视觉指令

续表 7.6

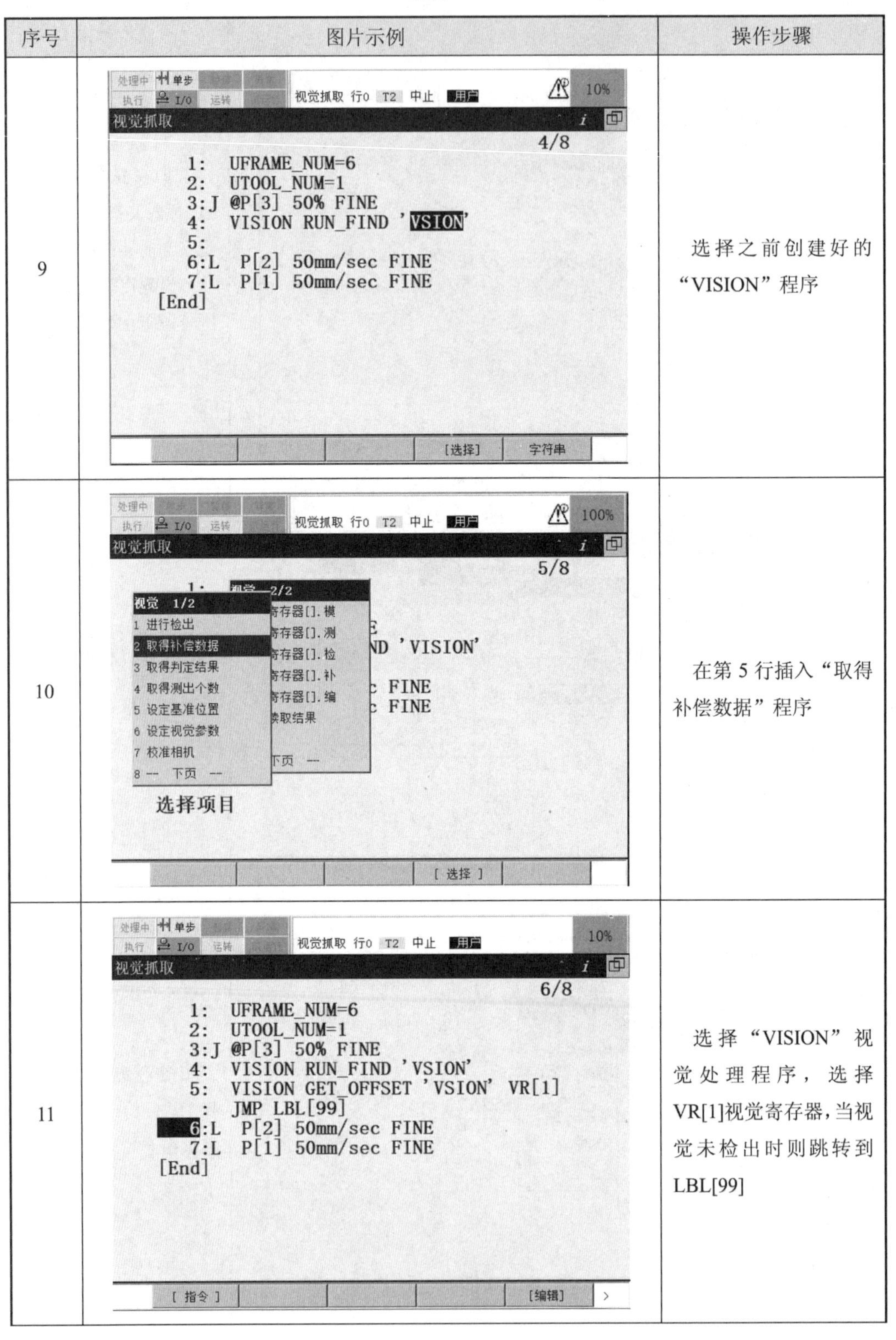

序号	图片示例	操作步骤
9	视觉抓取 行0 T2 中止 用户 10% 视觉抓取 4/8 1: UFRAME_NUM=6 2: UTOOL_NUM=1 3:J @P[3] 50% FINE 4: VISION RUN_FIND 'VSION' 5: 6:L P[2] 50mm/sec FINE 7:L P[1] 50mm/sec FINE [End] [选择] 字符串	选择之前创建好的“VISION”程序
10	视觉抓取 行0 T2 中止 用户 100% 视觉抓取 5/8 视觉 1/2 1 进行检出 2 取得补偿数据 3 取得判定结果 4 取得测出个数 5 设定基准位置 6 设定视觉参数 7 校准相机 8 -- 下页 -- 选择项目 [选择]	在第5行插入“取得补偿数据”程序
11	视觉抓取 行0 T2 中止 用户 10% 视觉抓取 6/8 1: UFRAME_NUM=6 2: UTOOL_NUM=1 3:J @P[3] 50% FINE 4: VISION RUN_FIND 'VSION' 5: VISION GET_OFFSET 'VSION' VR[1] : JMP LBL[99] 6:L P[2] 50mm/sec FINE 7:L P[1] 50mm/sec FINE [End] [指令] [编辑]	选择“VISION”视觉处理程序，选择VR[1]视觉寄存器，当视觉未检出时则跳转到LBL[99]

续表 7.6

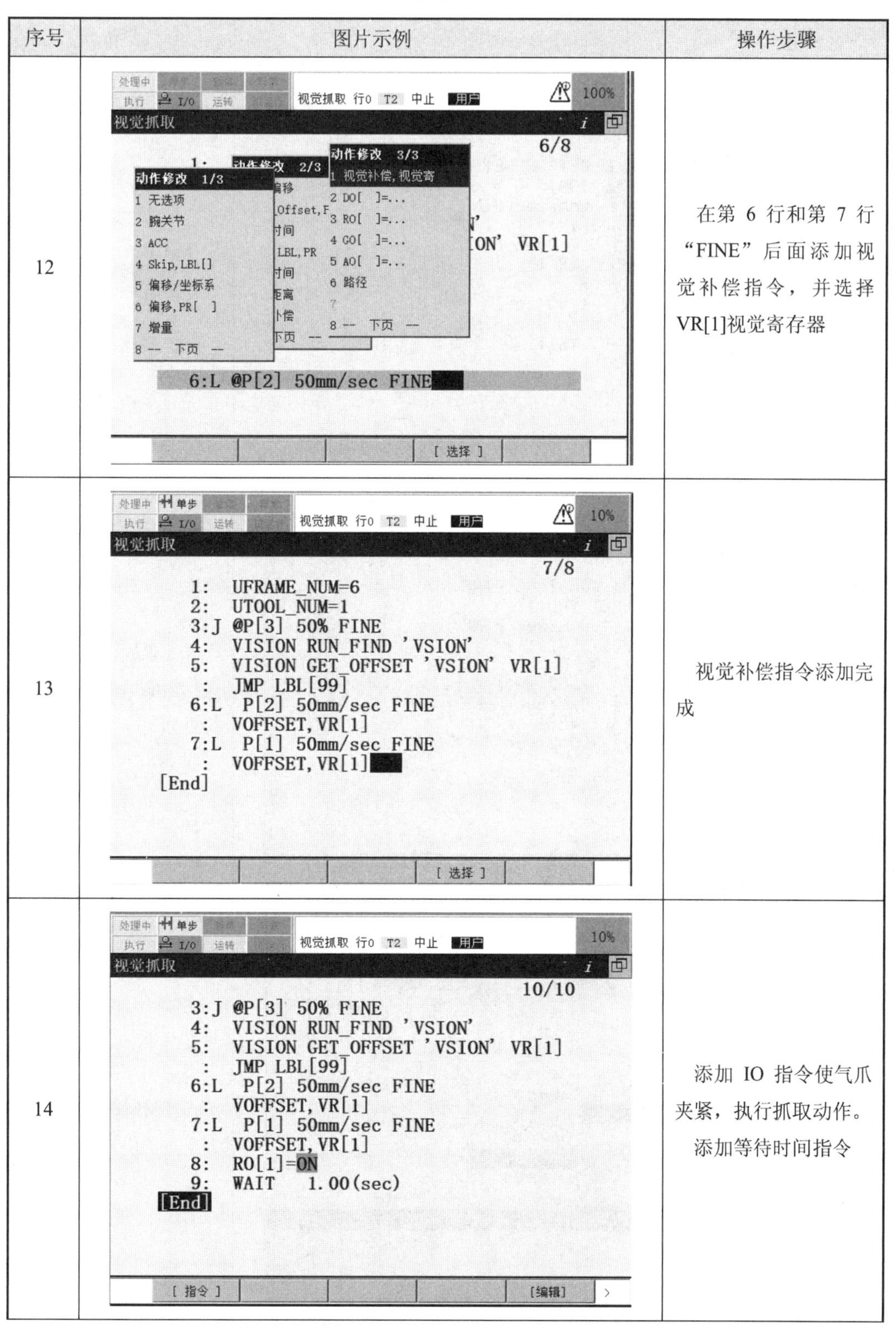

序号	图片示例	操作步骤
12	视觉抓取 行0 T2 中止 用户 100% 视觉抓取 6/8 动作修改 1/3 1 无选项 2 腕关节 3 ACC 4 Skip,LBL[] 5 偏移/坐标系 6 偏移,PR[ ] 7 增量 8 -- 下页 -- 动作修改 3/3 1 视觉补偿,视觉寄 2 DO[ ]=... 3 RO[ ]=... 4 GO[ ]=... 5 AO[ ]=... 6 路径 8 -- 下页 -- 6:L @P[2] 50mm/sec FINE [选择]	在第 6 行和第 7 行“FINE”后面添加视觉补偿指令，并选择 VR[1]视觉寄存器
13	视觉抓取 行0 T2 中止 用户 10% 视觉抓取 7/8 1: UFRAME_NUM=6 2: UTOOL_NUM=1 3:J @P[3] 50% FINE 4: VISION RUN_FIND 'VSION' 5: VISION GET_OFFSET 'VSION' VR[1] : JMP LBL[99] 6:L P[2] 50mm/sec FINE : VOFFSET,VR[1] 7:L P[1] 50mm/sec FINE : VOFFSET,VR[1] [End] [选择]	视觉补偿指令添加完成
14	视觉抓取 行0 T2 中止 用户 10% 视觉抓取 10/10 3:J @P[3] 50% FINE 4: VISION RUN_FIND 'VSION' 5: VISION GET_OFFSET 'VSION' VR[1] : JMP LBL[99] 6:L P[2] 50mm/sec FINE : VOFFSET,VR[1] 7:L P[1] 50mm/sec FINE : VOFFSET,VR[1] 8: RO[1]=ON 9: WAIT 1.00(sec) [End] [指令] [编辑]	添加 IO 指令使气爪夹紧，执行抓取动作。 添加等待时间指令

续表 7.6

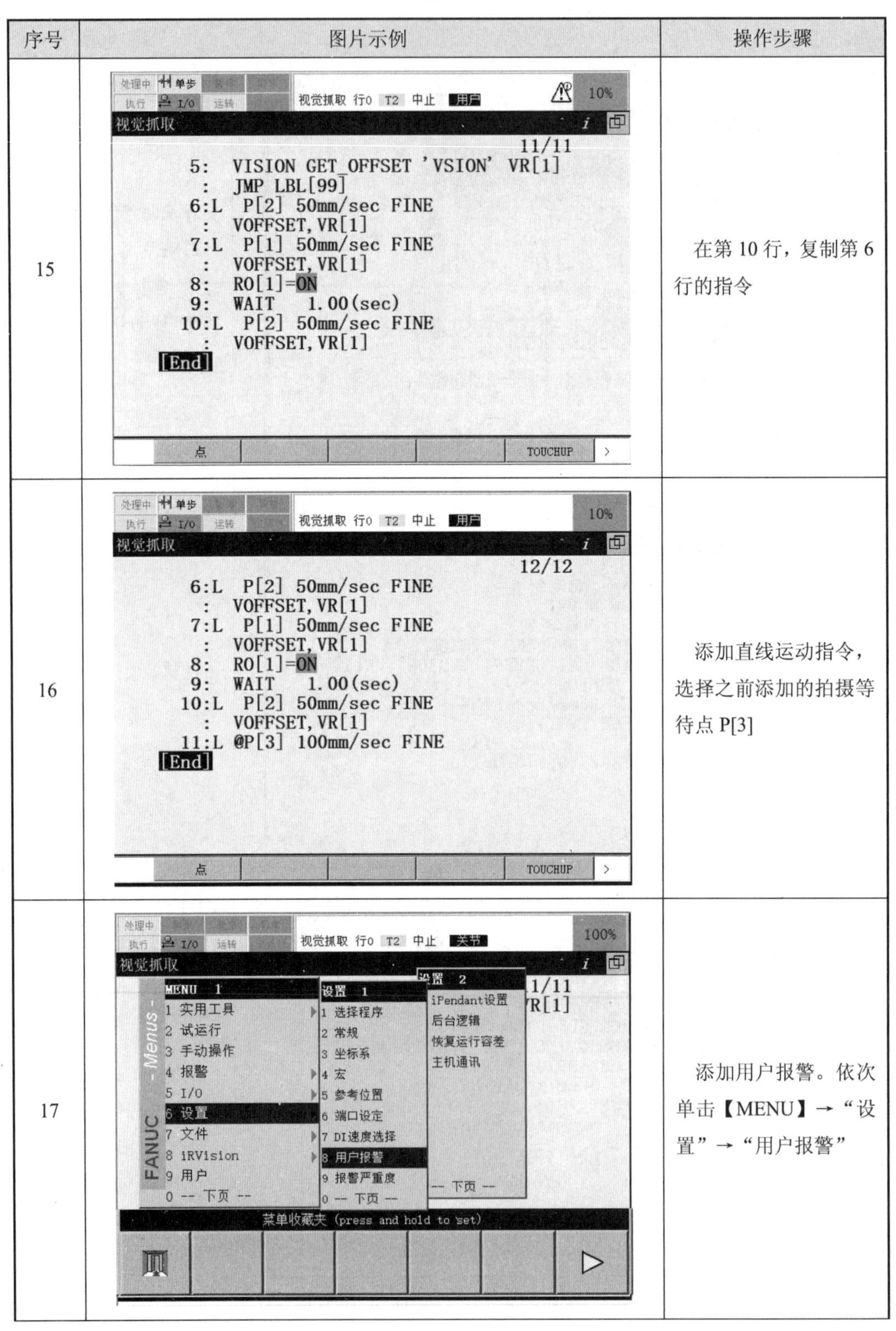

序号	图片示例	操作步骤
15		在第 10 行，复制第 6 行的指令
16		添加直线运动指令，选择之前添加的拍摄等待点 P[3]
17		添加用户报警。依次单击【MENU】→“设置”→“用户报警”

续表 7.6

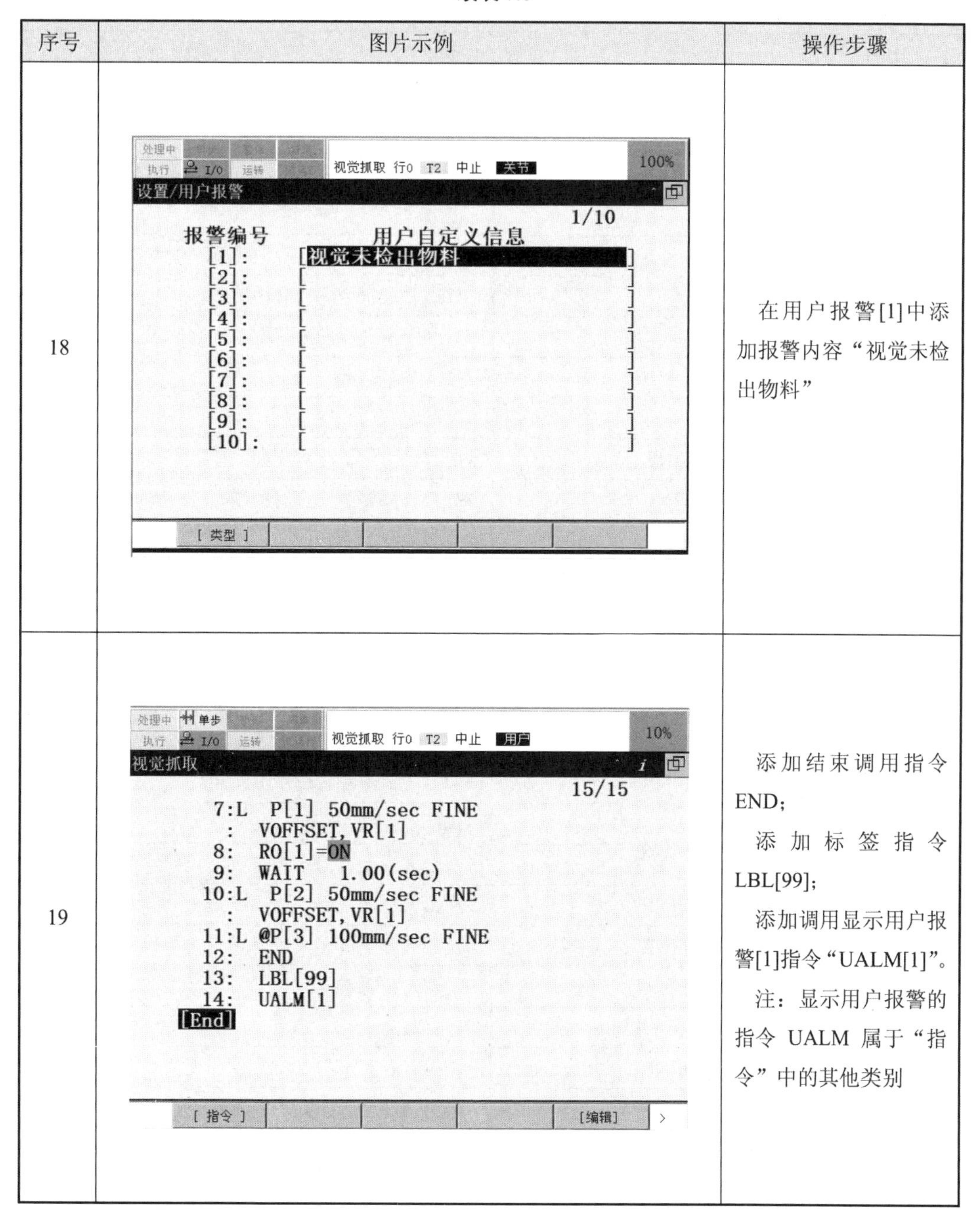

序号	图片示例	操作步骤
18		在用户报警[1]中添加报警内容“视觉未检出物料”
19		添加结束调用指令END； 添加标签指令LBL[99]； 添加调用显示用户报警[1]指令“UALM[1]”。 注：显示用户报警的指令 UALM 属于“指令”中的其他类别

7.4.4　主体程序设计

主体程序设计包含视觉检测应用初始化、物料搬运、视觉应用、装载气动夹爪、卸载气动夹爪等程序设计。视觉检测应用的主体程序如下：

VISION_TESTING	
1：LBL[1]	//标签1
2：CALL　INIT1	//调用初始化程序
3：WAIT　1.00 sec	//等待时间
4：CALL　LOADING	//调用装载气动夹爪程序
5：WAIT　1.00 sec	//等待时间
6：J　P[1]　20%　FINE	//机器人移动至安全点位置
7：L　P[2]　100 mm/sec　FINE	//机器人移动至供料模块上方
8：L　P[3]　100 mm/sec　FINE	//机器人移动至物料抓取点
9：RO[1]=ON	//气爪夹紧物料
10：WAIT　1.00 sec	//等待时间
11：L　P[2]　100 mm/sec　FINE	//机器人返回至供料模块上方
12：L　P[1]　100 mm/sec　FINE	//机器人移动至安全点位置
13：L　P[4]　100 mm/sec　FINE	//机器人移至视觉模块过渡点
14：L　P[5]　100 mm/sec　FINE	//机器人移至视觉模块上方
15：L　P[6]　100 mm/sec　FINE	//机器人夹持物料至视觉模块
16：RO[1]=OFF	//气爪松开物料
17：WAIT　1.00 sec	//等待时间
18：L　P[5]　100 mm/sec　FINE	//机器人返至视觉模块上方
19：L　P[4]　100 mm/sec　FINE	//机器人返至视觉模块过渡点
20：CALL　视觉抓取	//调用视觉抓取程序
21：J　P[7]　20%　FINE	//机器人移至成品托盘过渡点
22：L　P[8]　100 mm/sec　FINE	//机器人移至成品托盘上方
23：L　P[9]　100 mm/sec　FINE	//机器人移至成品托盘处
24：RO[1]=OFF	//气爪松开物料
25：WAIT　1.00 sec	//等待时间
26：L　P[8]　100 mm/sec　FINE	//机器人返至成品托盘上方
27：L　P[7]　100 mm/sec　FINE	//机器人返至成品托盘过渡点
28：CALL　UNLOADING	//调用卸载气动夹爪程序
29：JMP　LBL[1]	//跳转至标签1
[End]	

7.4.5　项目程序调试

项目程序调试是指在程序编写完成后，对程序进行单步运行，以验证程序是否正确。项目程序调试的步骤见表7.7。

表 7.7　项目程序调试

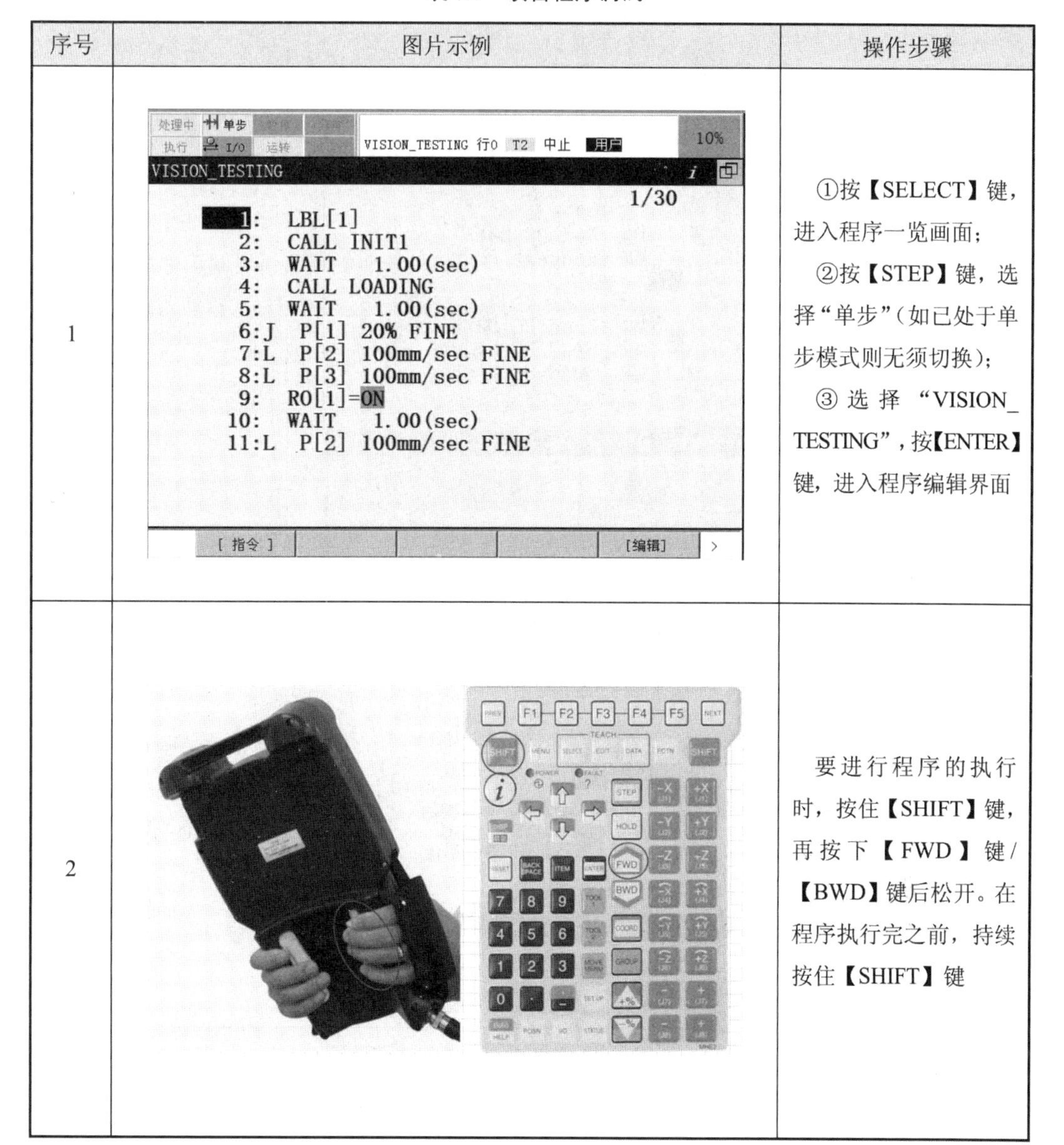

序号	图片示例	操作步骤
1		①按【SELECT】键，进入程序一览画面； ②按【STEP】键，选择“单步”（如已处于单步模式则无须切换）； ③ 选 择 “VISION_TESTING”，按【ENTER】键，进入程序编辑界面
2		要进行程序的执行时，按住【SHIFT】键，再按下【FWD】键/【BWD】键后松开。在程序执行完之前，持续按住【SHIFT】键

7.4.6　项目总体运行

在项目程序调试完成且无误的情况下，可进行项目的总体运行。由于示教运行机器人程序时无法达到机器人的正常运行速度，因此采用本地自动运行来测试机器人运行时的相关参数。本地自动运行设定步骤见表 7.8。

表 7.8　本地自动运行设定步骤

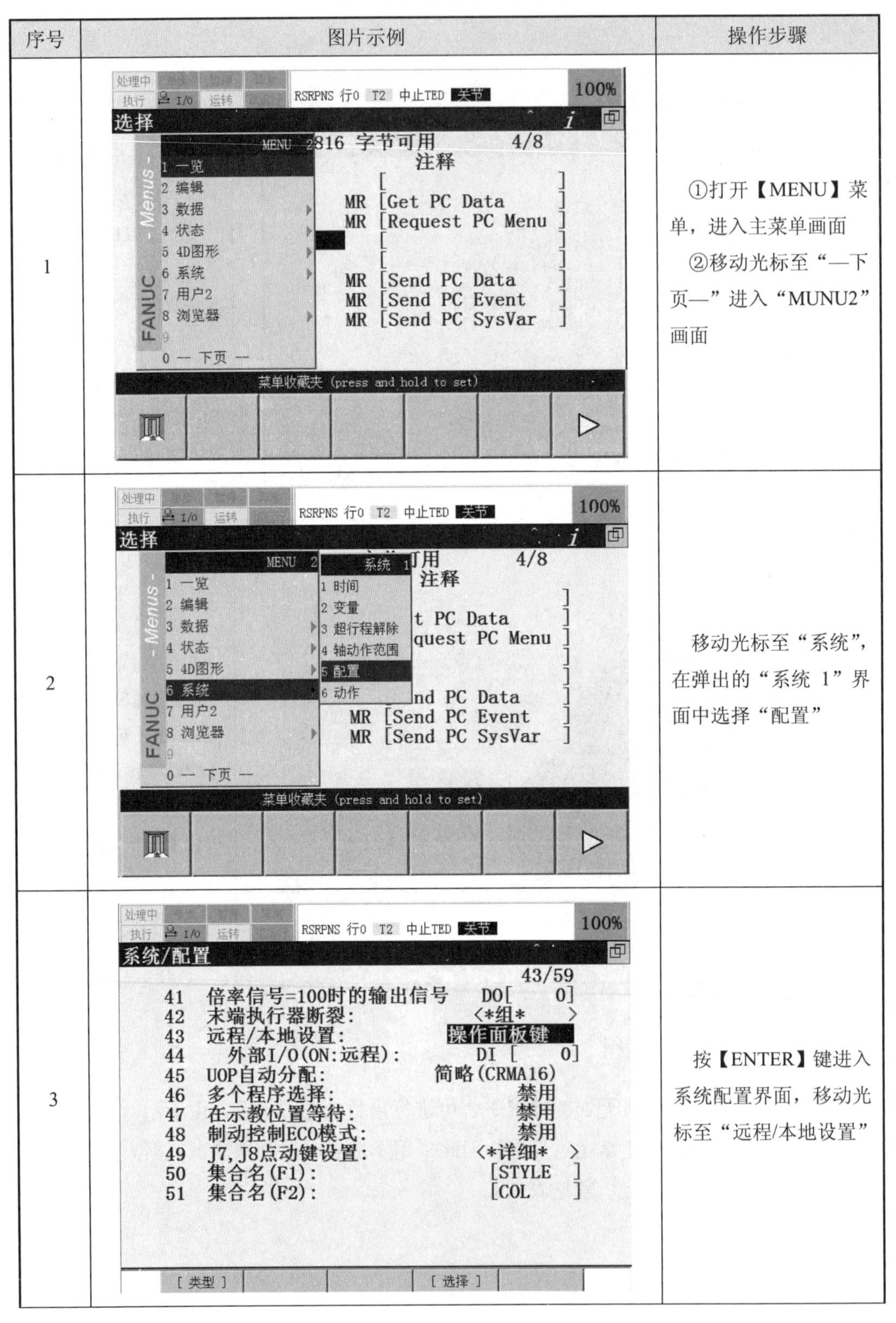

序号	图片示例	操作步骤
1		①打开【MENU】菜单，进入主菜单画面 ②移动光标至“—下页—”进入“MUNU2”画面
2		移动光标至“系统”，在弹出的“系统 1”界面中选择“配置”
3		按【ENTER】键进入系统配置界面，移动光标至“远程/本地设置”

续表 7.8

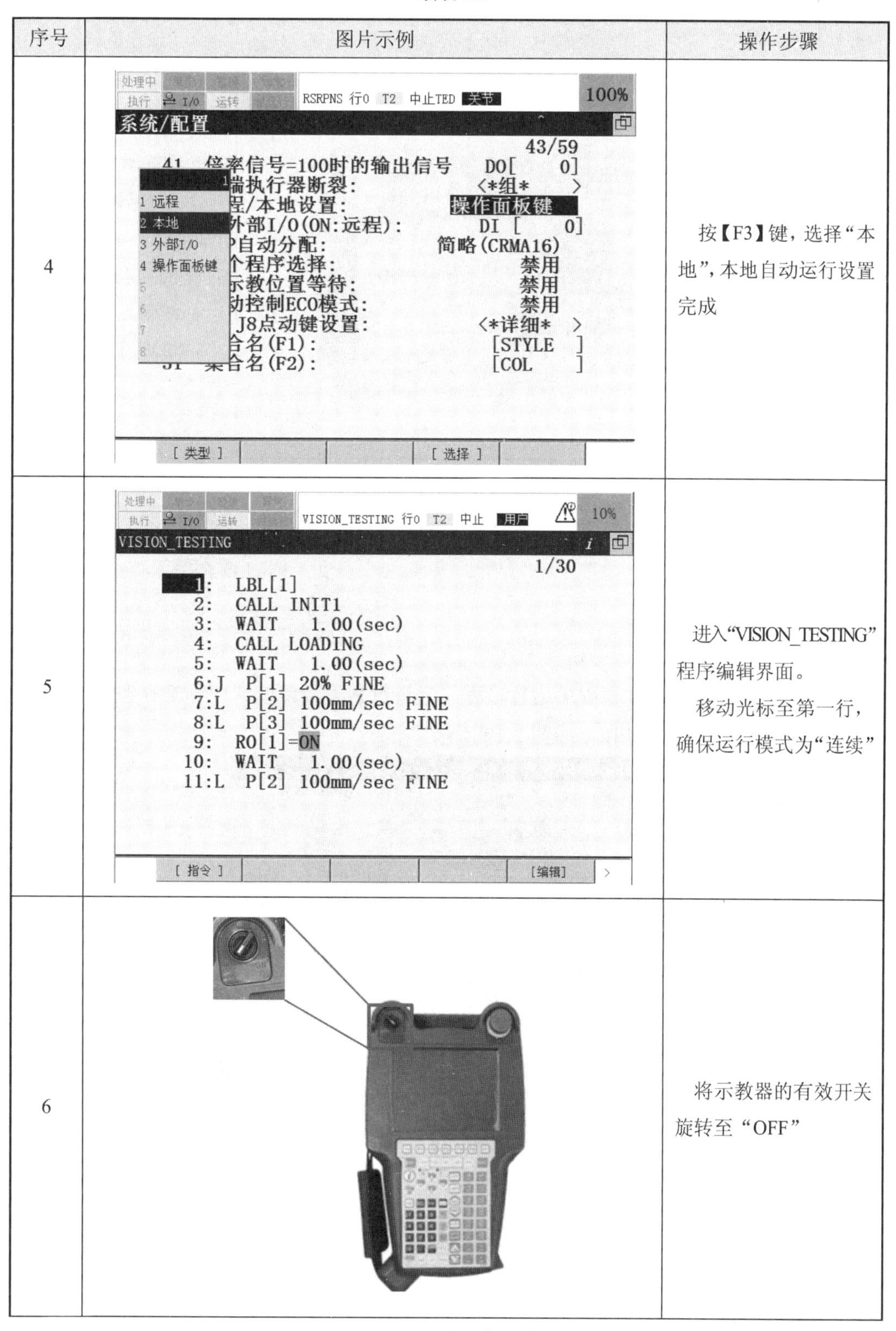

序号	图片示例	操作步骤
4		按【F3】键，选择“本地”，本地自动运行设置完成
5		进入“VISION_TESTING”程序编辑界面。 移动光标至第一行，确保运行模式为“连续”
6		将示教器的有效开关旋转至“OFF”

续表 7.8

序号	图片示例	操作步骤
7		将控制器上的模式开关切换为 AUTO 模式，手动清除示教器上的报警信号。 按下控制器上的【启动】按钮，即可启动“VISION_TESTING”程序

7.5 项目验证

7.5.1 效果验证

项目调试完成之后，观察程序运行过程。当进行视觉检测物料时，若存在物料，则在相机画面会显示出物料的存在，如图 7.19 所示。

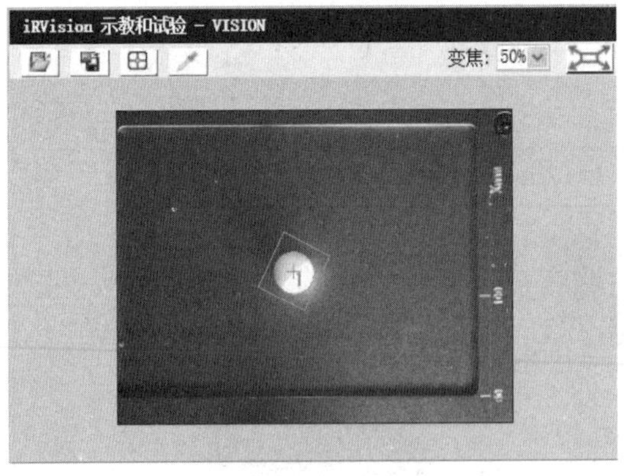

图 7.19 程序运行效果图

7.5.2 数据验证

本项目中，VISION_TESTING 程序中 P[6]点为视觉模块的物料放置点，是直接示教的；而“视觉抓取”程序中的视觉模块抓取点 P[1]，是在视觉检测后偏移而来，读者需要对比二者的数据。数据验证见表 7.9。

表 7.9　数据验证

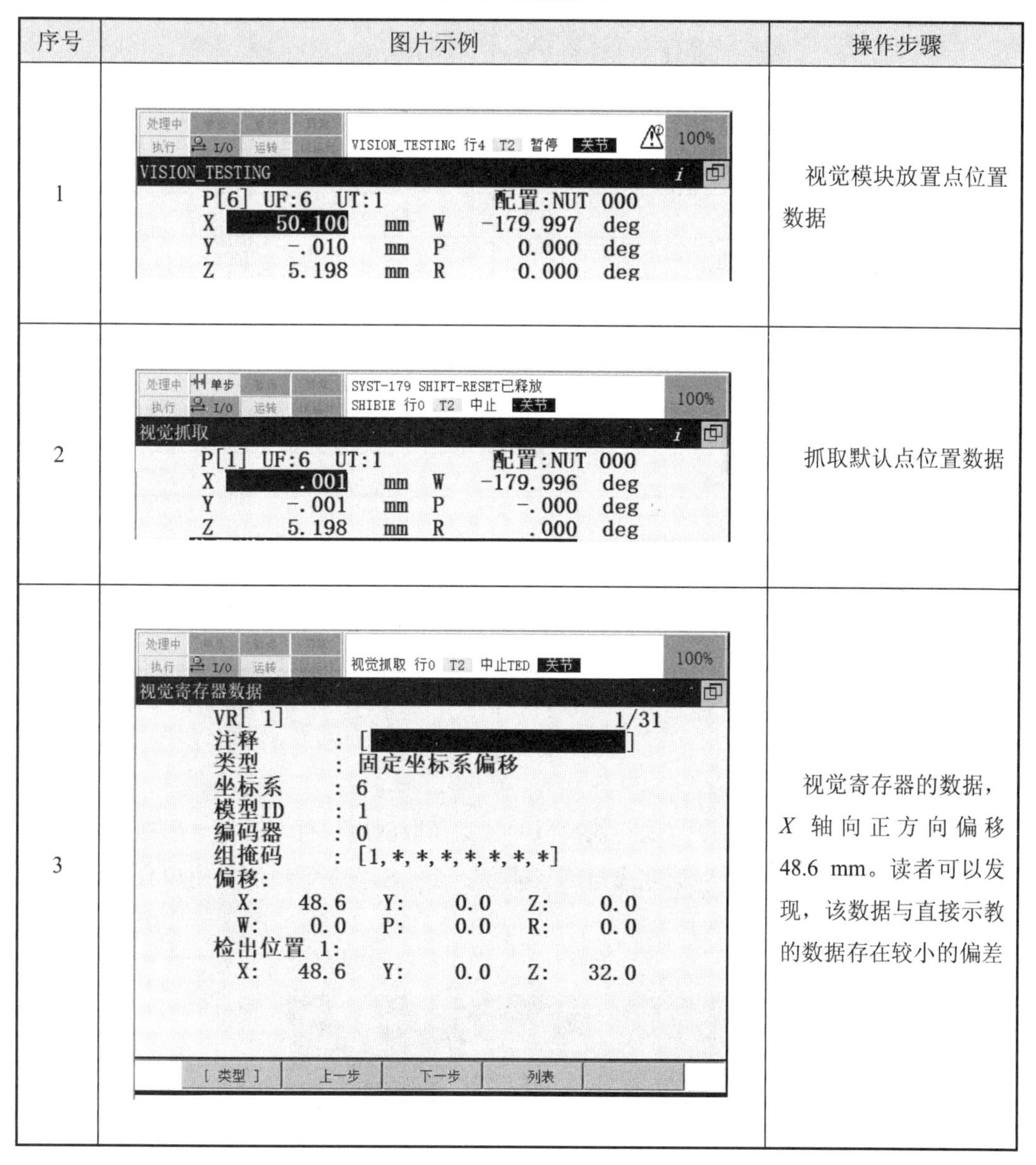

序号	图片示例	操作步骤
1		视觉模块放置点位置数据
2		抓取默认点位置数据
3		视觉寄存器的数据，X 轴向正方向偏移 48.6 mm。读者可以发现，该数据与直接示教的数据存在较小的偏差

7.6　项目总结

7.6.1　项目评价

项目评价表见表 7.10。

表 7.10　项目评价表

项目指标		分值	自评	互评	评分说明
项目分析	1. 项目架构分析	6			
	2. 项目流程分析	6			
项目要点	1. 指令解析	6			
	2. iRVision 设置	8			
	3. 视觉程序创建	8			
项目步骤	1. 应用系统连接	8			
	2. 应用系统配置	8			
	3. 关联程序设计	8			
	4. 主体程序设计	8			
	5. 项目程序调试	8			
	6. 项目总体运行	8			
项目验证	1. 效果验证	9			
	2. 数据验证	9			
合计		100			

7.6.2　项目拓展

完成本项目练习后，可以尝试其他模型的视觉抓取应用项目，例如一个立方体或者三角模型的识别与抓取，通过视觉完成检测与抓取。其他模型视觉检测应用项目，如图 7.20 所示。

图 7.20　其他模型视觉检测应用项目

第 8 章 物料装配定位项目

8.1 项目概况

8.1.1 项目背景

※ 物料装配定位项目介绍

工业机器人除了应用在典型的焊接领域外，在机床上下料、物料搬运码垛、打磨、喷涂、装配等领域也得到了广泛应用。成形加工通常与高劳动强度、噪声污染、金属粉尘等名词联系在一起，高温高湿甚至有污染的作业环境使得这个岗位招人困难。工业机器人与成形机床集成，不仅可以解决企业用人问题，同时也能提高加工效率和安全性、提升加工精度，目前已成为主要发展趋势。图 8.1 所示为机器人装配定位应用。

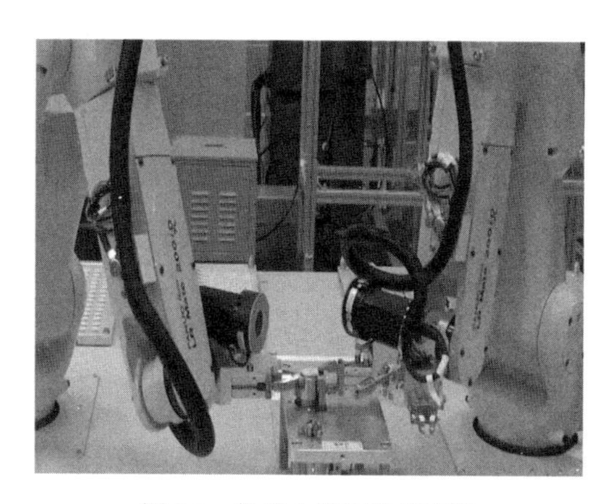

图 8.1　机器人装配定位应用

8.1.2 项目需求

本项目需要完成圆环与物料的装配，项目场景如图 8.2 所示。装配完成后通过 FANUC iRVision 视觉系统，完成装配检测。项目需求效果如图 8.3 所示。

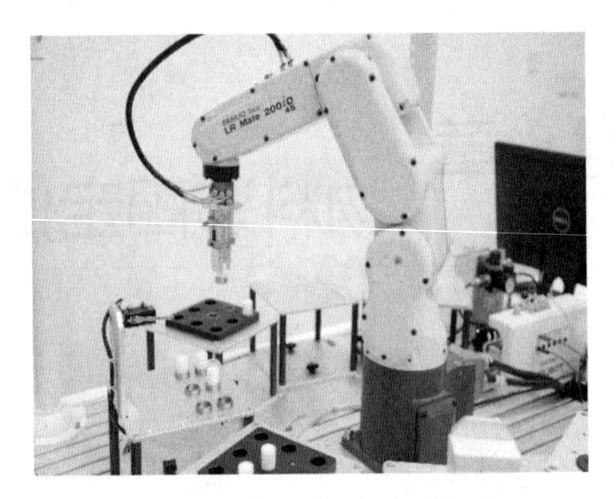

图 8.2　物料装配定位项目场景

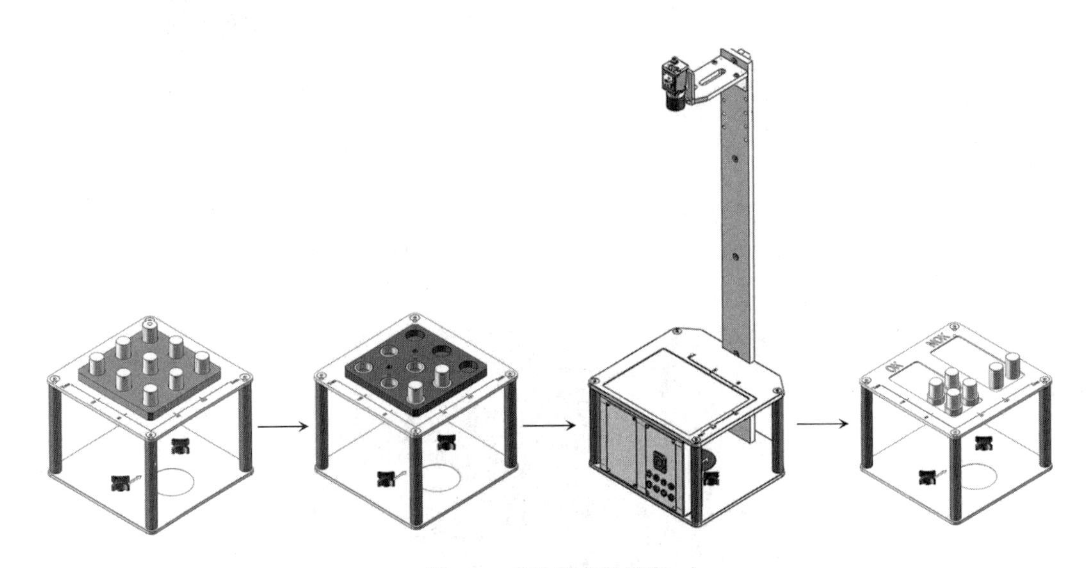

图 8.3　项目需求效果图

8.1.3　项目目的

在本项目的学习训练中需实现以下目的：

（1）熟悉了解物料装配定位应用项目的场景及项目的意义。

（2）熟悉项目的流程及路径规划。

（3）熟悉视觉系统的工作原理。

（4）掌握机器人 I/O 的设置。

（5）掌握机器人的编程、调试及运行。

8.2　项目分析

8.2.1　项目构架

物料装配定位项目的模块由供料模块、装配模块、视觉模块、成品模块和 FANUC 机器人组成。任务要求机器人利用夹爪工具将物料从供料模块搬运至装配模块并插进装配单元的铁环中，装配完成后由视觉识别工件定位，确认外环存在。工件装配合格者，放至指定 OK 合格托盘；不合格者无法装配，放至 NOK 托盘。项目构架如图 8.4 所示。

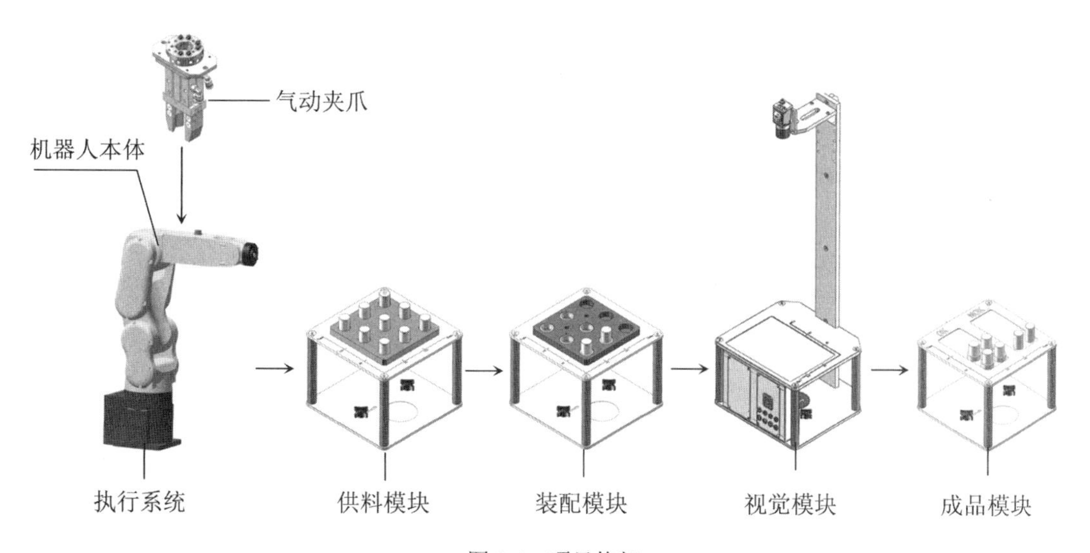

图 8.4　项目构架

8.2.2　项目流程

在项目实施过程中，需要包含以下环节：

（1）对产教应用系统平台进行搭建。

（2）完成编程前的应用系统配置，包括坐标系建立、I/O 信号、视觉系统的配置与连接。

（3）设计关联程序，包括初始化、搬运、装配、视觉应用、装载气动夹爪、卸载气动夹爪等程序。

（4）设计主体程序。

（5）调试检查程序，确认无误后运行程序，观察程序运行效果。

（6）实现本地自动运行程序。

整体的项目流程如图 8.5 所示。

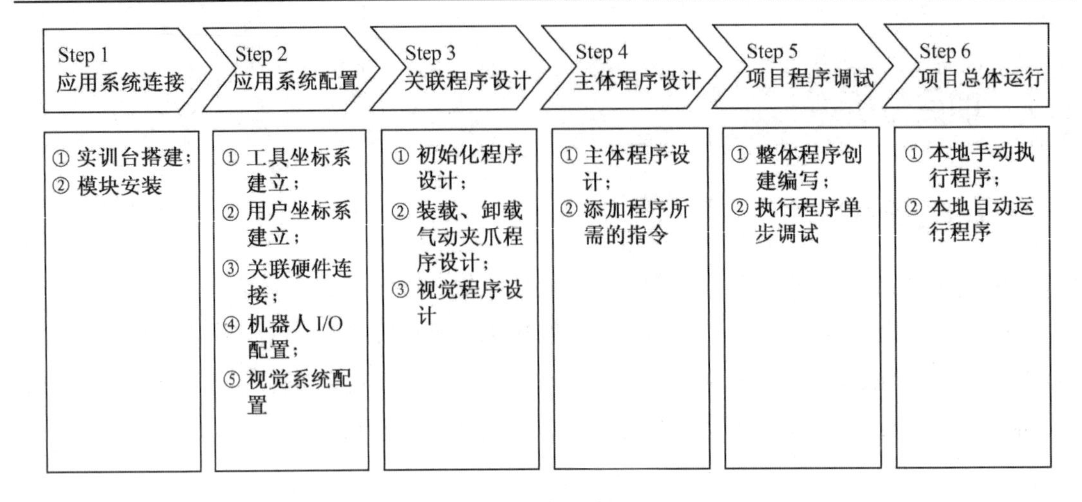

图 8.5　项目流程

8.3　项目要点

8.3.1　指令分析

1. 机器人 I/O 指令

“RO[i]=ON/OFF”，接通或断开所指定的机器人数字输出信号。

2. 数字 I/O 指令

“R[i]=DI[i]”，接收数字输入信号的状态；“DO[i]=ON/OFF”，反馈数字输出信号的状态。

3. 标签指令（LBL[i]）

标签指令是用来表示程序转移目的地的指令。标签可通过标签定义指令来定义。

4. 跳跃指令（JMP　LBL[i]）

跳跃指令使程序的执行转移到相同程序内所指定的标签处。

5. 程序呼叫指令（CALL（程序名））

程序呼叫指令使程序的执行转移到其他程序的第一行后执行该程序。

6. 指定时间等待指令（WAIT（时间））

指定时间等待指令使程序在指定时间内等待执行（等待时间单位：sec）。

7. 用户坐标系偏移指令

PR[ ]寄存器的使用示例通常为：L P[1] 100 mm/sec FINE, Offset PR[1]。

8. 视觉补偿指令

L P[1] 100mm/sec FINE,VOFFSET, VR[a]: 该指令将存储在视觉寄存器中的数据用于补偿机器人的位置。

9. 视觉执行指令

➢ VISION RUN_FIND（视觉程序名称）：该指令开始于一个视觉程序，当设定的视觉程序不只有一个照相机图像时，则执行定位时使用所有照相机图像。

➢ VISION GET_OFFSET（视觉程序名称）VR[a], JMP LBL[b]：该指令从视觉程序中获取视觉补偿数据，并保存在指定的视觉寄存器中，用于 VISION RUN_FIND 指令之后。

8.3.2　装配视觉检测

FANUC iRVision 视觉系统除了可以识别固定物体的位置，控制机器人完成抓取动作外，还可以识别机器人手持物体的形状。在实际装配过程中，需要考虑在装配失败的情况下，视觉程序的处理方法。在本项目中，需要创建两个视觉处理程序，一个用于识别装配成品，另一个用于识别未装配的物料，如图 8.6、图 8.7 所示。

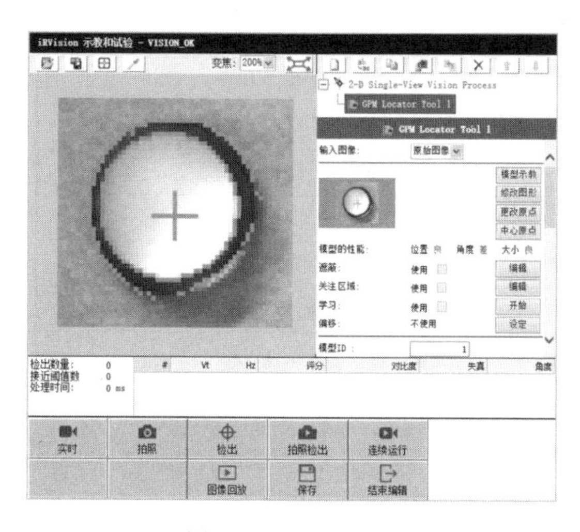

图 8.6　成品识别

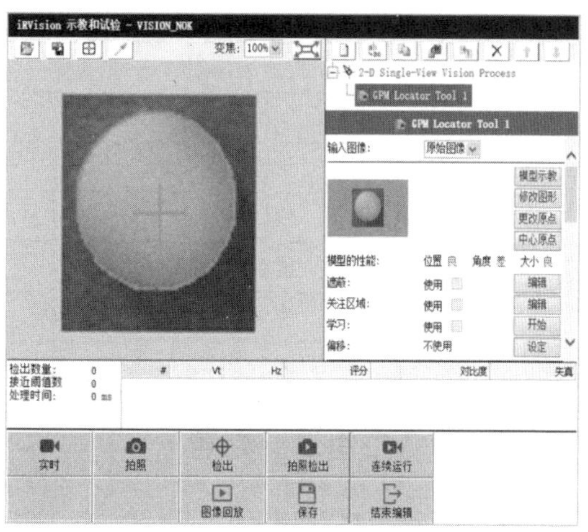

图 8.7　未装配物料识别

8.4　项目步骤

8.4.1　应用系统连接

产教应用平台包含一系列实训模块用于实操训练，在项目编程前需要安装基础实训模块和所需工具，如图 8.8 所示。

※ 物料装配定位项目步骤

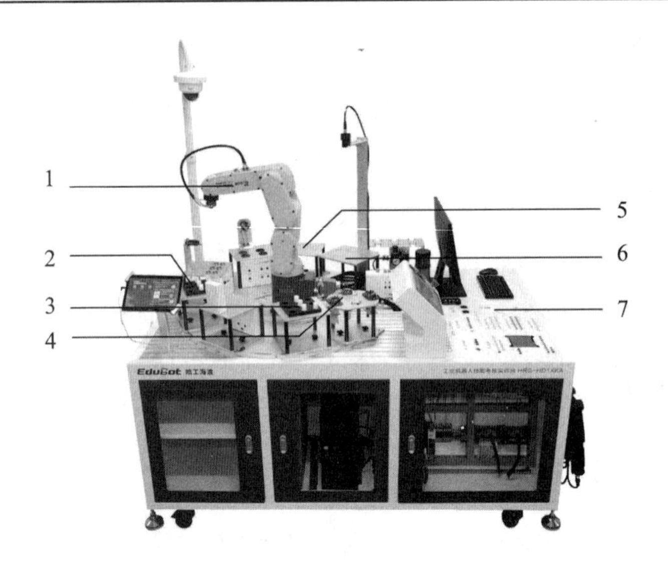

图 8.8　项目实训设备

本项目所涉及的实训工具及说明见表 8.1。

表 8.1　实训工具说明

序号	名称	说　明
1	机器人本体	机器人执行机构
2	装配模块	用于工件装配
3	供料模块	用于提供物料
4	气动夹爪	模拟工业工具进行物料抓取工作
5	成品模块	存放检测后的成品
6	视觉模块	用于识别、检测物料
7	产教应用系统	提供项目实训操作平台

8. 4. 2　应用系统配置

本项目需要进行相机的连接设置、I/O 的配置，相机连接方式详见第 7 章。

1. I/O 配置

物料装配定位应用实训项目需要利用气动夹爪在供料模块中抓取物料至装配模块，进行外圆环装配，随后运动至视觉模块进行识别检测。为了使机器人末端接头与夹具快换接头对接并夹持住物料，需要按照表 8.2 配置机器人 I/O 信号。

表 8.2　I/O 配置

序号	名称	信号类型	功能
1	RO1	机器人输出信号	控制气爪打开或关闭
2	RO3	机器人输出信号	控制快换夹具气路打开或关闭

本项目在编写程序前需要建立工具坐标系及用户坐标系。

2. 坐标系建立

（1）工具坐标系建立。

本项目需要使用气动夹爪夹持物料，在此需要对气动夹爪进行工具坐标系建立，即以基础模块上的尖锥为固定点，手动操作机器人，以三种不同的工具姿态使机器人工具上的尖锥参考点尽可能与固定点刚好接触。建立后的工具坐标系如图 8.9 所示。

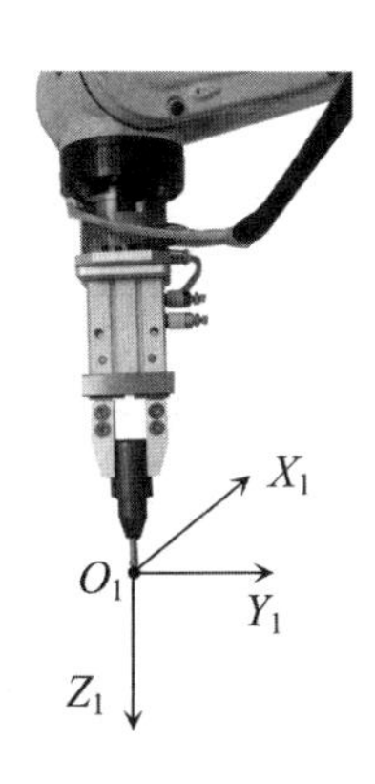

图 8.9　工具坐标系建立

（2）　用户坐标系建立。

在工具坐标系建立完成后，还应建立用户坐标系。在本项目中，需要选用三点法建立装配实训模块及视觉标定板的用户坐标系，即在模块的原点示教第一个点，在 X 轴上示教第二个点，在 OXY 平面上示教第三个点。装配实训模块用户坐标系的建立结果如图 8.10 所示，视觉标定板用户坐标系的建立结果如图 8.11 所示。

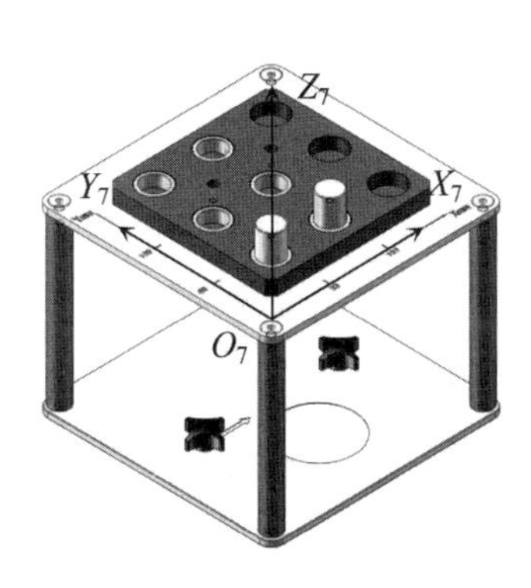

图 8.10　装配实训模块用户坐标系的建立结果

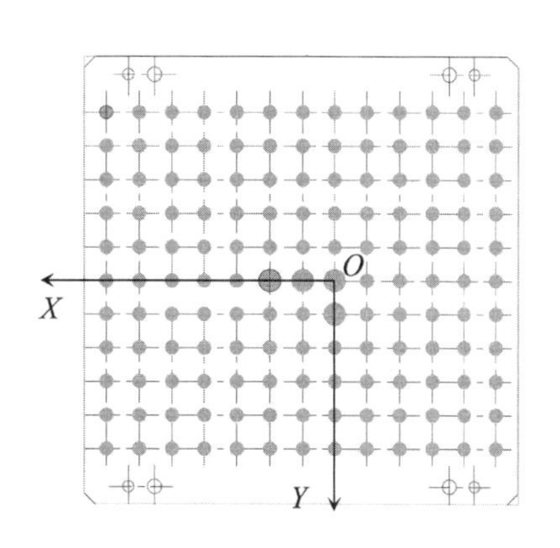

图 8.11　视觉标定板用户坐标系的建立结果

8.4.3 关联程序设计

本项目的关联程序为初始化程序、装载气动夹爪程序、物料装配程序、视觉程序和卸载气动夹爪程序。初始化程序、装载、卸载气动夹爪程序可参考 4.4.3 节内容，这里不做赘述。

1. 物料装配程序

物料装配程序用于将圆柱物料夹持到装配模块进行圆环装配，装配结束之后，进入到视觉模块以检测是否装配成功。程序如下：

ZP	
1：UFRAME_NUM=7	*//切换至用户坐标系 7*
2：UTOOL_NUM=1	*//切换至工具坐标系 1*
3：J　P[1]　20%　FINE	*//机器人移动至装配模块上方*
4：L　P[2]　100 mm/sec　FINE	*//机器人移动至装配准备点*
5：RO[1]=OFF	*//气爪松开物料*
6：WAIT　1.00 sec	*//等待时间*
7：L　P[1]　100 mm/sec　FINE	*//机器人返回至装配模块上方*
8：WAIT　3.00 sec	*//等待时间，模拟装配*
9：L　P[2]　100 mm/sec　FINE	*//机器人移动至装配准备点*
10：RO[1]=ON	*//气爪夹紧物料*
11：WAIT　1.00 sec	*//等待时间*
12：L　P[1]　100 mm/sec　FINE	*//机器人返回至装配模块上方*
13：J　P[3]　20%　FINE	*//机器人移动至安全位置*
[End]	

2. 视觉程序的创建

视觉程序的创建分为三步：iRVision 基础设置、视觉处理程序的创建和视觉抓取程序的创建。

（1）iRVision 基础设置及视觉处理程序的创建。

本项目对 iRVision 设置时需在计算机端进行操作，iRVision 基础设置及视觉处理程序的创建具体步骤见表 8.3。

表 8.3　iRVision 基础设置

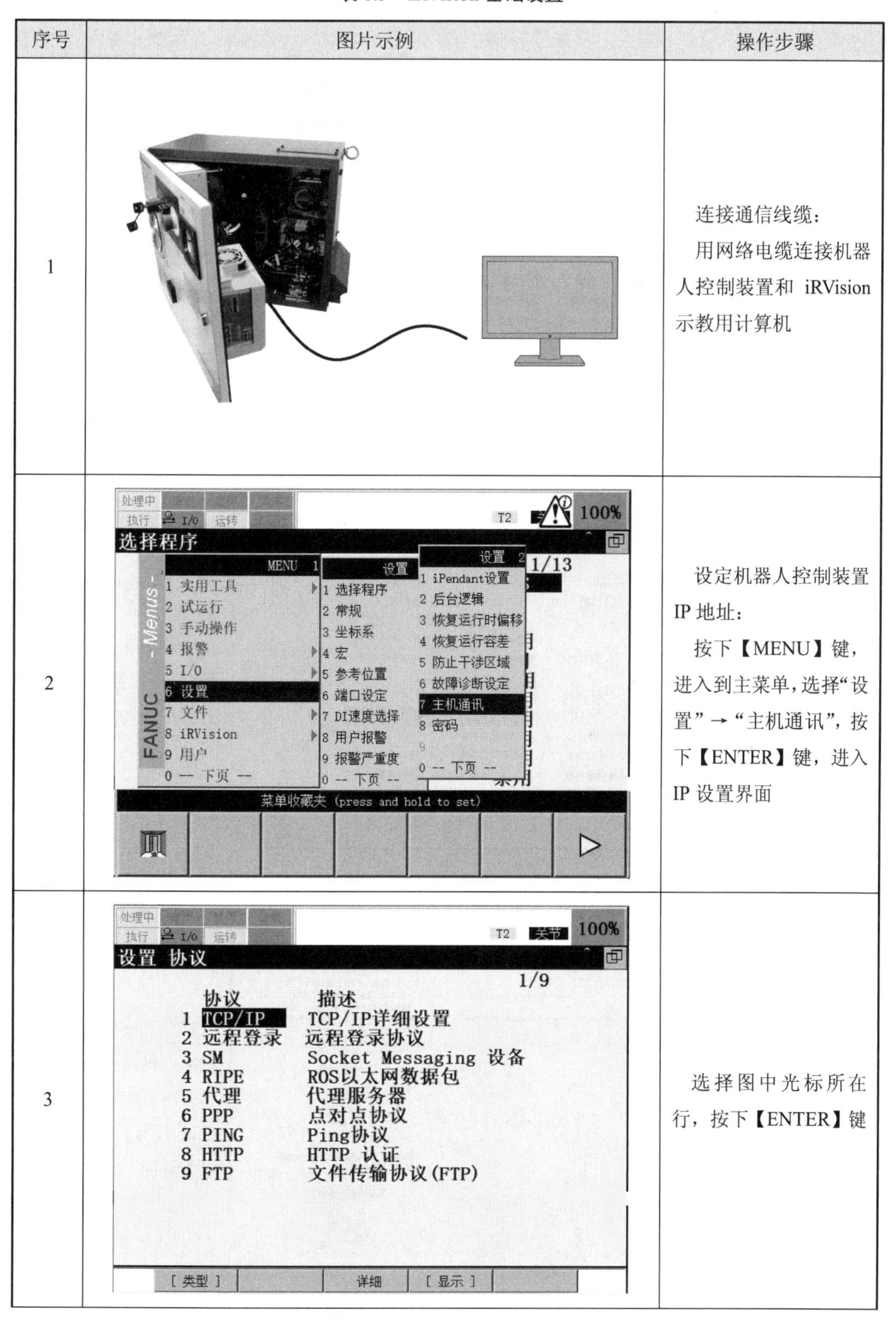

序号	图片示例	操作步骤
1		连接通信线缆： 用网络电缆连接机器人控制装置和 iRVision 示教用计算机
2		设定机器人控制装置 IP 地址： 按下【MENU】键，进入到主菜单，选择“设置”→“主机通讯”，按下【ENTER】键，进入 IP 设置界面
3		选择图中光标所在行，按下【ENTER】键

续表 8.3

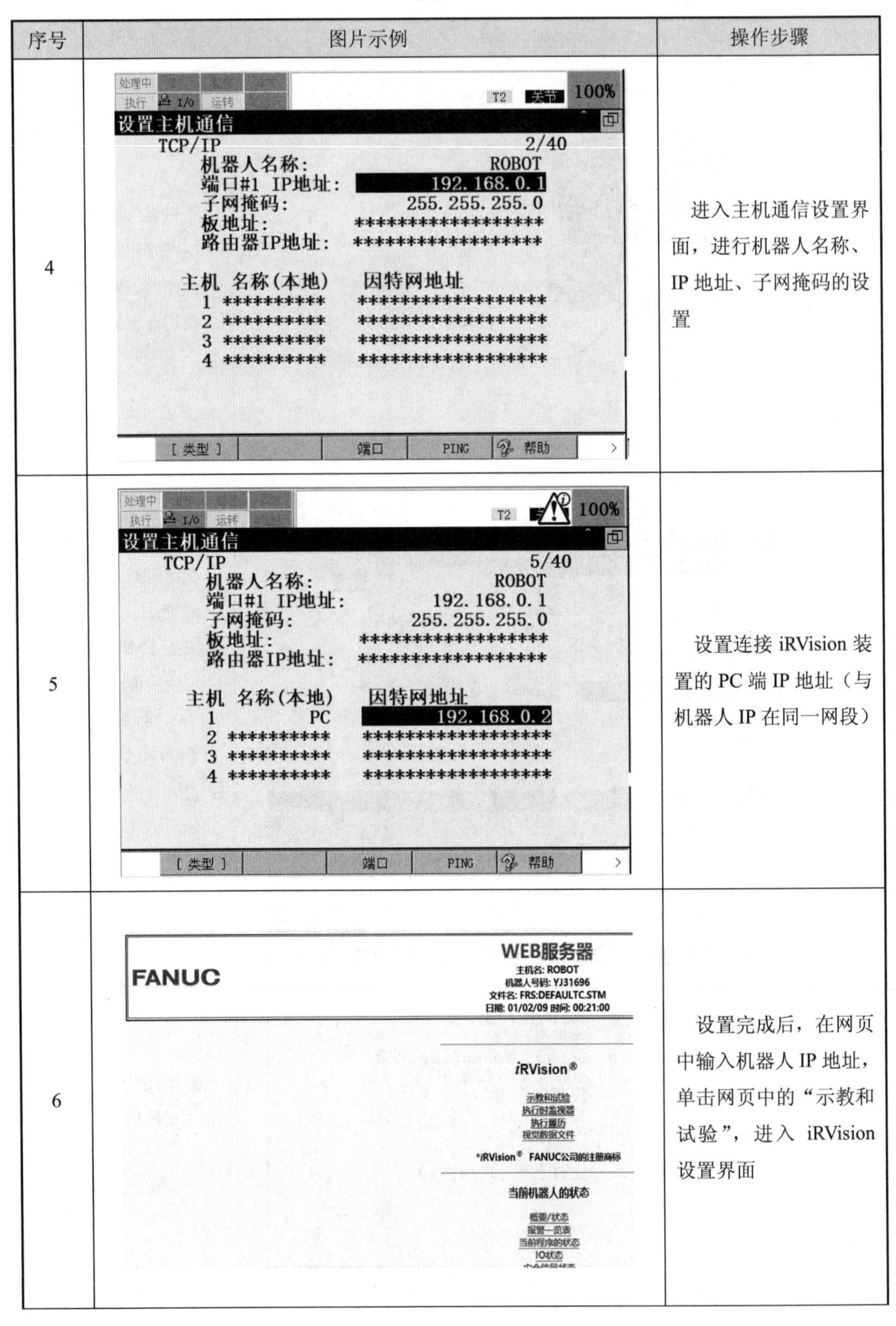

序号	图片示例	操作步骤
4		进入主机通信设置界面，进行机器人名称、IP 地址、子网掩码的设置
5		设置连接 iRVision 装置的 PC 端 IP 地址（与机器人 IP 在同一网段）
6		设置完成后，在网页中输入机器人 IP 地址，单击网页中的“示教和试验”，进入 iRVision 设置界面

续表 8.3

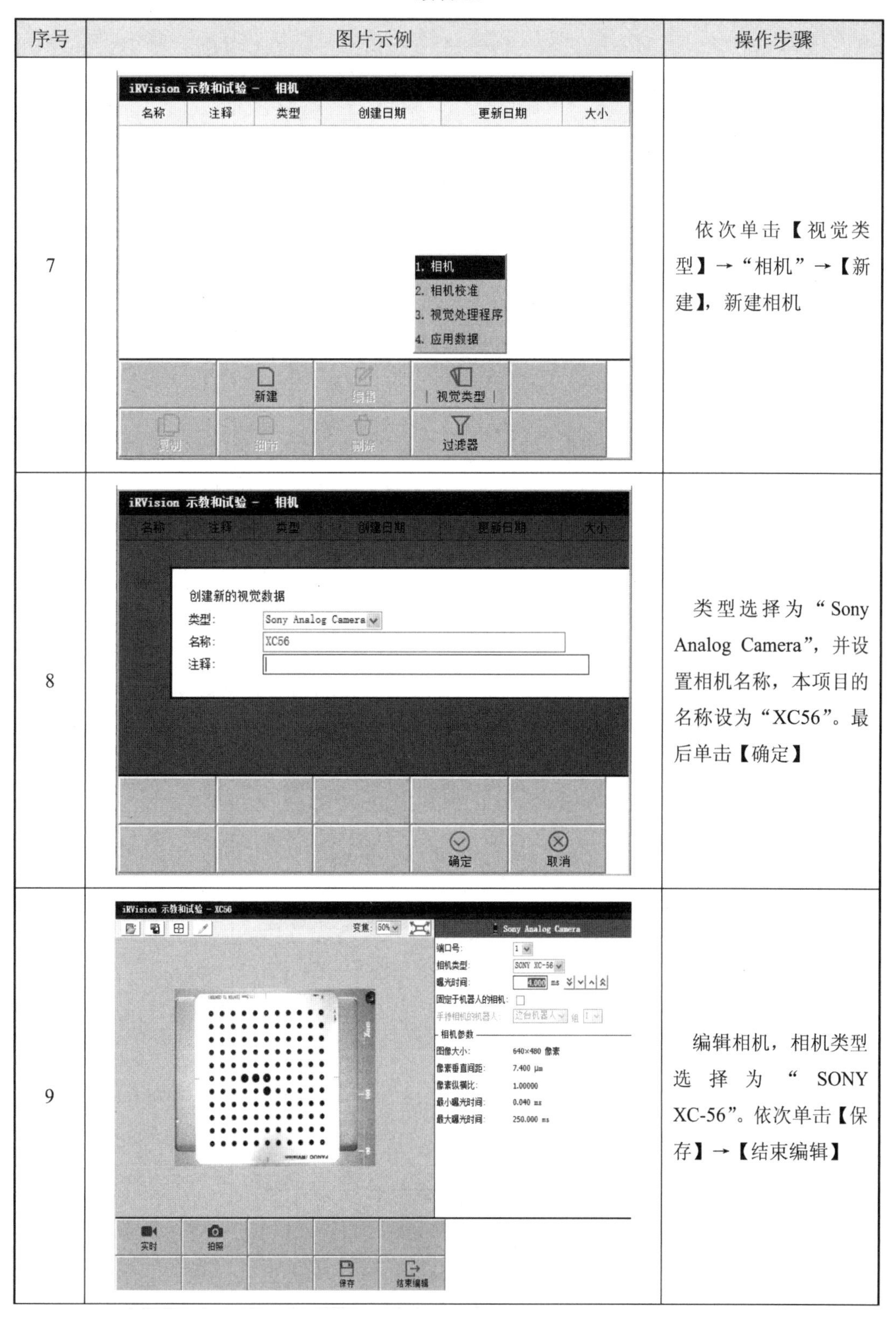

序号	图片示例	操作步骤
7		依次单击【视觉类型】→“相机”→【新建】，新建相机
8		类型选择为“Sony Analog Camera”，并设置相机名称，本项目的名称设为“XC56”。最后单击【确定】
9		编辑相机，相机类型选择为“SONY XC-56”。依次单击【保存】→【结束编辑】

续表 8.3

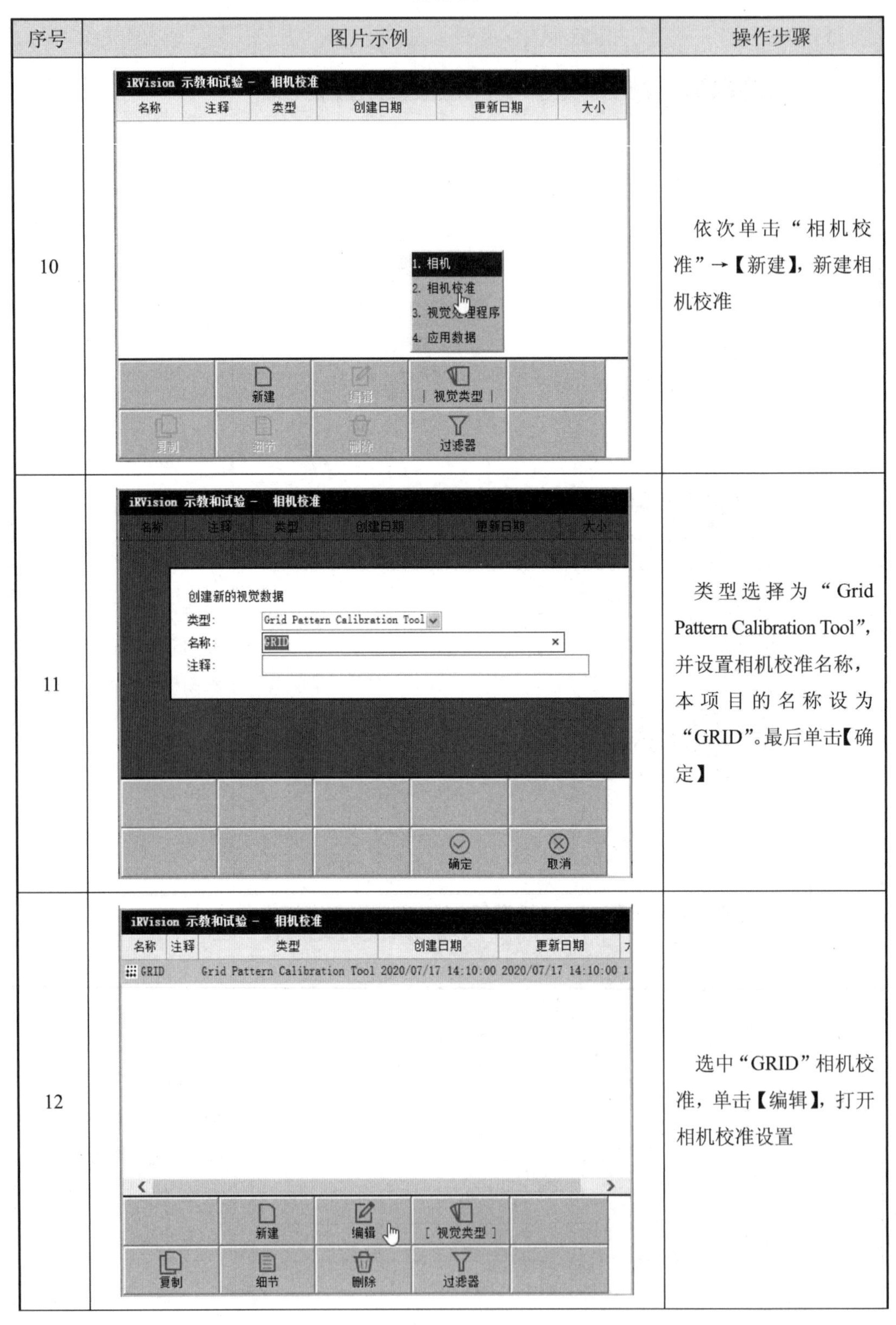

序号	图片示例	操作步骤
10		依次单击“相机校准”→【新建】，新建相机校准
11		类型选择为“Grid Pattern Calibration Tool”，并设置相机校准名称，本项目的名称设为“GRID”。最后单击【确定】
12		选中“GRID”相机校准，单击【编辑】，打开相机校准设置

续表 8.3

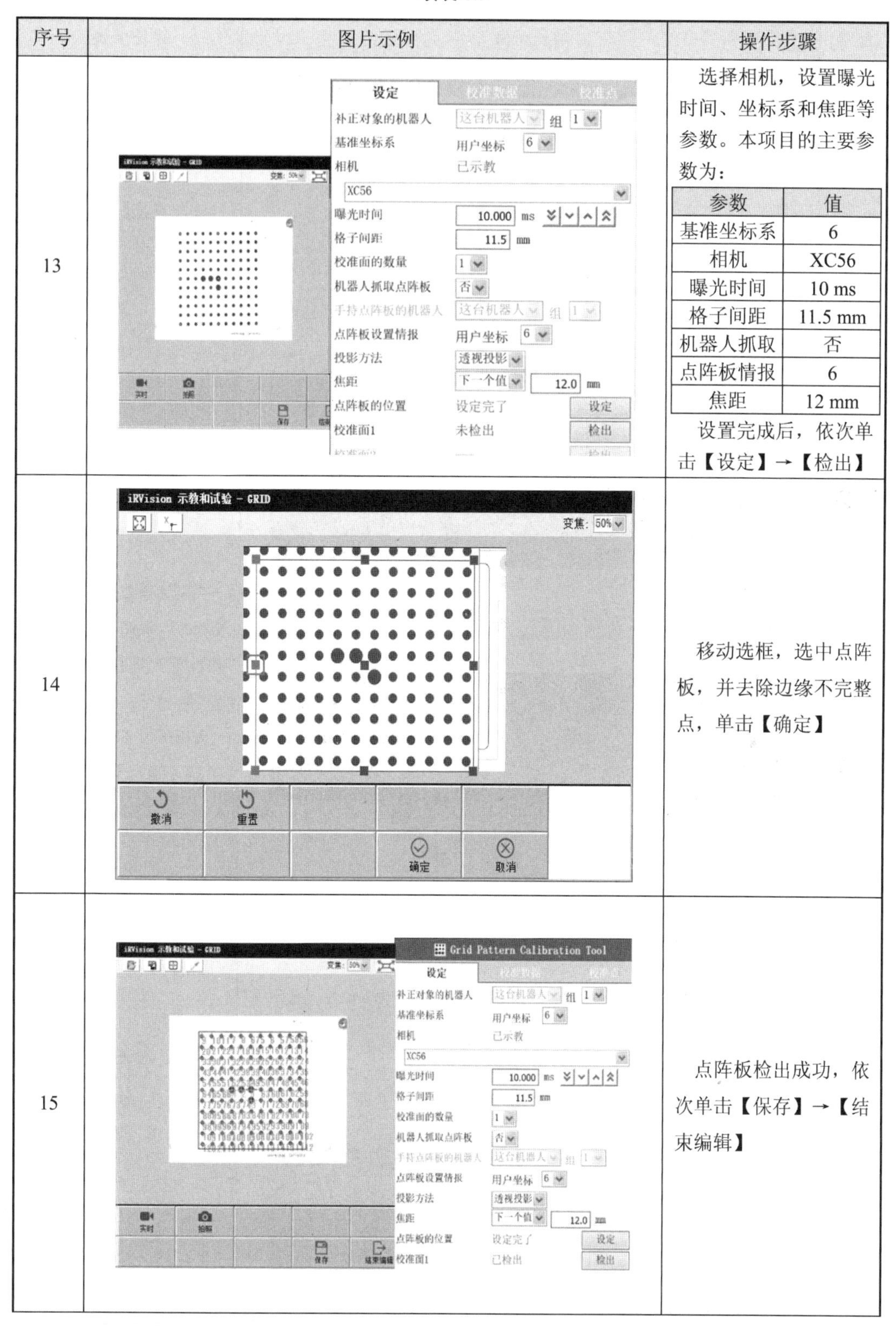

<table>
<tr><th>序号</th><th>图片示例</th><th>操作步骤</th></tr>
<tr><td>13</td><td></td><td>选择相机，设置曝光时间、坐标系和焦距等参数。本项目的主要参数为：
<table><tr><th>参数</th><th>值</th></tr><tr><td>基准坐标系</td><td>6</td></tr><tr><td>相机</td><td>XC56</td></tr><tr><td>曝光时间</td><td>10 ms</td></tr><tr><td>格子间距</td><td>11.5 mm</td></tr><tr><td>机器人抓取</td><td>否</td></tr><tr><td>点阵板情报</td><td>6</td></tr><tr><td>焦距</td><td>12 mm</td></tr></table>设置完成后，依次单击【设定】→【检出】</td></tr>
<tr><td>14</td><td></td><td>移动选框，选中点阵板，并去除边缘不完整点，单击【确定】</td></tr>
<tr><td>15</td><td></td><td>点阵板检出成功，依次单击【保存】→【结束编辑】</td></tr>
</table>

续表 8.3

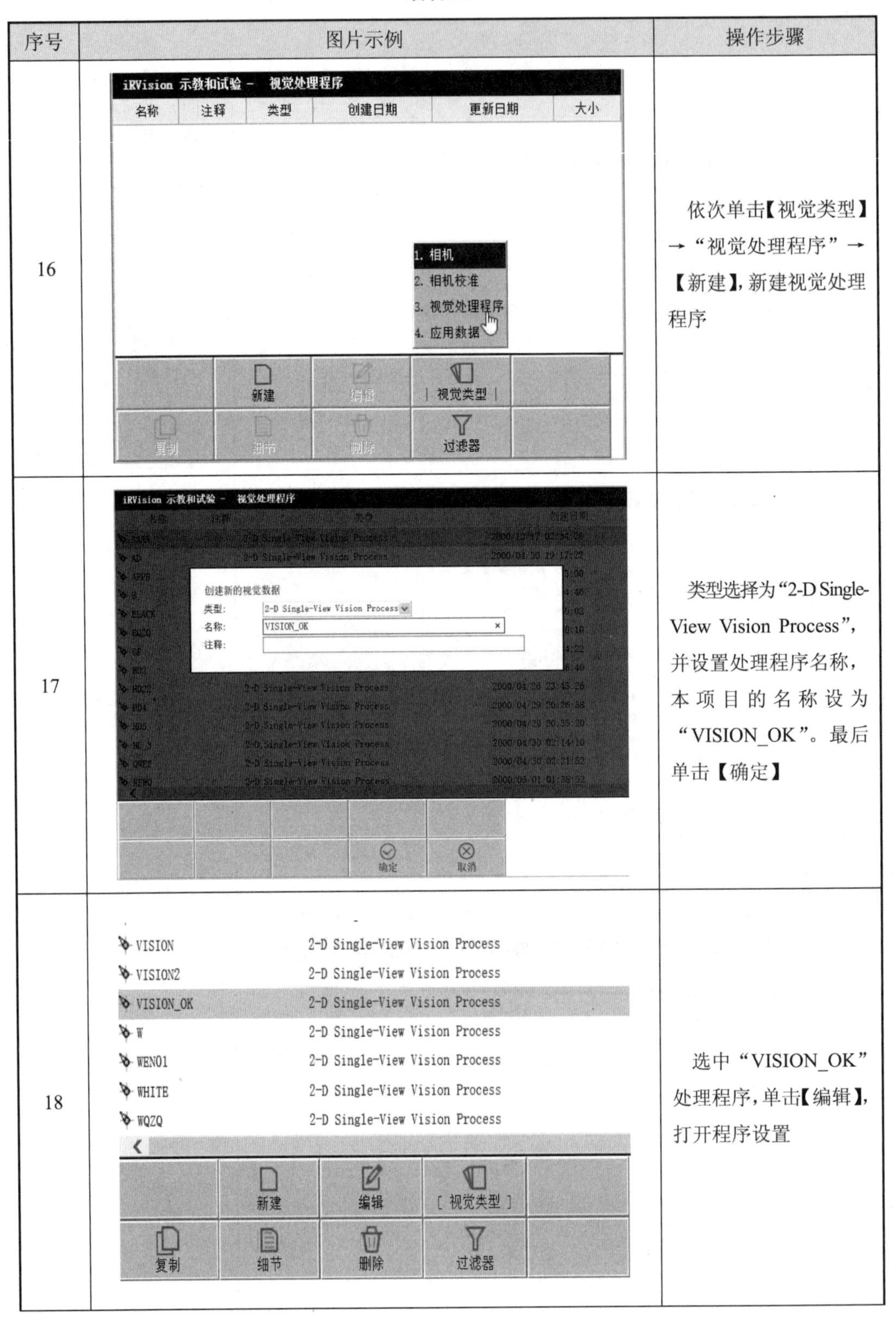

序号	图片示例	操作步骤
16		依次单击【视觉类型】→“视觉处理程序”→【新建】，新建视觉处理程序
17		类型选择为“2-D Single-View Vision Process”，并设置处理程序名称，本项目的名称设为“VISION_OK”。最后单击【确定】
18		选中“VISION_OK”处理程序，单击【编辑】，打开程序设置

续表 8.3

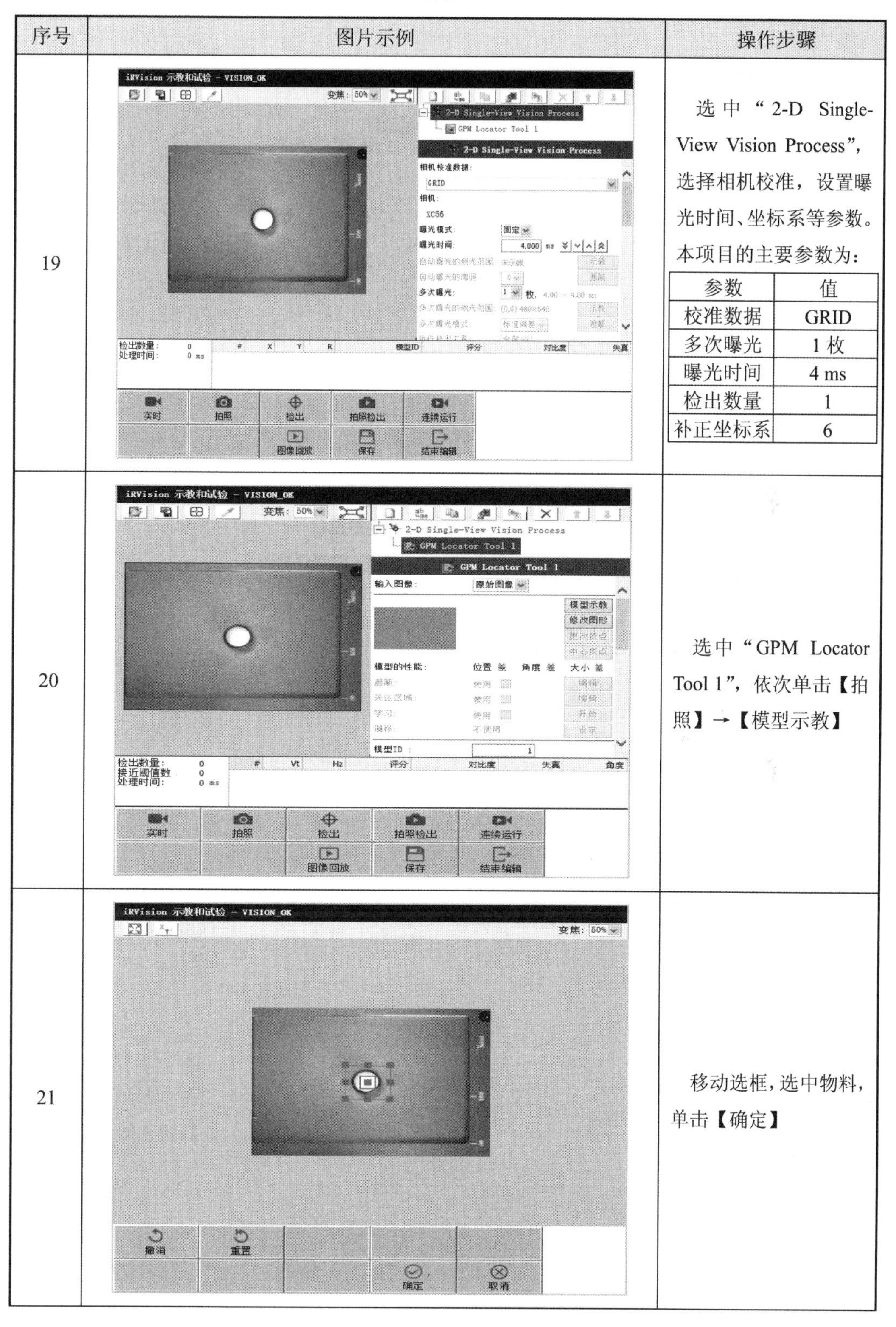

序号	图片示例	操作步骤
19		选中“2-D Single-View Vision Process”，选择相机校准，设置曝光时间、坐标系等参数。本项目的主要参数为： 参数 | 值 校准数据 | GRID 多次曝光 | 1 枚 曝光时间 | 4 ms 检出数量 | 1 补正坐标系 | 6
20		选中“GPM Locator Tool 1”，依次单击【拍照】→【模型示教】
21		移动选框，选中物料，单击【确定】

续表 8.3

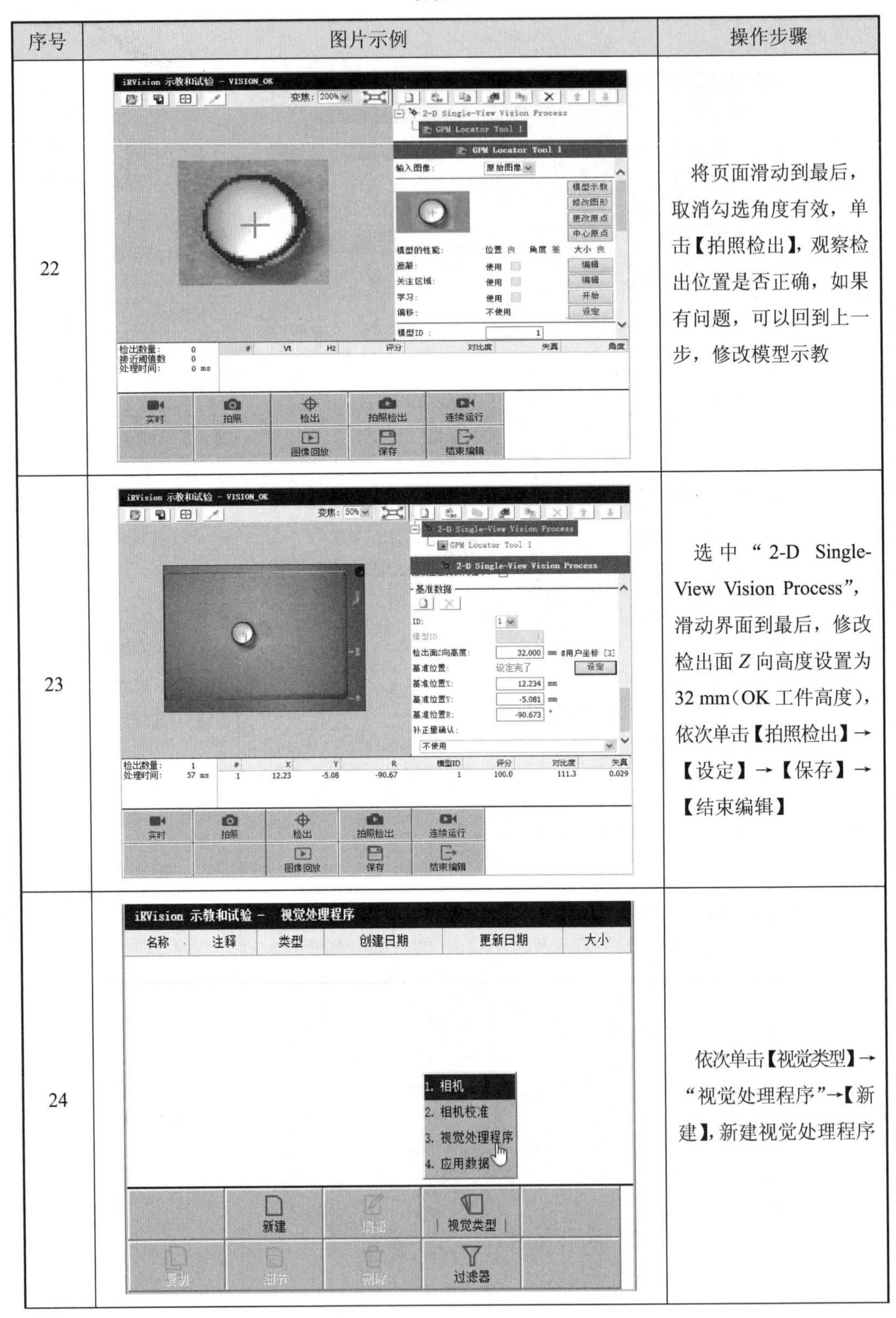

序号	图片示例	操作步骤
22		将页面滑动到最后，取消勾选角度有效，单击【拍照检出】，观察检出位置是否正确，如果有问题，可以回到上一步，修改模型示教
23		选中“2-D Single-View Vision Process”，滑动界面到最后，修改检出面 Z 向高度设置为 32 mm（OK 工件高度），依次单击【拍照检出】→【设定】→【保存】→【结束编辑】
24		依次单击【视觉类型】→“视觉处理程序”→【新建】，新建视觉处理程序

续表 8.3

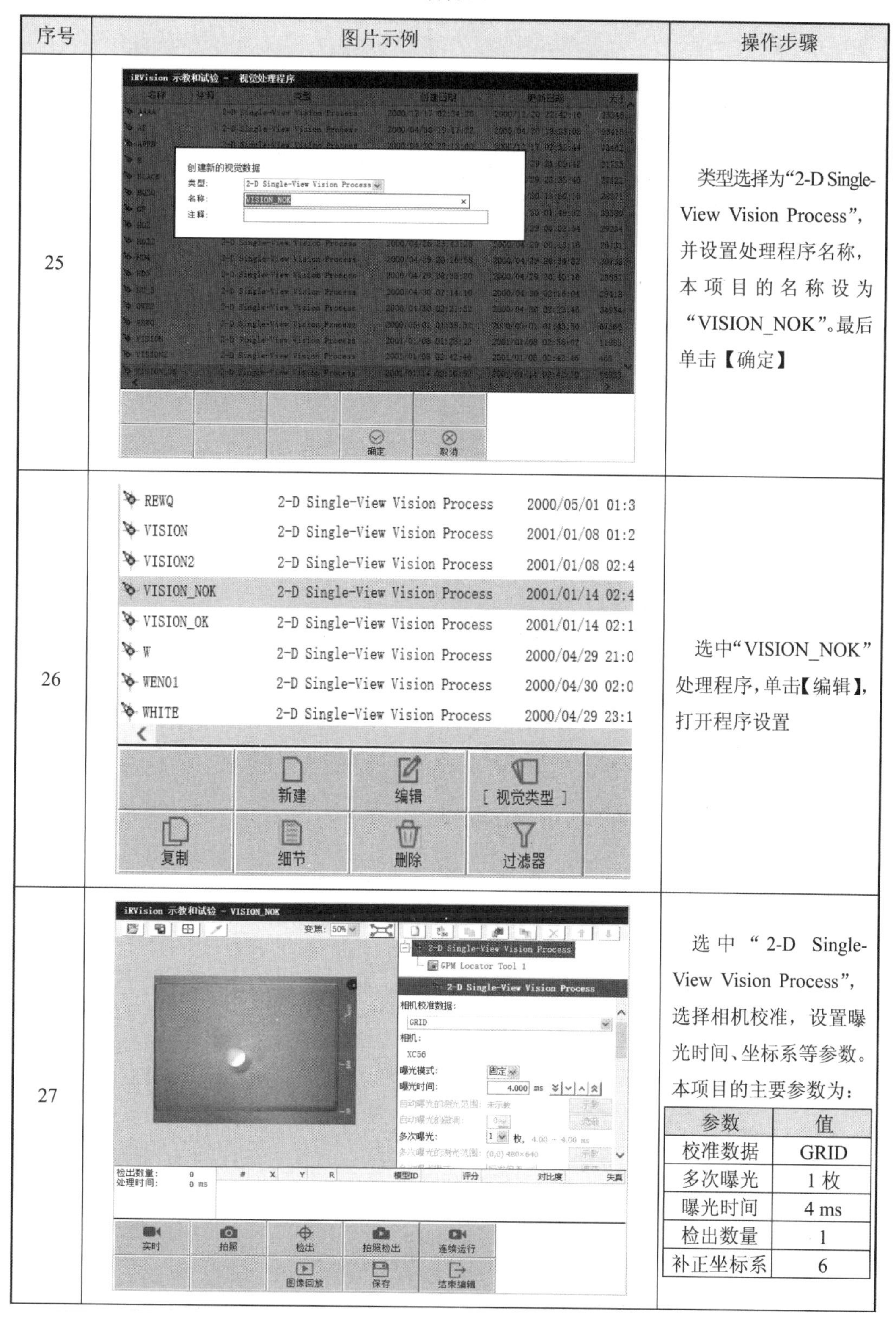

序号	图片示例	操作步骤
25		类型选择为“2-D Single-View Vision Process”，并设置处理程序名称，本项目的名称设为“VISION_NOK”。最后单击【确定】
26		选中“VISION_NOK”处理程序，单击【编辑】，打开程序设置
27		选中“2-D Single-View Vision Process”，选择相机校准，设置曝光时间、坐标系等参数。本项目的主要参数为：

参数	值
校准数据	GRID
多次曝光	1 枚
曝光时间	4 ms
检出数量	1
补正坐标系	6

续表 8.3

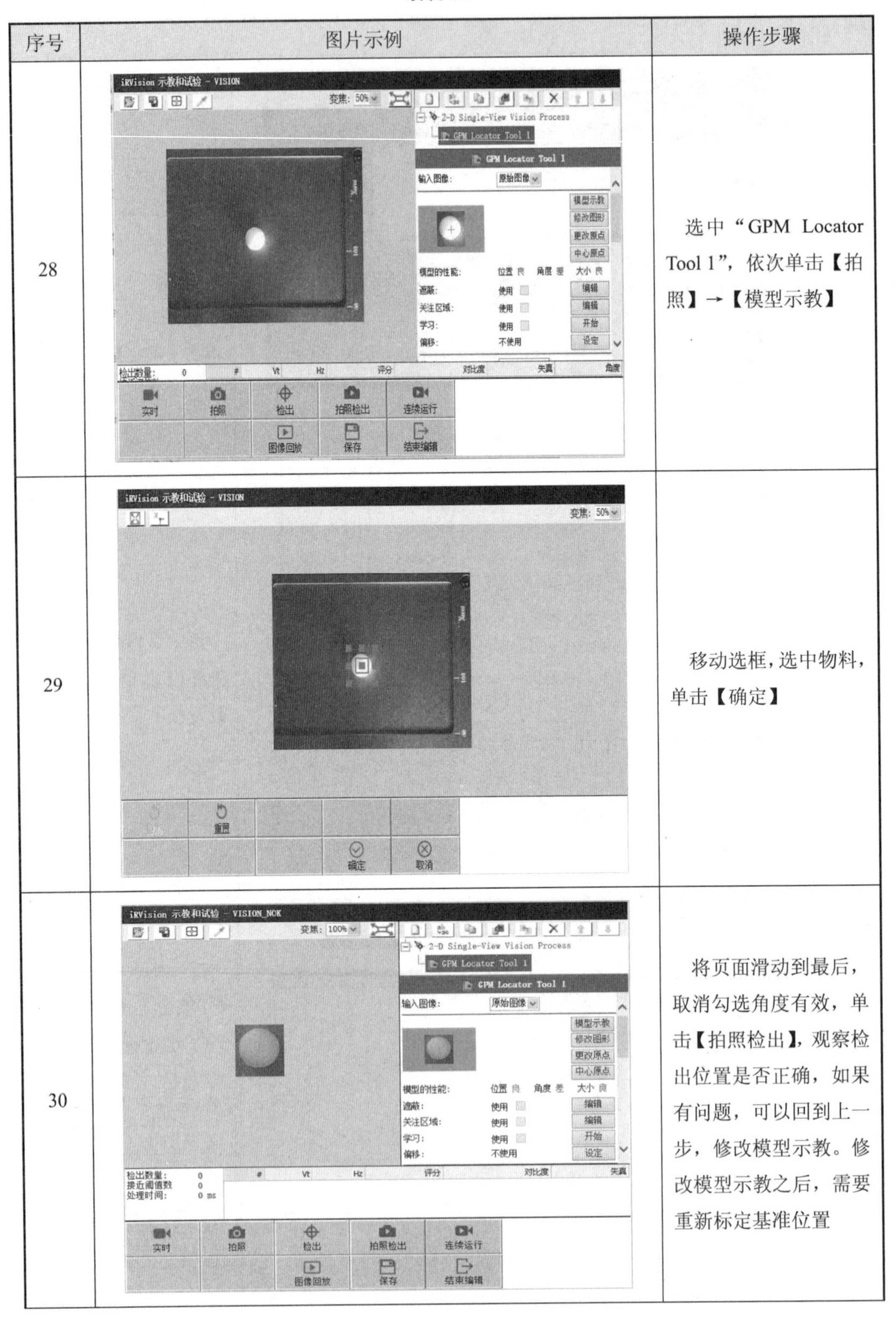

序号	图片示例	操作步骤
28		选中“GPM Locator Tool 1”，依次单击【拍照】→【模型示教】
29		移动选框，选中物料，单击【确定】
30		将页面滑动到最后，取消勾选角度有效，单击【拍照检出】，观察检出位置是否正确，如果有问题，可以回到上一步，修改模型示教。修改模型示教之后，需要重新标定基准位置

续表 8.3

序号	图片示例	操作步骤
31	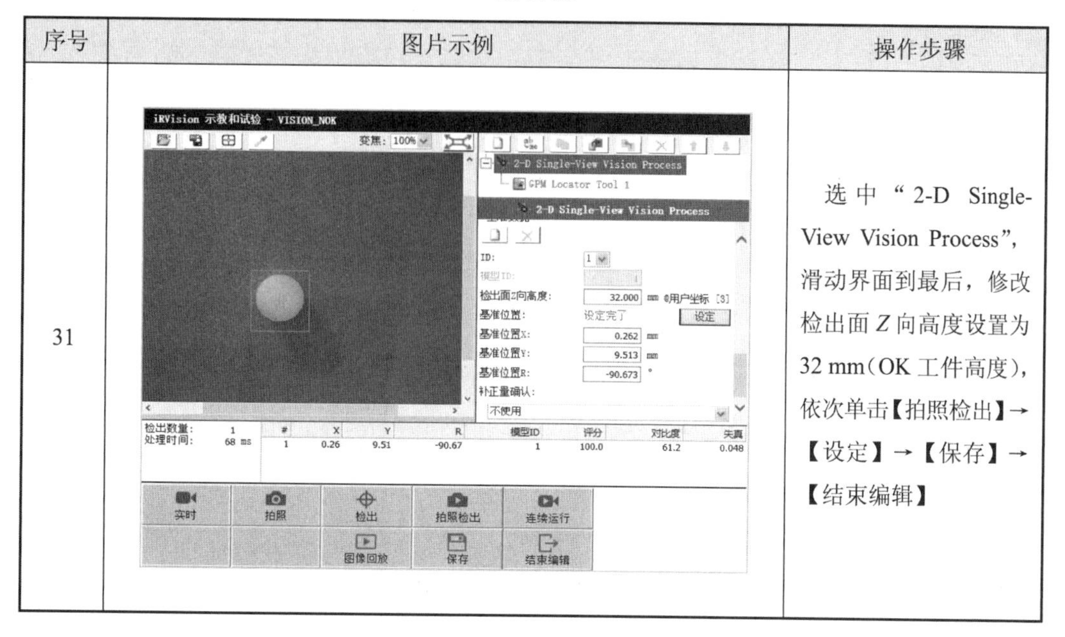	选中“2-D Single-View Vision Process”，滑动界面到最后，修改检出面 Z 向高度设置为 32 mm（OK 工件高度），依次单击【拍照检出】→【设定】→【保存】→【结束编辑】

（2）视觉检测定位程序的创建。

视觉检测定位程序用于将装配好的物料夹持到视觉模块并调用视觉抓取程序，进行视觉检测。程序如下：

SHIJUE	
1：J　P[1]　20%　FINE	*//机器人移至视觉模块过渡点*
2：L　P[2]　100 mm/sec　FINE	*//机器人移至视觉模块放置点上方*
3：L　P[3]　100 mm/sec　FINE	*//机器人夹持物料至视觉模块放置点*
4：RO[1]=OFF	*//气爪松开物料*
5：WAIT　1.00 sec	*//等待时间*
6：L　P[2]　100 mm/sec　FINE	*//机器人返至视觉模块上方*
7：L　P[1]　100 mm/sec　FINE	*//机器人返至视觉模块过渡点*
8：CALL　SJ_PICK	*//调用视觉抓取程序*
[End]	

（3）视觉抓取程序的创建。

视觉抓取程序用于检测模块上物料的位置，通过视觉寄存器使机器人运动到指定位置并抓取物料。程序如下：

SJ_PICK	
1：UFRAME_NUM=6	//选择视觉基准坐标系
2：UTOOL_NUM=1	//选择工具坐标系
3：J P[1] 20% FINE	//机器人运动至视觉模块抓取等待点
4：VISION RUN_FIND ‘VISION_OK’	//视觉执行“进行检出”指令，选择识别装配成品视觉处理程序
5：VISION GET_OFFSET ‘VISION_OK’ VR[2] JMP LBL[1]	//获取补正数据，未检测到则跳转到LBL【1】
6：L P[2] 100mm/sec FINE, VOFFSET, VR[2]	//机器人运动至物料抓取点上方
7：L P[3] 100mm/sec FINE, VOFFSET, VR[2]	//机器人运动至物料抓取点
8：RO[1]=ON	//气爪夹紧物料
9：WAIT 1.00 sec	//等待时间
10：L P[2] 100mm/sec FINE, VOFFSET, VR[2]	//机器人返回至物料抓取点上方
11：L P[1] 100mm/sec FINE	//机器人返回至视觉模块抓取等待点
12：CALL OK_PLACE	//调用成品托盘中OK 放置程序
13：END	//调用结束指令END
14：LBL[1]	//标签指令LBL【1】
15：VISION RUN_FIND ‘VISION_NOK’	//选择识别未装配物料视觉处理程序
16：VISION GET_OFFSET ‘VISION_NOK’ VR[3] JMP LBL[99]	//获取补正数据，未检测到则跳转至LBL【99】
17：L P[2] 100mm/sec FINE, VOFFSET, VR[3]	//机器人运动到物料抓取点的上方
18：L P[3] 100mm/sec FINE, VOFFSET, VR[3]	//机器人运动到物料抓取点
19：RO[1]=ON	//气爪夹紧物料
20：WAIT 1.00 sec	//等待时间
21：L P[2] 100mm/sec FINE, VOFFSET, VR[3]	//机器人返回至物料抓取点上方
22：L P[1] 100mm/sec FINE	//机器人返回至视觉模块抓取等待点
23：CALL NOK_PLACE	//调用成品托盘中NOK 放置程序
24：END	//调用结束指令END
25：LBL[99]	//标签指令LBL【99】
26：UALM[1]	//显示用户报警1，提示未找到物料

3. OK 放置程序

在视觉检测程序中，物料装配成功则调用OK放置程序将物料放至成品托盘OK区域处。程序如下：

OK_PLACE	
1：J　P[1]　20%　FINE	*//机器人移至成品托盘过渡点*
2：L　P[2]　100 mm/sec　FINE	*//机器人移至成品托盘 OK 区域上方*
3：L　P[3]　100 mm/sec　FINE	*//机器人移至 OK 区域放置点*
4：RO[1]=OFF	*//气爪松开物料*
5：WAIT　1.00 sec	*//等待时间*
6：L　P[2]　100 mm/sec　FINE	*//机器人返至成品托盘上方*
7：L　P[1]　100 mm/sec　FINE	*//机器人返至成品托盘过渡点*
8：J　P[4]　20%　FINE	*//机器人移动至安全位置*

4. NOK 放置程序

在视觉检测程序中，装配不成功则调用 NOK 放置程序将物料放至成品托盘 NOK 处。程序如下：

NOK_PLACE	
1：J　P[1]　20%　FINE	*//机器人移至成品托盘过渡点*
2：L　P[2]　100mm/sec　FINE	*//机器人移至成品托盘 NOK 区域上方*
3：L　P[3]　100mm/sec　FINE	*//机器人移至 NOK 区域放置点*
4：RO[1]=OFF	*//气爪松开物料*
5：WAIT　1.00 sec	*//等待时间*
6：L　P[2]　100mm/sec　FINE	*//机器人返至成品托盘上方*
7：L　P[1]　100mm/sec　FINE	*//机器人返至成品托盘过渡点*
8：J　P[4]　20%　FINE	*//机器人移动至安全位置*

8.4.4　主体程序设计

主体程序设计包含视觉检测应用初始化、物料装配、视觉应用、装载气动夹爪、卸载气动夹爪等程序设计。物料装配定位应用的主体程序如下：

ZHUANGPEI	
1：LBL[1]	*//标签 1*
2：CALL　INIT1	*//调用初始化程序*
3：WAIT　1.00 sec	*//等待时间*
4：CALL　LOADING	*//调用装载气动夹爪程序*
5：WAIT　1.00 sec	*//等待时间*
6：J　P[1]　20%　FINE	*//机器人移动至安全点位置*
7：L　P[2]　100mm/sec　FINE	*//机器人移动至供料模块上方*
8：L　P[3]　100mm/sec　FINE	*//机器人移动至物料抓取点*
9：RO[1]=ON	*//气爪夹紧物料*
10：WAIT　1.00 sec	*//等待时间*
11：L　P[2]　100mm/sec　FINE	*//机器人返回至供料模块上方*
12：L　P[1]　100mm/sec　FINE	*//机器人移动至安全点位置*
13：CALL　ZP	*//调用物料装配程序*
14：CALL　SHIJUE	*//调用视觉检测定位程序*
15：CALL　UNLOADING	*//调用卸载气动夹爪程序*
16：JMP　LBL[1]	*//跳转至标签 1*
[End]	

8.4.5　项目程序调试

项目程序调试是指在程序编写完成后，对程序进行单步运行，以验证程序是否正确。项目程序调试的步骤见表 8.4。

表 8.4　项目程序调试

序号	图片示例	操作步骤
1	处理中 单步 执行 I/O 运转 ZHUANGPEI 行0 T2 中止 用户 10% ZHUANGPEI 1/17 1: LBL[1] 2: CALL INIT1 3: WAIT 1.00(sec) 4: CALL LOADING 5: WAIT 1.00(sec) 6:J P[1] 20% FINE 7:J P[2] 100% FINE 8:J P[3] 100% FINE 9: RO[1]=ON 10: WAIT 1.00(sec) 11:L P[2] 100mm/sec FINE [指令] [编辑] >	①按【SELECT】键，进入程序一览画面； ②按【STEP】键，选择“单步”(如已处于单步模式则无须切换)； ③选择“ZHUANGPEI”，按【ENTER】键，进入程序编辑界面

续表 8.4

序号	图片示例	操作步骤
2	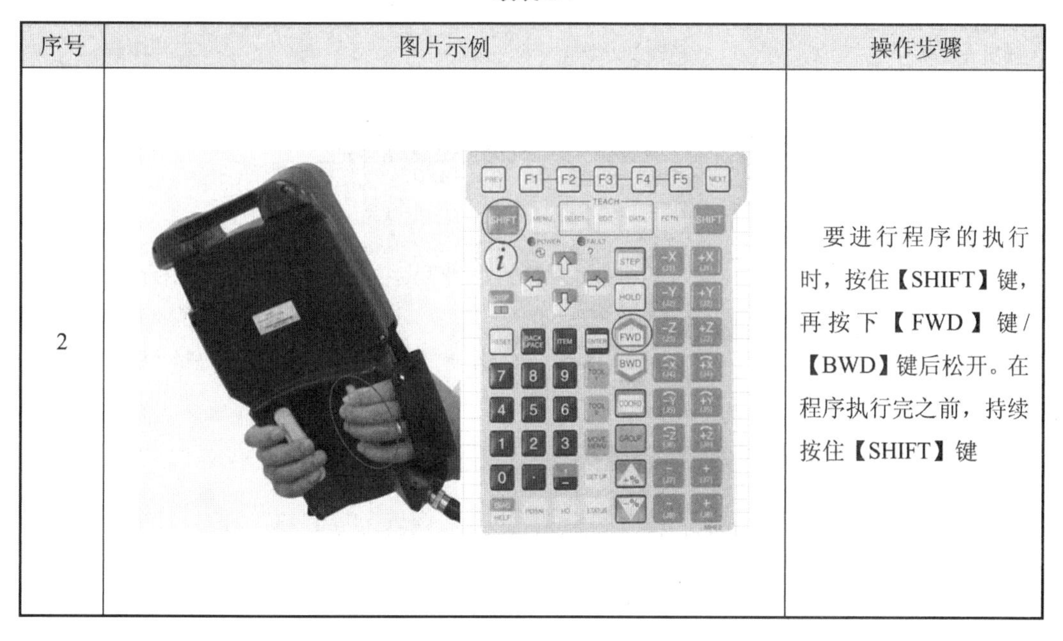	要进行程序的执行时，按住【SHIFT】键，再按下【FWD】键/【BWD】键后松开。在程序执行完之前，持续按住【SHIFT】键

8. 4. 6　项目总体运行

在项目程序调试完成且无误的情况下，可进行项目的总体运行。由于示教运行机器人程序时无法达到机器人的正常运行速度，因此采用本地自动运行来测试机器人运行时的相关参数。本地自动运行设定步骤见表 8.5。

表 8.5　本地自动运行设定

序号	图片示例	操作步骤
1	处理中 执行 I/O 运转 RSRPNS 行0 T2 中止TED 关节 100% 选择 MENU 2816 字节可用 4/8 注释 1 一览 2 编辑 3 数据 4 状态 5 4D图形 6 系统 7 用户2 8 浏览器 9 0 — 下页 — MR [Get PC Data] MR [Request PC Menu] MR [Send PC Data] MR [Send PC Event] MR [Send PC SysVar] FANUC - Menus - 菜单收藏夹 (press and hold to set)	①按下【MENU】键，进入主菜单画面； ②移动光标至“—下页—”，进入“MUNU2”画面

续表 8.5

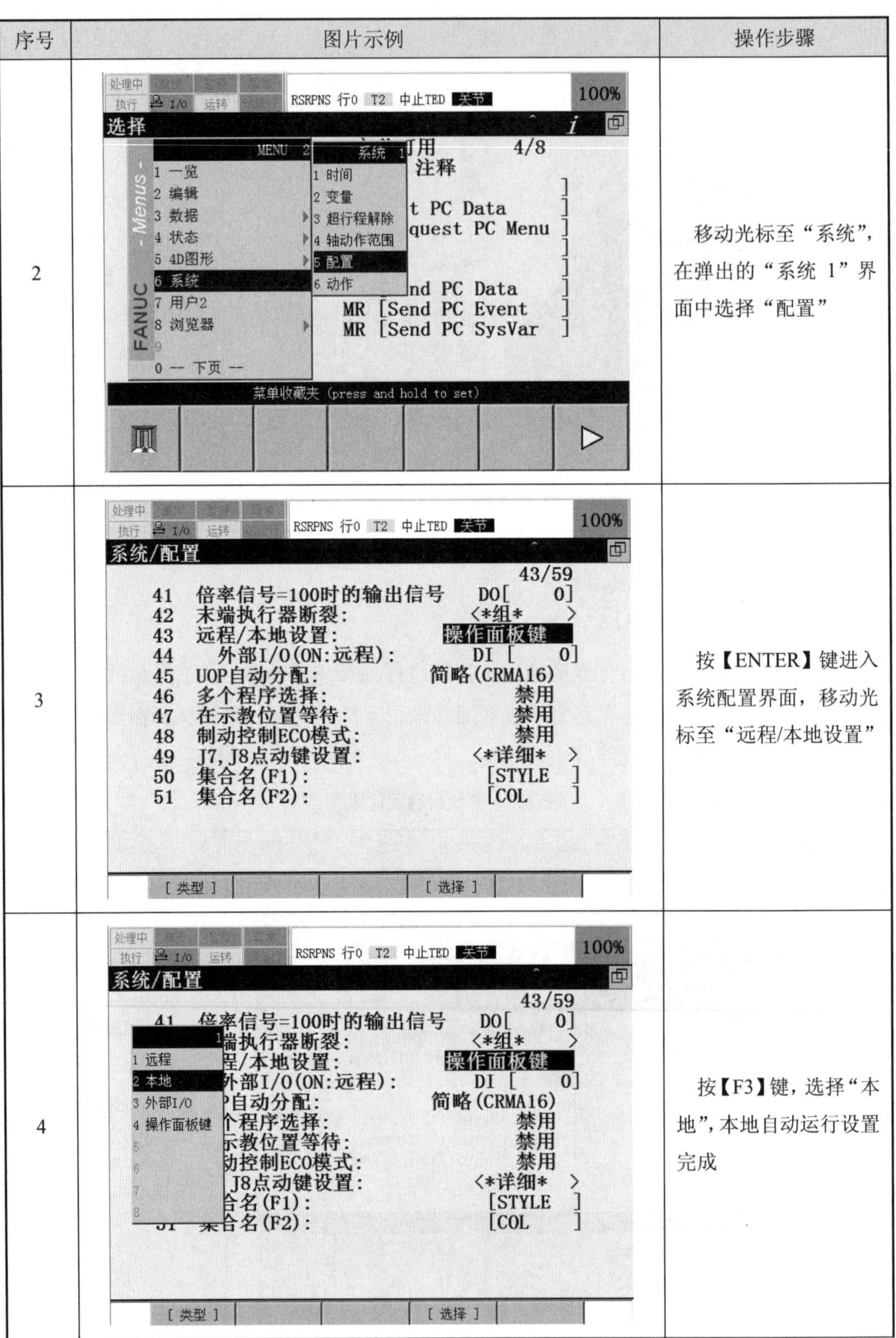

序号	图片示例	操作步骤
2		移动光标至“系统”，在弹出的“系统 1”界面中选择“配置”
3		按【ENTER】键进入系统配置界面，移动光标至“远程/本地设置”
4		按【F3】键，选择“本地”，本地自动运行设置完成

续表 8.5

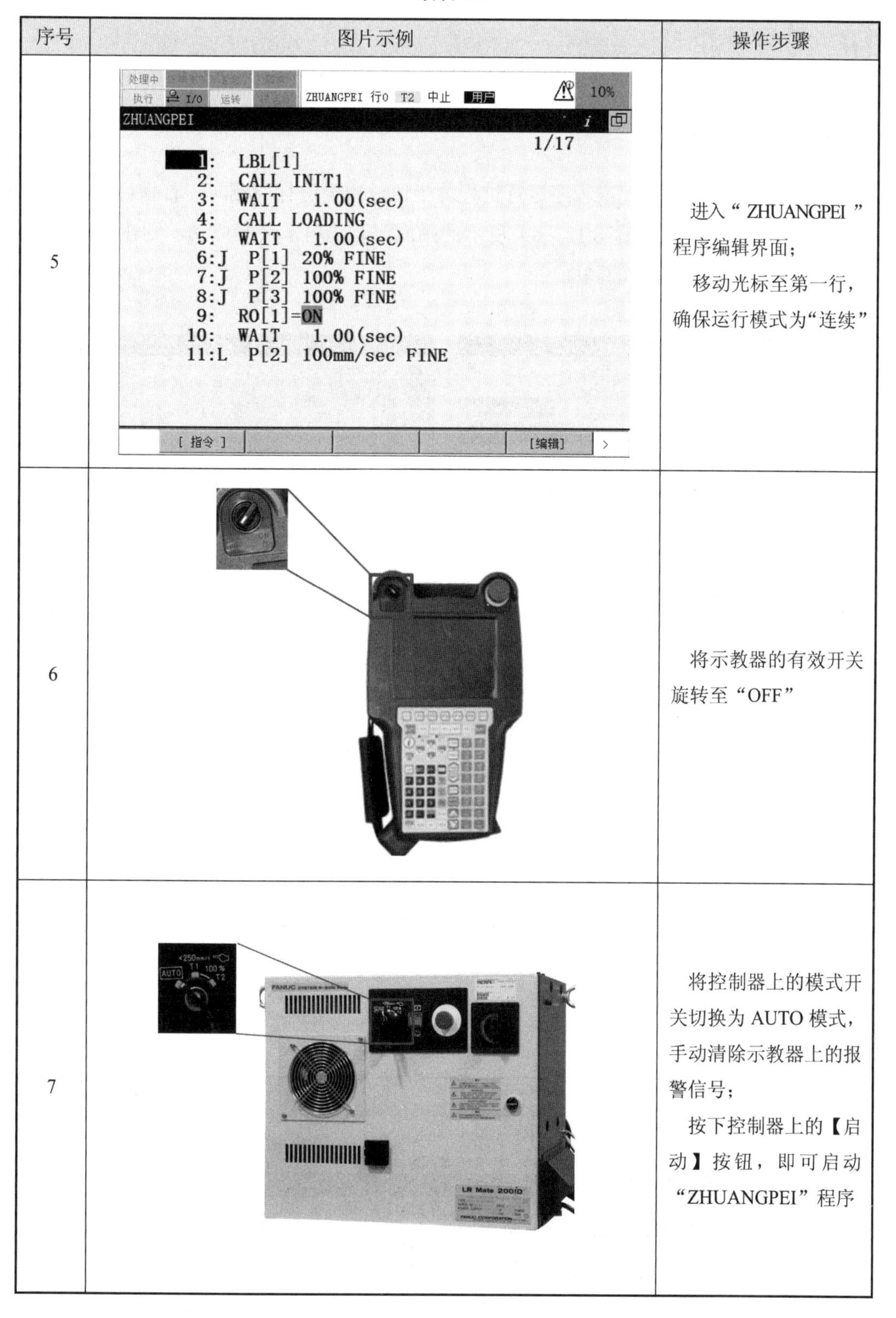

序号	图片示例	操作步骤
5		进入“ZHUANGPEI”程序编辑界面； 移动光标至第一行，确保运行模式为“连续”
6		将示教器的有效开关旋转至“OFF”
7		将控制器上的模式开关切换为 AUTO 模式，手动清除示教器上的报警信号； 按下控制器上的【启动】按钮，即可启动“ZHUANGPEI”程序

8.5 项目验证

8.5.1 效果验证

项目调试完成之后，观察程序运行过程。当通过视觉进行检测时，若物料装配成功，则在相机画面会显示出如图 8.12（a）所示的画面；若物料未装配成功，则在相机画面会显示出如图 8.12（b）所示的画面。

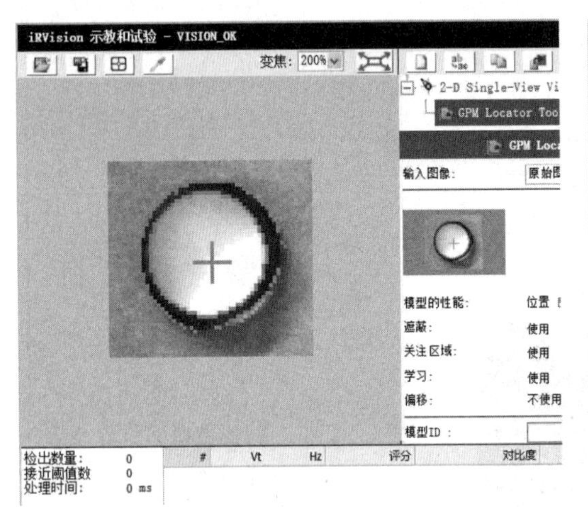

（a）装配成功后的相机检测画面

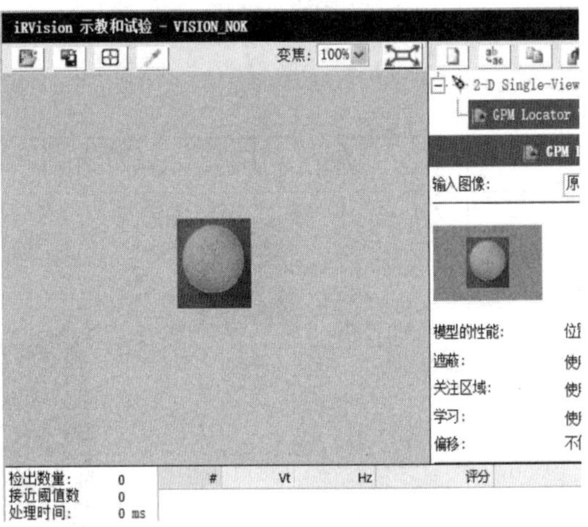

（b）未装配成功后的相机检测画面

图 8.12 程序运行效果图

8.5.2 数据验证

本项目中，“SHIJUE”程序中 P[3]点为视觉模块的物料放置点，是直接示教的；而“SJ_PICK”程序中的视觉模块抓取点 P[3]，是在视觉检测后偏移而来的，读者需要对比二者的数据。数据验证见表 8.6。

表 8.6 数据验证

序号	图片示例	操作步骤
1	SHIJUE 行0 T2 中止 关节 100% SHIJUE P[3] UF:6 UT:1 配置:NUT 000 X 49.978 mm W .002 deg Y -.010 mm P -.002 deg Z 4.782 mm R 0.000 deg	视觉模块放置点位数据。

续表 8.6

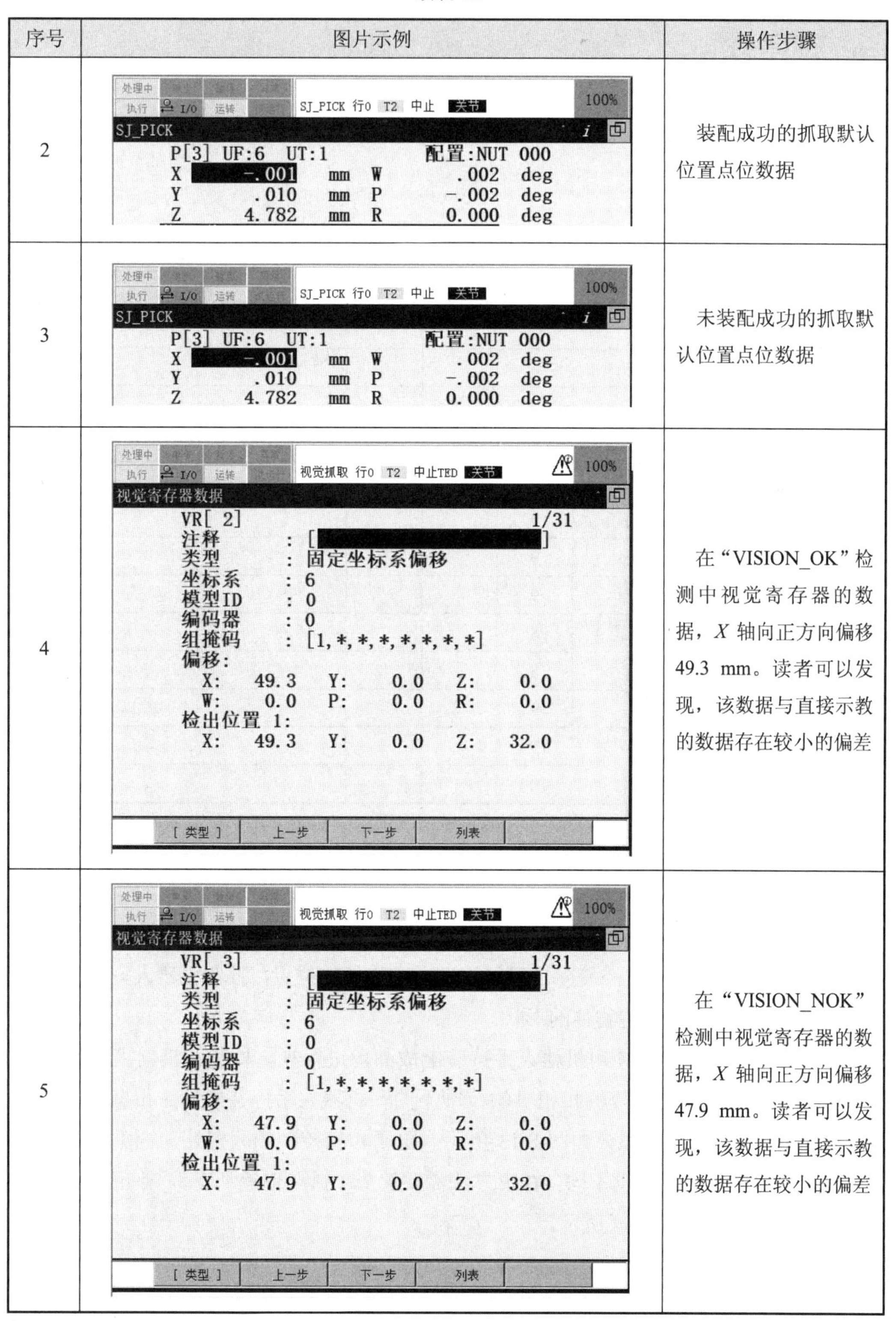

序号	图片示例	操作步骤
2	处理中 执行 I/O 运转 SJ_PICK 行0 T2 中止 关节 100% SJ_PICK P[3] UF:6 UT:1 配置:NUT 000 X -.001 mm W .002 deg Y .010 mm P -.002 deg Z 4.782 mm R 0.000 deg	装配成功的抓取默认位置点位数据
3	处理中 执行 I/O 运转 SJ_PICK 行0 T2 中止 关节 100% SJ_PICK P[3] UF:6 UT:1 配置:NUT 000 X -.001 mm W .002 deg Y .010 mm P -.002 deg Z 4.782 mm R 0.000 deg	未装配成功的抓取默认位置点位数据
4	处理中 执行 I/O 运转 视觉抓取 行0 T2 中止TED 关节 100% 视觉寄存器数据 VR[2] 1/31 注释 : [ ] 类型 : 固定坐标系偏移 坐标系 : 6 模型ID : 0 编码器 : 0 组掩码 : [1,*,*,*,*,*,*,*] 偏移: X: 49.3 Y: 0.0 Z: 0.0 W: 0.0 P: 0.0 R: 0.0 检出位置 1: X: 49.3 Y: 0.0 Z: 32.0 [类型] 上一步 下一步 列表	在“VISION_OK”检测中视觉寄存器的数据，X 轴向正方向偏移 49.3 mm。读者可以发现，该数据与直接示教的数据存在较小的偏差
5	处理中 执行 I/O 运转 视觉抓取 行0 T2 中止TED 关节 100% 视觉寄存器数据 VR[3] 1/31 注释 : [ ] 类型 : 固定坐标系偏移 坐标系 : 6 模型ID : 0 编码器 : 0 组掩码 : [1,*,*,*,*,*,*,*] 偏移: X: 47.9 Y: 0.0 Z: 0.0 W: 0.0 P: 0.0 R: 0.0 检出位置 1: X: 47.9 Y: 0.0 Z: 32.0 [类型] 上一步 下一步 列表	在“VISION_NOK”检测中视觉寄存器的数据，X 轴向正方向偏移 47.9 mm。读者可以发现，该数据与直接示教的数据存在较小的偏差

8.6 项目总结

8.6.1 项目评价

项目评价表见表 8.7。

表 8.7 项目评价表

项目指标		分值	自评	互评	评分说明
项目分析	1. 项目架构分析	6			
	2. 项目流程分析	6			
项目要点	1. 指令解析	9			
	2. 装配视觉检测	9			
项目步骤	1. 应用系统连接	9			
	2. 应用系统配置	9			
	3. 关联程序设计	9			
	4. 主体程序设计	9			
	5. 项目程序调试	8			
	6. 项目总体运行	8			
项目验证	1. 效果验证	9			
	2. 数据验证	9			
合计		100			

8.6.2 项目拓展

FANUC iRVision 视觉系统除了可以识别固定物体的位置，控制机器人完成抓取动作外，还可以识别机器人手持物体的形状。

本项目完成后可尝试使用机器人手持装配成品，进行视觉检测。机器人手持装配成品的相机校准，与固定点阵板和相机的校准不同，机器人手持装配成品相机校准使用了工具坐标系作为校正坐标系，如图 8.13 所示。除了相机校准的区别外，视觉处理程序中的补正方法和补正坐标系也不同，补正方法需要选择“抓取偏差补正”，补正坐标系需要选择工具坐标系，如图 8.14 所示。

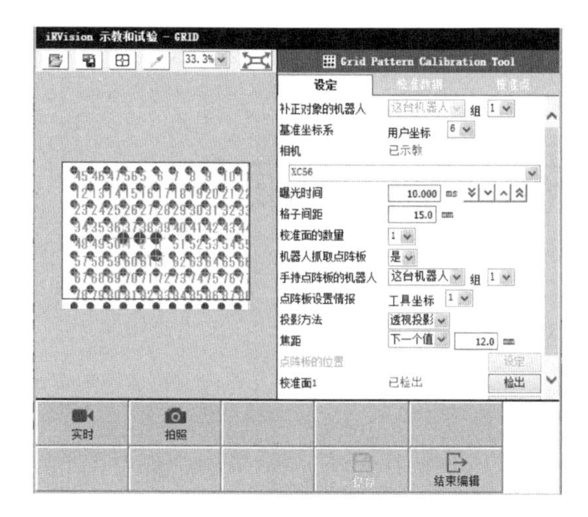

图 8.13　相机校准设置

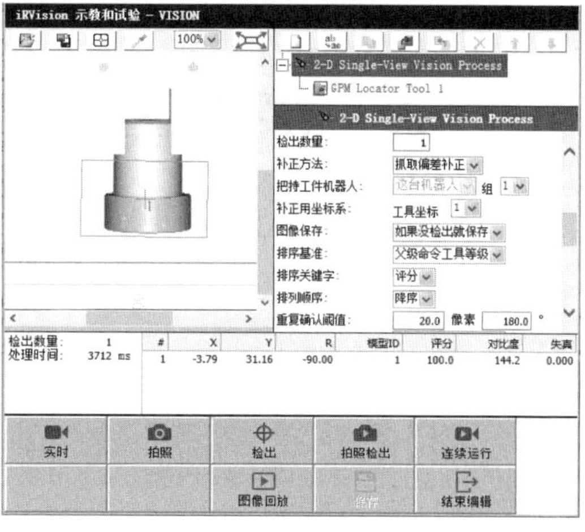

图 8.14　视觉处理程序

第9章 系统综合应用项目

9.1 项目概况

9.1.1 项目背景

※ 系统综合应用项目介绍

工业机器人最早应用于汽车制造工业，常用于焊接、喷漆、上下料和搬运作业中。随着工业机器人技术应用范围的延伸和扩大，现在已可代替人从事危险、有害、有毒、低温和高热等恶劣环境中的工作，或者代替人完成繁重、单调的重复劳动，在此过程中提高了劳动生产率，保证了产品质量。工业机器人与数控加工中心、自动搬运小车以及自动检测系统等相结合可实现生产自动化，不仅可以解决企业用人问题，同时也能提高加工效率和安全性，提升加工精度，目前已成为工业机器人领域的主要发展趋势。机器人与机床的综合集成应用，如图9.1所示。

图9.1　机器人与机床的综合集成应用

9.1.2 项目需求

本实训项目主要是将各个功能模块进行集成应用，使机器人能够连续作业。项目中需要完成物料抓取检测、物料加工打磨、物料与圆环装配及视觉检测的环节，项目需求如图9.2所示。

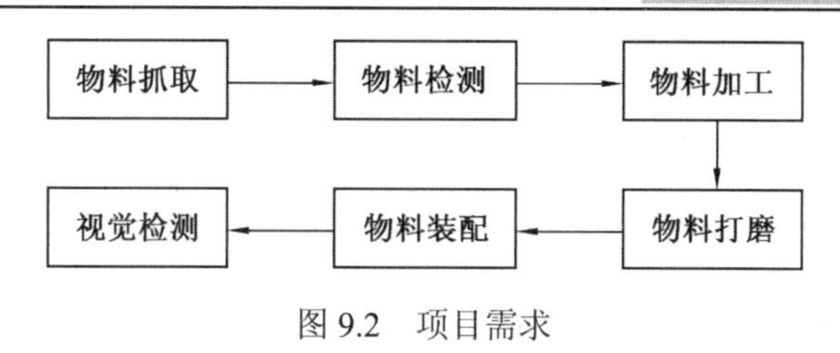

图 9.2　项目需求

9.1.3　项目目的

在本项目的学习训练中需实现以下目的：

（1）了解系统综合应用项目的实训目的。

（2）熟悉项目的流程及路径规划。

（3）熟悉系统硬件连接及输入输出信号的配置。

（4）掌握工具坐标系、用户坐标系的建立及切换。

（5）掌握机器人的编程、调试、自动运行及外部启停。

（6）了解 FANUC 机器人与 PLC、触摸屏的人机交互。

9.2　项目分析

9.2.1　项目构架

项目中需要完成物料抓取检测、物料加工打磨、物料与圆环装配及视觉检测的环节，各个功能模块的构架简述如下。

1. 物料抓取检测功能模块构架

机器人接收到来自控制系统的信息反馈，自供料模块中拾取物料后运动至微动开关模块进行检测，以确认是否成功抓取物料。物料抓取检测功能模块构架如图 9.3 所示。

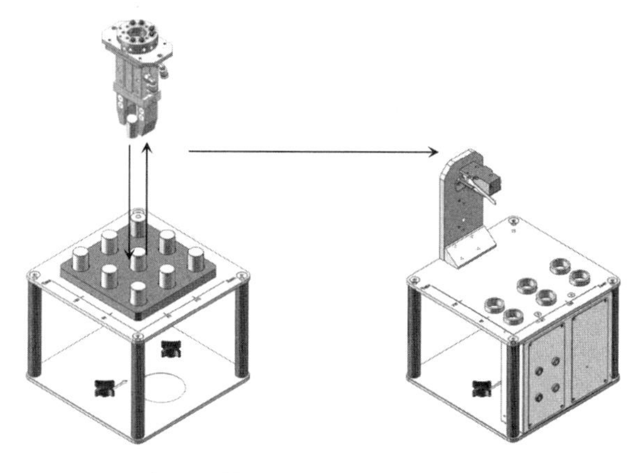

图 9.3　物料抓取检测功能模块构架

2. 物料加工打磨功能模块构架

微动开关成功检测到物料之后，机器人运动至模拟数控加工模块进行模拟加工，对加工后的物料进行打磨处理。物料加工打磨功能模块构架如图 9.4 所示。

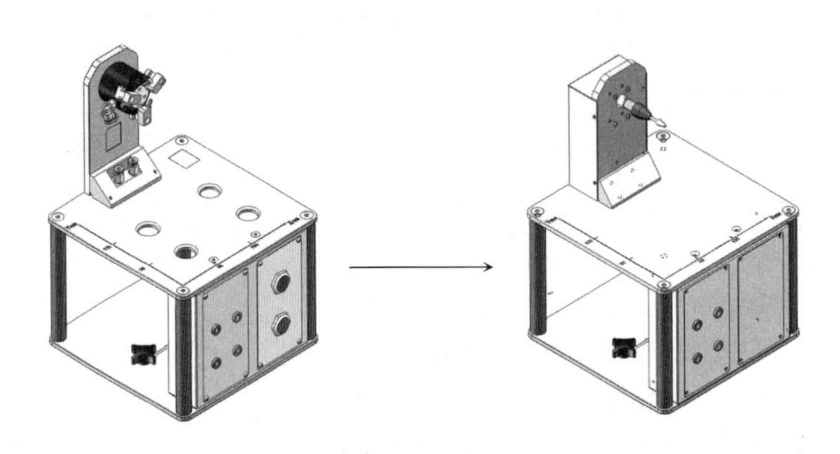

图 9.4　物料加工打磨功能模块构架

3. 物料装配定位功能模块构架

机器人在供料托盘中抓取工件目标，运动到微动开关进行检测；检测成功后模拟加工打磨；然后将加工后的工件插进装配单元的铁环中，并通过视觉识别工件定位，确认外环存在；工件装配合格者，放至 OK 合格托盘，不合格者无法装配，放至 NOK 托盘。物料装配定位功能模块构架如图 9.5 所示。

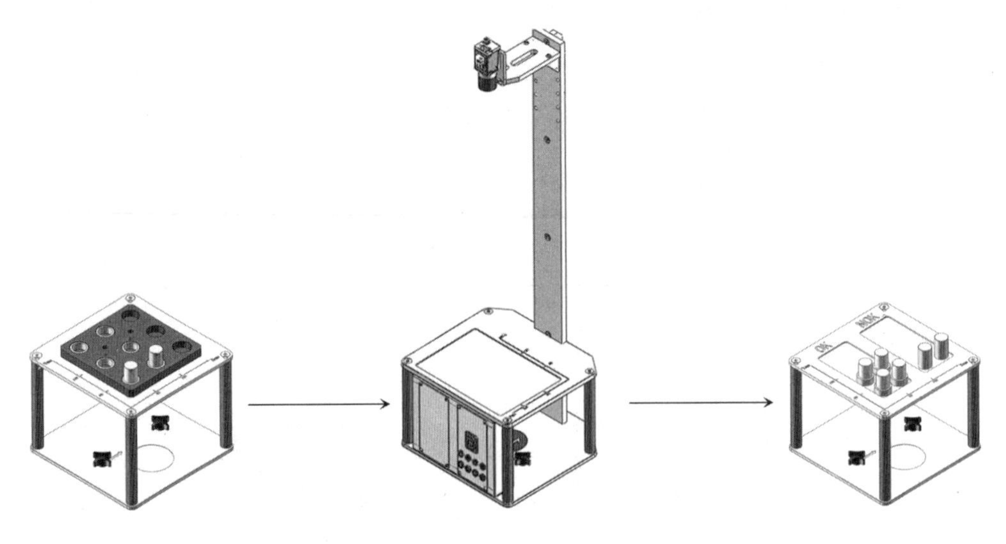

图 9.5　物料装配定位功能模块构架

9.2.2　项目流程

在项目实施过程中，需要包含以下环节：

（1）对产教应用系统平台进行搭建。

（2）完成编程前的应用系统配置，包括坐标系建立、I/O 信号、视觉系统的配置与连接。

（3）设计关联程序，包括初始化、搬运、装配、视觉应用、PLC、装载、卸载气动夹爪等程序。

（4）设计主体程序。

（5）调试检查程序，确认无误后运行程序，观察程序运行效果。

（6）实现 PLC、触摸屏外部启动运行程序。

整体的项目流程如图 9.6 所示。

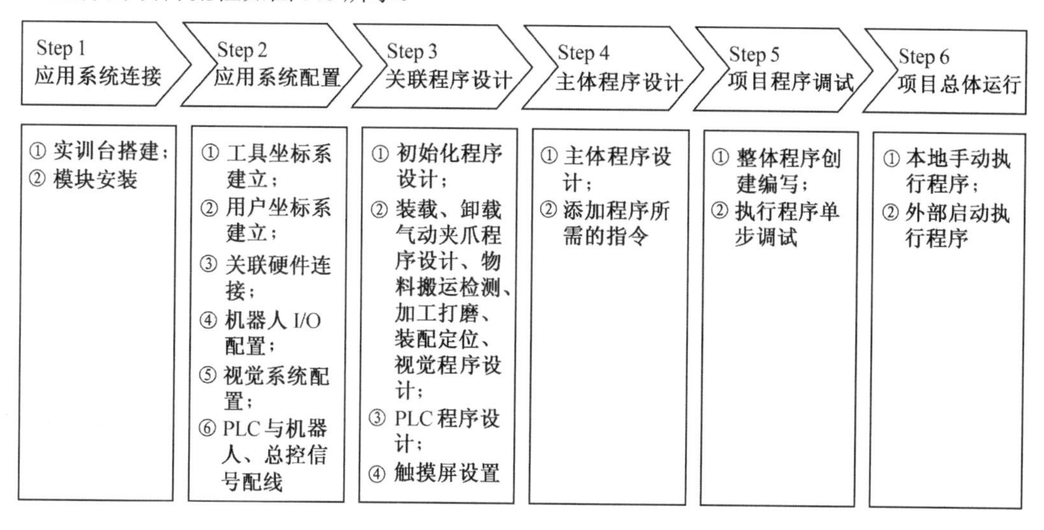

图 9.6　项目流程

9.3　项目要点

（1）本项目全程使用气动夹爪工具，因此只需要建立气动夹爪的工具坐标系，就可方便调试人员调整机器人的姿态。

（2）项目需要外部启动、停止及监控机器人运行状态，因此需要进行机器人专用 I/O 的相关配置。

（3）项目使用 PLC、触摸屏与机器人实现人机交互，因此需要对 PLC 及触摸屏进行相关设置。

（4）机器人运动轨迹较多，为简化程序，可调用前面章节的例行程序，实现模块化编程。

9.3.1 指令解析

1. 机器人 I/O 指令

“RO[i]=ON/OFF”，接通或断开所指定的机器人数字输出信号。

2. 数字 I/O 指令

“R[i]=DI[i]”，接收数字输入信号的状态；“DO[i]=ON/OFF”，反馈数字输出信号的状态。

3. 标签指令（LBL[i]）

标签指令是用来表示程序转移目的地的指令。标签可通过标签定义指令来定义。

4. 跳跃指令（JMP　LBL[i]）

跳跃指令用于使程序的执行转移到相同程序内所指定的标签处。

5. 程序呼叫指令（CALL（程序名））

程序呼叫指令用于使程序的执行转移到其他程序的第一行后执行该程序。

6. 指定时间等待指令（WAIT（时间））

指定时间等待指令用于使程序在指定时间内等待执行（等待时间单位：sec）。

7. 条件比较指令（IF（条件）（处理））

在指定的条件得到满足时，条件比较指令使程序跳转到 LBL[…],否则执行 IF 下面一条指令。

8. 用户报警指令（UALM（报警号码））

用户报警指令用于在报警显示行显示预先设定的用户报警号码的报警信息。用户报警会使机器人执行中的程序暂停。

9. 用户坐标系偏移指令

PR[ ]寄存器的使用示例通常为：L P[1] 100 mm/sec FINE, Offset PR[1]。

10. 视觉补偿指令

L P[1] 100 mm/sec FINE,VOFFSET, VR[a]：该指令将存储在视觉寄存器中的数据用于补偿机器人的位置。

11. 视觉执行指令

➢ VISION RUN_FIND（视觉程序名称）：该指令开始于一个视觉程序，当设定的视觉程序不只有一个照相机图像时，执行定位时则使用所有照相机图像。

➢ VISION GET_OFFSET（视觉程序名称）VR[a], JMP LBL[b]：该指令从视觉程序中

获取视觉补偿数据，并保存在指定的视觉寄存器中，用于 VISION RUN_FIND 指令之后。

9.3.2 自动运转

自动运转是利用遥控装置通过外围设备 I/O 输入来启动程序的一种功能。自动运转具有程序号码选择（PNS）功能，即根据程序号码选择信号（PNS1～8 输入、PNSTROB 输入）选择程序。程序处在暂停中或执行中时，忽略该信号。

通过外围设备 I/O 输入来启动程序时，需要将机器人置于遥控状态。遥控状态是指在下列遥控条件成立时的状态。

1. 自动运转执行条件

（1）示教器有效开关置于“OFF”。

（2）非单步执行模式。

（3）控制器上模式开关切换至“AUTO”挡。

（4）ENABLE UI SIGNAL（UI 信号有效）：TRUE（有效）。

（5）外围设备 I/O 的*IMSTP 的输入处在“ON”（系统急停信号）。

（6）外围设备 I/O 的*HOLD 的输入处在“ON”（暂停信号）。

（7）外围设备 I/O 的*SFSPD 的输入处在“ON”（安全门信号）。

（8）外围设备 I/O 的*ENBL 的输入处在“ON”。

（9）系统变量$RMT_MASTER 为 0（默认状态为 0）。

2. 自动运转方式

FANUC 有多种自动运转方式，本节主要介绍 PNS 的自动运转方式。PNS 启动的特点是：当一个程序正在执行或者中断状态时，机器人服务请求信号会被忽略；当机器人启动信号（PROD_START）被触发，机器人执行被选中的程序，当程序被中断或执行时，PROD_START 信号不会被触发；PNS 启动方式最多可以选择 255 个程序。

（1）PNS 启动的程序命名要求如下：

➢ 程序名必须为 7 位。

➢ 由 PNS+4 位程序号组成。

➢ 程序号=PNS 记录号+基数。

基数可通过 PNS 设定画面中的“基准号码”或者程序中的参数指令进行更改。当 UOP 为简略配置、将基本号码设置为 0 时，若设置了 PNS1～PNS8 信号，则可使用 PNS1～PNS8 输入信号作为启动程序选择信号。PNS 启动的程序命名示例如图 9.7 所示，输入启动信号，读出 PNS1～PNS8 信号后将其变换为十进制数，随后根据所选的 PNS 程序号码设定为执行的程序名称。

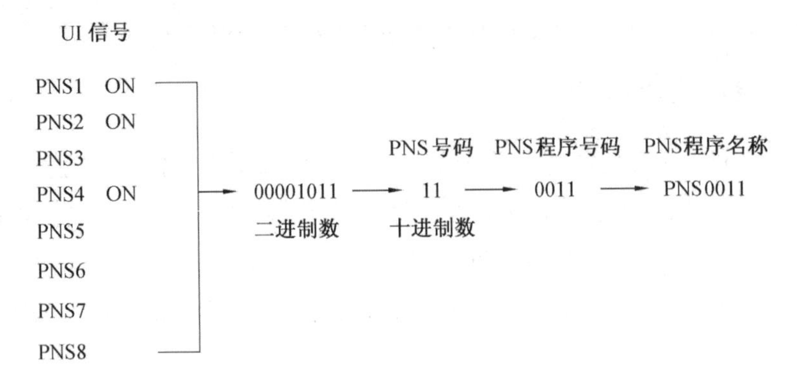

图 9.7 PNS 启动的程序命名示例

程序命名时，需要对系统信号进行设置，比如创建程序名为 PNS0011 的程序，需要将系统信号 UI[9]、UI[10]、UI[12]置为 ON，对应 PNS 号为 11。

（2）PNS 启动时序图。

基于 PNS 的程序启动方式，需要先将机器人切换至远程模式，除了满足处于远程模式下的条件之外，在如图 9.8 所示几个启动条件成立时，输出 CMDENBL 信号后，才可正确启动 PNS 程序。

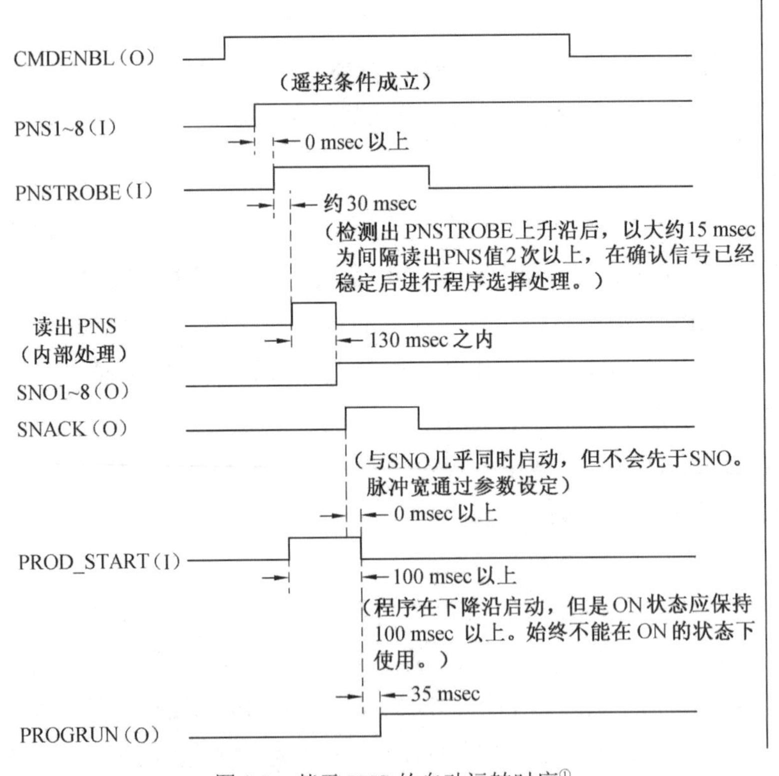

图 9.8 基于 PNS 的自动运转时序[①]

注：①“msec”指“ms”，为与示教器界面一致，使用“msec”。

9.3.3　PLC 应用

本项目需要 PLC 与机器人实现人机交互，所以需要对 PLC 进行设置，具体设置步骤见表 9.1。

表 9.1　PLC 参数配置

序号	图片示例	操作步骤
1		创建项目： 打开博途软件，单击“创建新项目”，相关设置完成后，单击【创建】，创建完毕
2	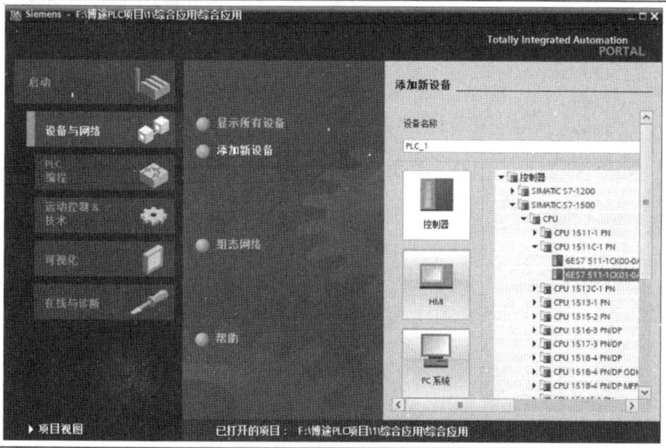	创建 PLC 程序： 项目创建完成后，单击“项目视图”，进入项目视图页，双击“添加新设备”，选择 CPU 型号，单击【确定】按钮
3	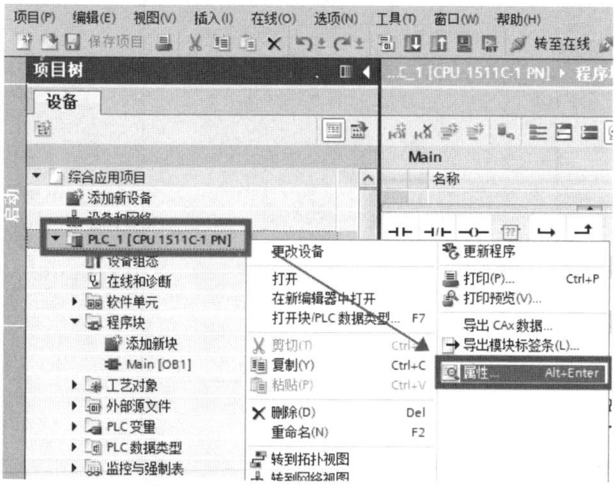	修改属性设置： 右击图中所示 PLC 标题，选择“属性”，进入属性设置

续表 9.1

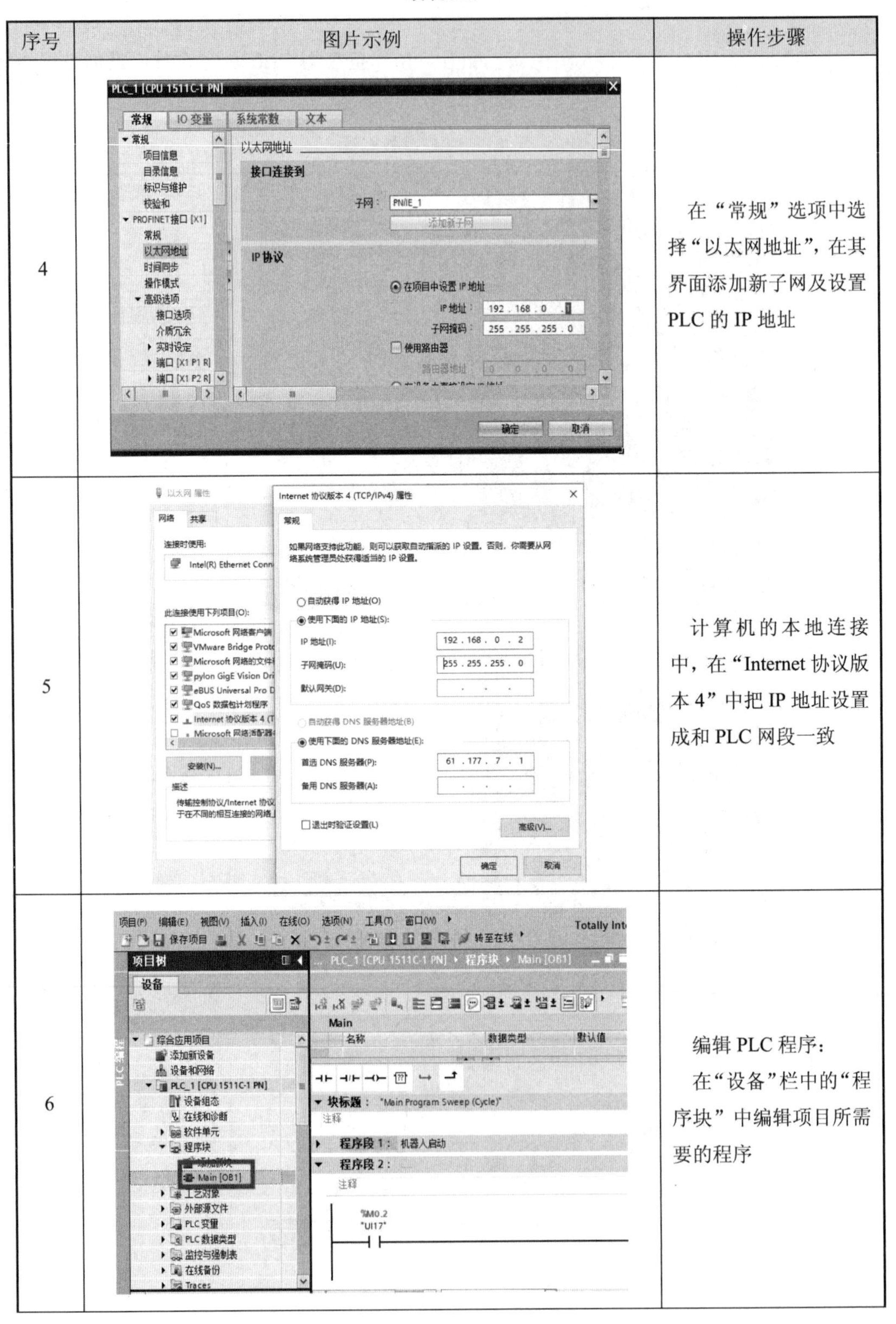

序号	图片示例	操作步骤
4		在“常规”选项中选择“以太网地址”，在其界面添加新子网及设置 PLC 的 IP 地址
5		计算机的本地连接中，在“Internet 协议版本 4”中把 IP 地址设置成和 PLC 网段一致
6		编辑 PLC 程序： 在“设备”栏中的“程序块”中编辑项目所需要的程序

续表 9.1

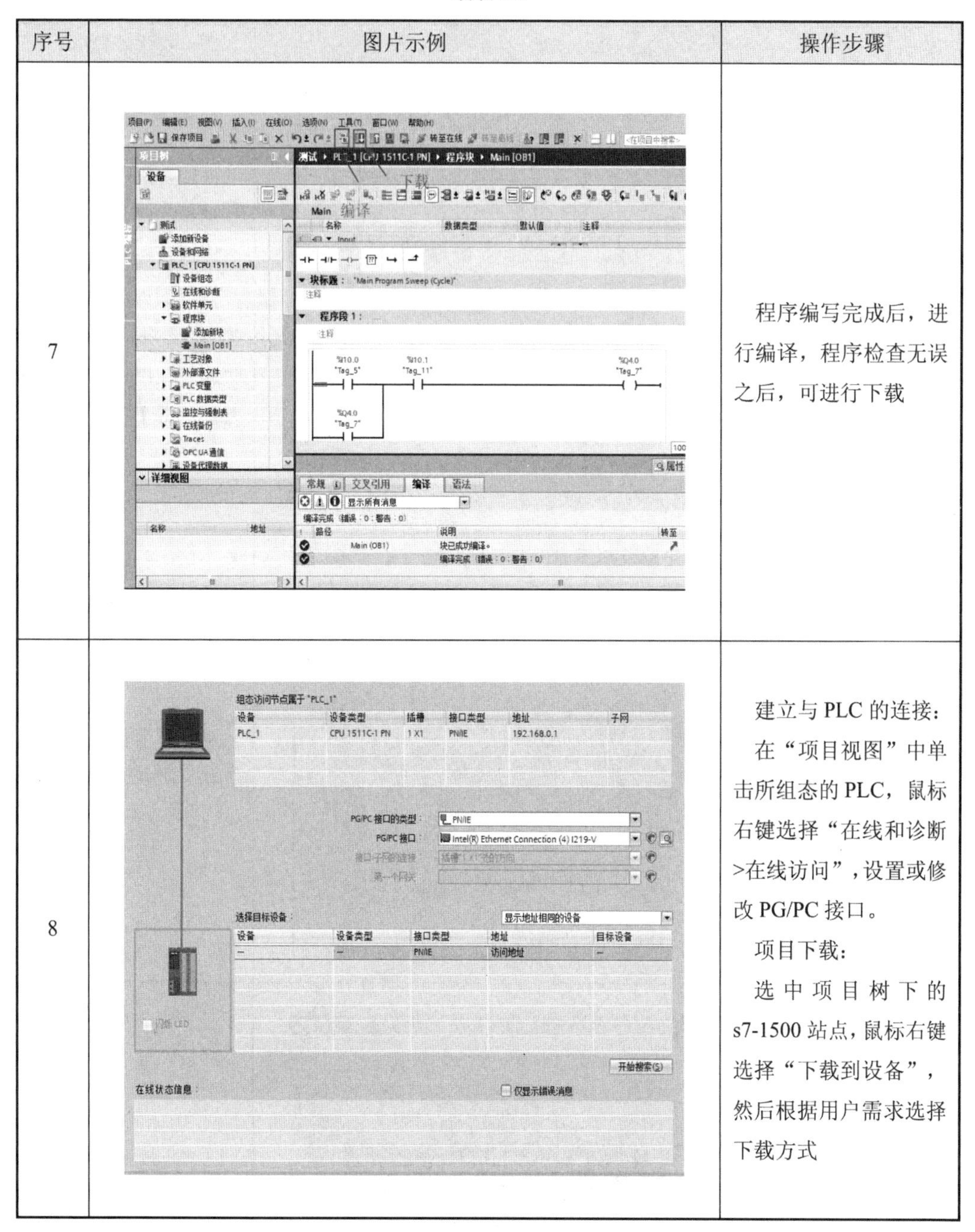

序号	图片示例	操作步骤
7		程序编写完成后，进行编译，程序检查无误之后，可进行下载
8		建立与 PLC 的连接： 在“项目视图”中单击所组态的 PLC，鼠标右键选择“在线和诊断>在线访问”，设置或修改 PG/PC 接口。 项目下载： 选中项目树下的 s7-1500 站点，鼠标右键选择“下载到设备”，然后根据用户需求选择下载方式

9.3.4 触摸屏应用

本项目需要 PLC、触摸屏与机器人实现人机交互，所以需要对触摸屏进行设置，具体设置步骤见表 9.2。

表 9.2　触摸屏设置

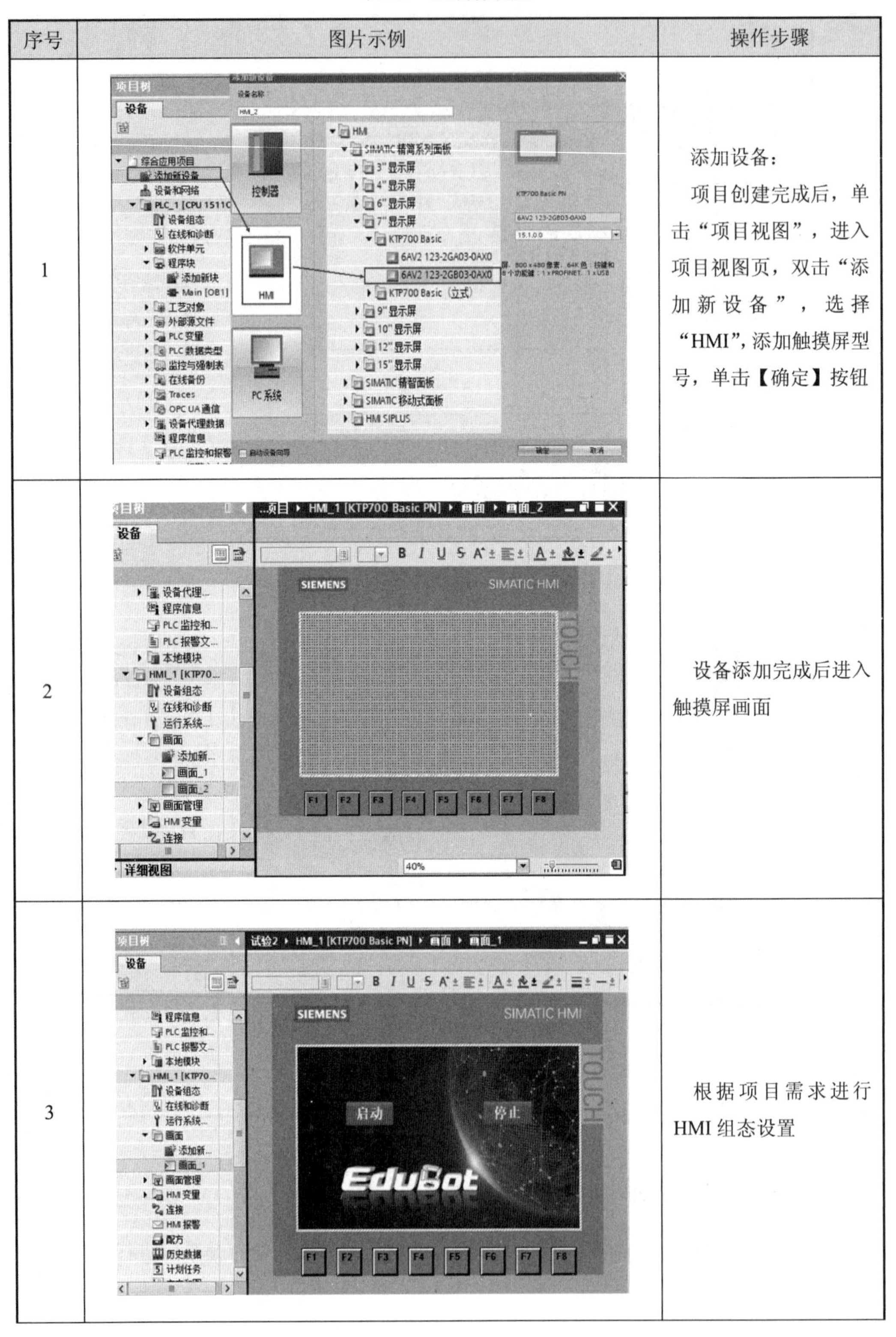

序号	图片示例	操作步骤
1		添加设备： 项目创建完成后，单击“项目视图”，进入项目视图页，双击“添加新设备”，选择“HMI”，添加触摸屏型号，单击【确定】按钮
2		设备添加完成后进入触摸屏画面
3		根据项目需求进行 HMI 组态设置

续表 9.2

序号	图片示例	操作步骤
4	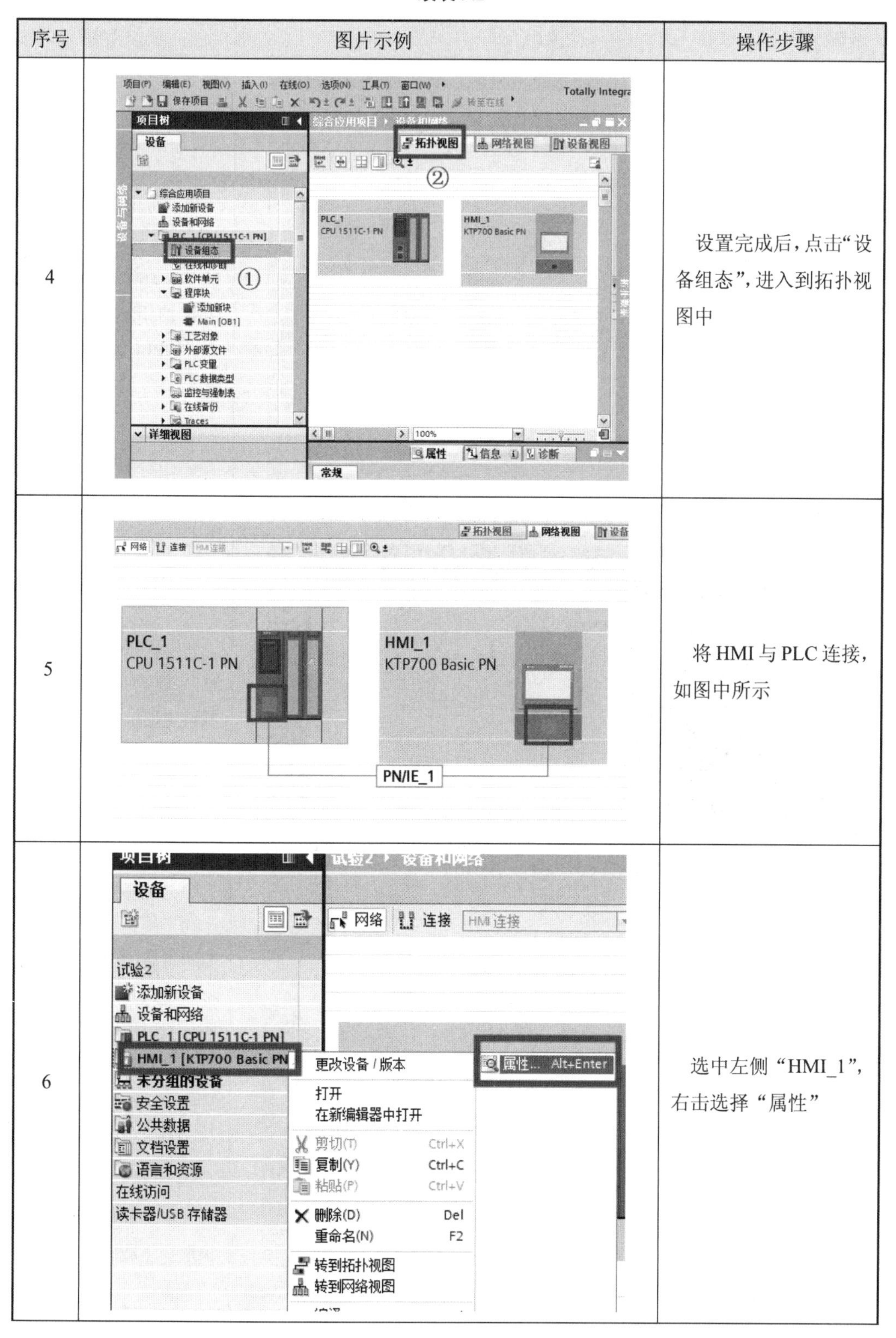	设置完成后，点击“设备组态”，进入到拓扑视图中
5		将 HMI 与 PLC 连接，如图中所示
6		选中左侧“HMI_1”，右击选择“属性”

续表 9.2

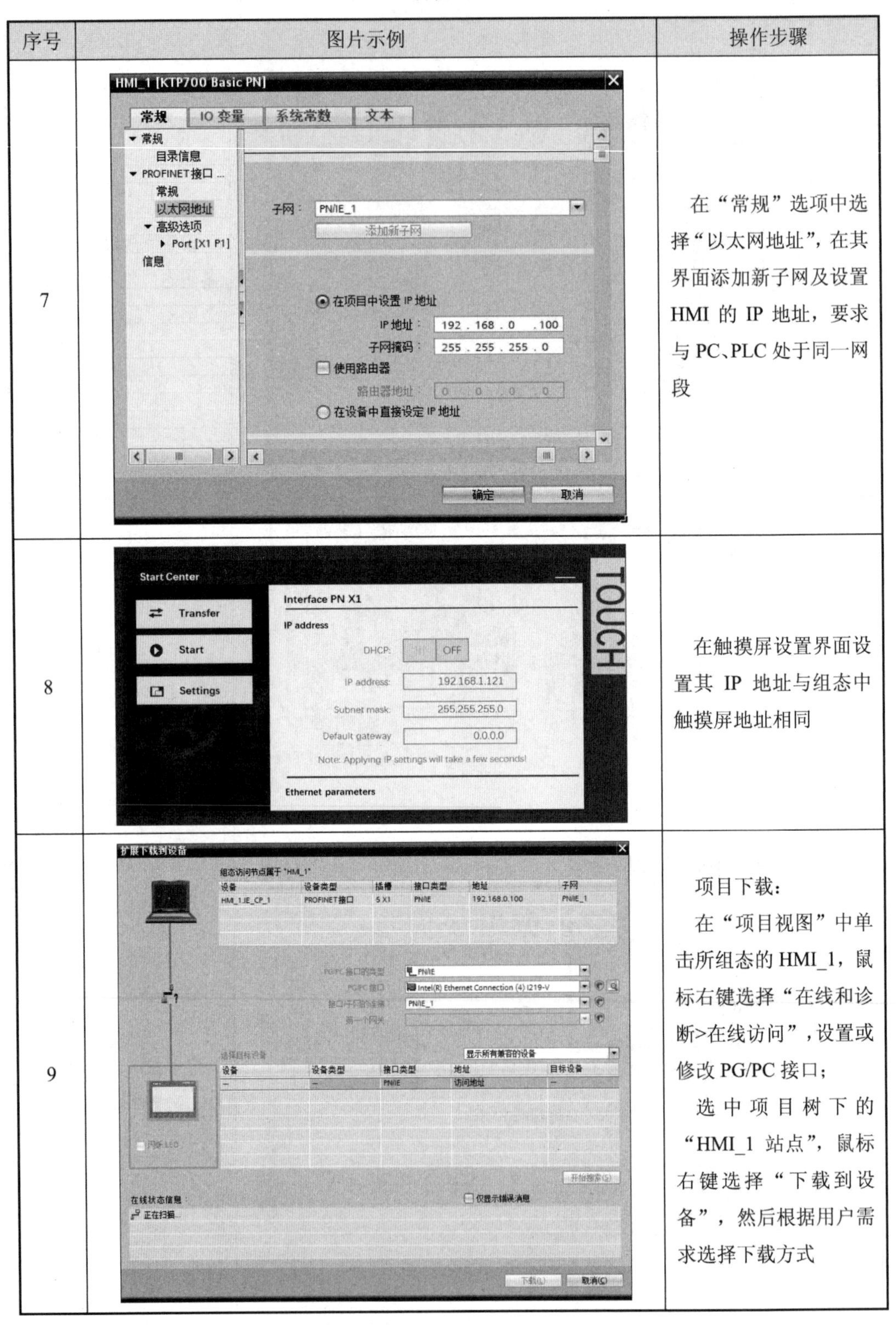

序号	图片示例	操作步骤
7		在“常规”选项中选择“以太网地址”，在其界面添加新子网及设置HMI 的 IP 地址，要求与 PC、PLC 处于同一网段
8		在触摸屏设置界面设置其 IP 地址与组态中触摸屏地址相同
9		项目下载： 在“项目视图”中单击所组态的 HMI_1，鼠标右键选择“在线和诊断>在线访问”，设置或修改 PG/PC 接口； 选中项目树下的“HMI_1 站点”，鼠标右键选择“下载到设备”，然后根据用户需求选择下载方式

9.4　项目步骤

9.4.1　应用系统连接

※ 系统综合应用项目步骤

产教应用平台包含一系列实训模块用于实操训练，在项目编程前需要安装基础实训模块和所需工具，如图 9.9 所示。

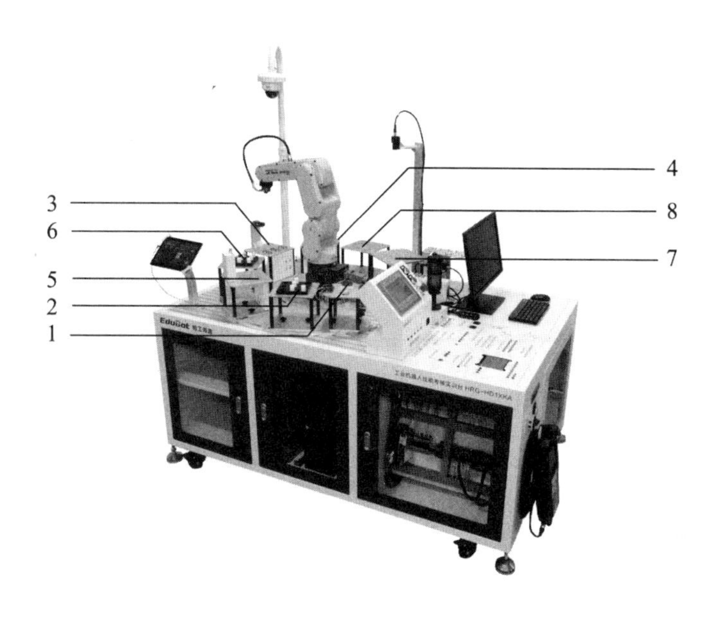

图 9.9　项目实训设备

本项目所涉及的实训工具及说明见表 9.3。

表 9.3　实训工具说明

序号	名称	说　　明
1	气动夹爪	模拟工业工具进行物料抓取工作
2	供料模块	用于提供物料
3	微动开关检测模块	检测物料是否存在
4	数控加工模块	用于模拟机床装夹卡盘
5	打磨模块	打磨去除加工后工件表面的毛刺
6	装配模块	用于工件装配
7	视觉模块	用于识别检测物料
8	成品模块	存放检测后的成品

9.4.2　应用系统配置

在系统综合应用项目中需要对气动夹爪、微动开关、数控加工模块、打磨模块及相机进行应用系统配置。系统配线除前面章节所介绍的配线外，还包括PLC与总控信号的配线、PLC与机器人之间的配线。其中，PLC与机器人之间的配线用于实现机器人的外部控制，应该将相应的信号配置为系统输入输出信号。

1. PLC与总控信号的配线

系统通过外部按钮与PLC、触摸屏之间的连接实现启动、停止及状态指示的功能，其配线见表9.4。

表9.4　PLC与总控信号的配线

PLC控制区		总控信号	
代号	功能	代号	功能
I10.0	外部启动	外部启动按钮	暂停程序再启动
I10.1	外部停止	外部停止按钮	暂停程序
Q0.3	运行灯	运行指示灯	绿灯

2. PLC与机器人之间的配线及机器人数字输入输出与UOP输入输出的关联

PLC与机器人之间的配线主要用于实现机器人的外部控制，如启动、停止、电机上电、报警复位等，同时检测机器人的运行或工作状态。PLC与机器人之间的配线及机器人数字输入输出与UOP输入输出的关联见表9.5。

表9.5　PLC与机器人之间的配线及机器人数字输入输出与UOP输入输出的关联

PLC控制区		机器人输入/输出信号		
代号	功能	代号	功能	代号
I0.2	机器人程序运行中	UO[3]	机器人程序运行中	DO[103]
Q0.0	机器人报警复位	UI[5]	机器人报警复位	DI[104]
Q0.1	程序号码选择信号	UI[17]	机器人程序号码选择	DI[105]
Q0.2	自动运转启动信号	UI[18]	机器人自动运转启动	DI[106]
Q0.4	暂停信号	UI[2]	暂停运行程序	DI[107]
Q0.5	暂停后再启动	UI[6]	启动暂停程序	DI[108]

3. 项目涉及的I/O配置

项目涉及的I/O配置见表9.6。

表 9.6　I/O 配置

代号	功能	代号	功能
DI[101]	微动开关检测信号	DO[101]	控制数控加工模块中气爪打开或关闭
DI[102]	磁性开关（夹紧）信号	DO[102]	控制打磨模块中电机开启或关闭
DI[103]	磁性开关（松开）信号	DO[103]	机器人程序运行中
DI[104]	机器人报警复位	RO1	控制气爪打开或关闭
DI[105]	机器人程序号码选择	RO3	控制快换夹具气路打开或关闭
DI[106]	机器人自动运转启动		
DI[107]	暂停运行程序		
DI[108]	启动暂停程序		

9.4.3　关联程序设计

本项目的关联程序是为了优化程序架构，将程序划分为模块式结构，在主程序中根据需求进行调用。本项目的关联程序为初始化、物料抓取检测、物料加工打磨、物料装配、视觉应用、装载气动夹爪、卸载气动夹爪及 PLC 等程序。初始化程序、装载气动夹爪、物料模拟数控加工程序、打磨程序、装配程序、视觉检测程序、卸载气动夹爪程序可选用前六章程序模块。

1. 物料检测程序

物料检测程序用于检测机器人是否成功抓取物料，程序模块设计如下：

1：UFRAME_NUM=3	*//切换至用户坐标系 3*
2：UTOOL_NUM=1	*//切换至工具坐标系 1*
3：J　P[1]　20%　FINE	*//机器人移动至微动开关模块上方*
4：L　P[1]　100mm/sec　FINE	*//机器人移动至微动开关过渡点*
5：L　P[5]　100mm/sec　FINE	*//机器人移动至微动开关摆杆处*
6：IF DI[101]=OFF,JMP LBL[2]	*//判断机器人是否成功抓取物料*
	//未成功抓取，跳转到标签 2
7：L　P[4]　100mm/sec　FINE	*//成功抓取，机器人返回至微动开关模块过渡点*
8：L　P[6]　100mm/sec　FINE	*//机器人移动至微动开关模块上方*
9：L　P[7]　100mm/sec　FINE	*//机器人移动至物料放置点*
10：RO[1]=OFF	*//机器人松开气爪*
11：WAIT　1.00 sec	*//等待时间*
12：L　P[6]　100mm/sec　FINE	*//机器人返回至微动开关模块上方*
13：J　P[7]　20%　FINE	*//机器人移动至安全位置*
[End]	

2. PLC 程序设计

机器人启动程序主要是根据 FANUC 机器人外部启动时序的要求编写而成。该程序的主要作用是先后发送复位信号（UI5）、PNS 程序选择信号（UI17）、PNS 自动运转启动信号（UI18），在外部启动时序的基础上设置外部启动按钮，以实现程序暂停后的再次启动。为了能够实现一键启动的效果，需要利用 PLC 进行时序信号发送，外部启动程序框图如图 9.10 所示。PLC 程序编写步骤见表 9.7。

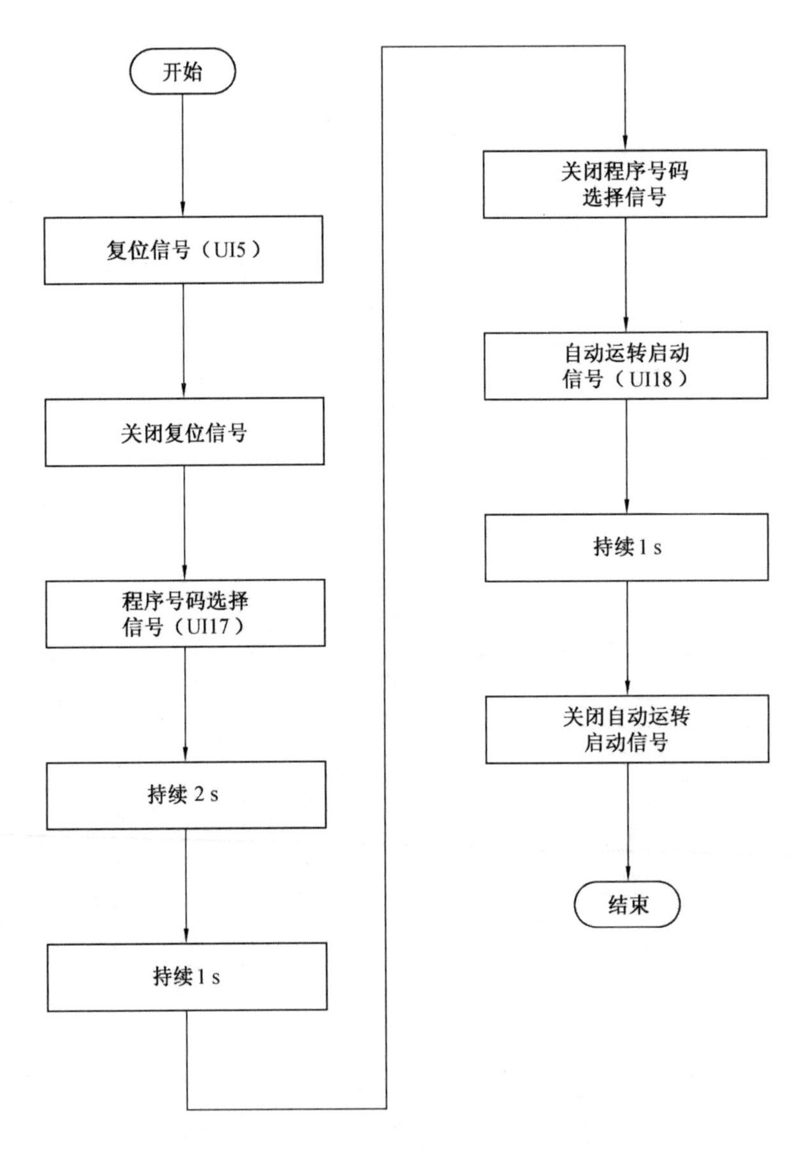

图 9.10　外部启动程序框图

表 9.7　PLC 程序编写

序号	图片示例	操作步骤
1	"T3".Q　%M0.0 "HMI_启动"　%M1.0 "Tag_1" %M1.0 "Tag_1"	启动程序（1）
2	%M1.0 "Tag_1" %DB2 "T1" TON Time IN Q PT ET　T#2000ms　T#0ms %DB5 "T4" TON Time IN Q PT ET　T#3000ms　T#0ms %DB3 "T2" TON Time IN Q PT ET　T#4000ms　T#0ms %DB4 "T3" TON Time IN Q PT ET　T#5000ms　T#0ms	启动程序（2）
3	程序段 3： %M1.0 "Tag_1"　"T1".Q　%Q0.0 "复位信号" 程序段 4： "T4".Q　"T2".Q　%Q0.1 "PNSTROBE" 程序段 5： "T2".Q　%Q0.2 "PROD_START"	启动程序（3）
4	%I0.1 "外部停止按钮"　%M0.1 "HMI_停止"　%Q0.4 "停止程序"	停止程序
5	%I0.2 "机器人运行状态"　%Q0.3 "运行指示灯"	运行灯显示
6	%I0.0 "外部启动按钮"　%Q0.5 "暂停后再启动"	暂停程序后再启动

3. 触摸屏设置

通过触摸屏组态设置“HMI_启动”“HMI_停止”，控制机器人 PNS 启动、停止程序。具体设置步骤分为添加背景图片和添加启动、停止按钮。

（1）添加背景图片。

添加背景图片的步骤见表 9.8。

表 9.8　添加背景图片的步骤

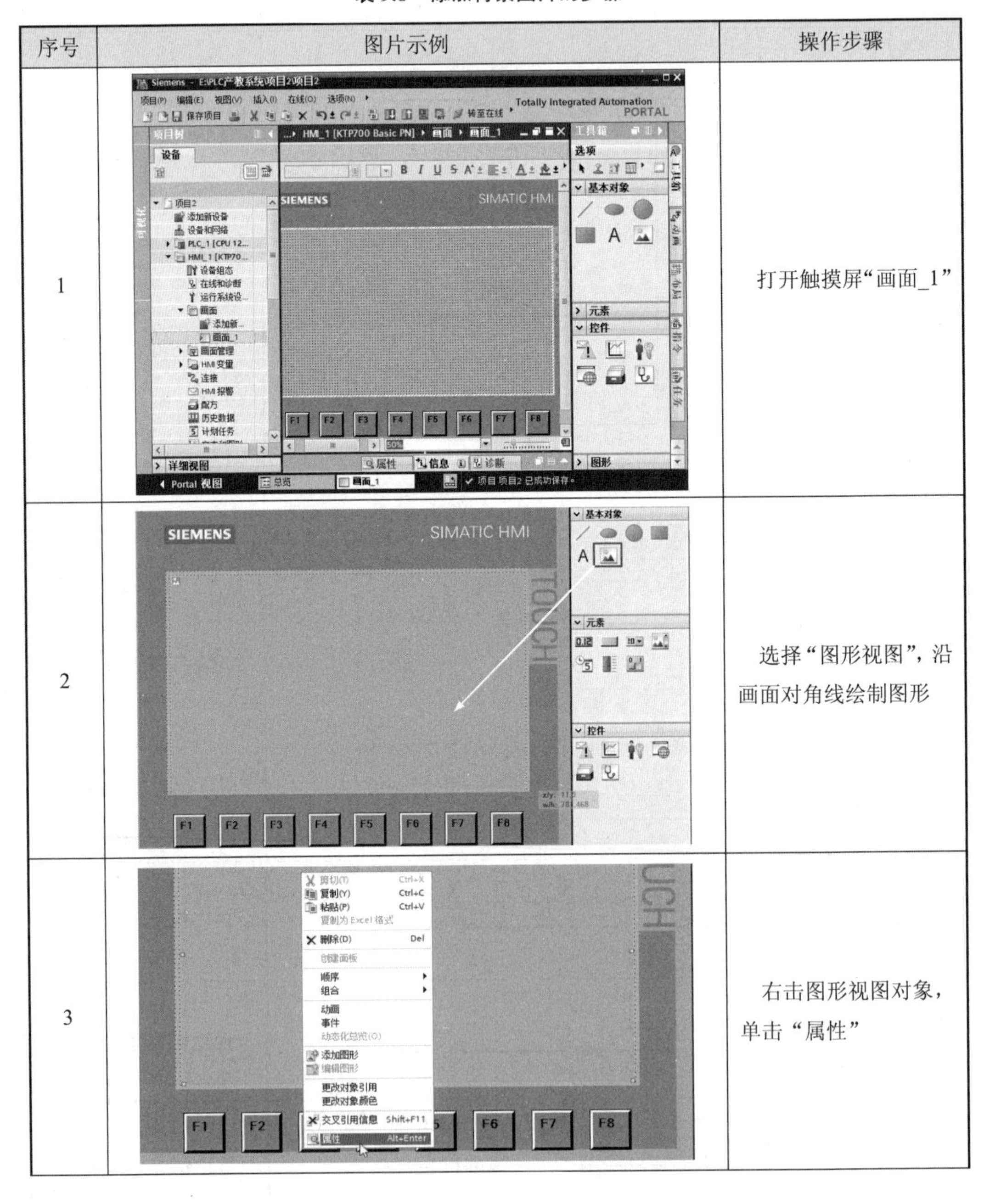

序号	图片示例	操作步骤
1		打开触摸屏“画面_1”
2		选择“图形视图”，沿画面对角线绘制图形
3		右击图形视图对象，单击“属性”

续表 9.8

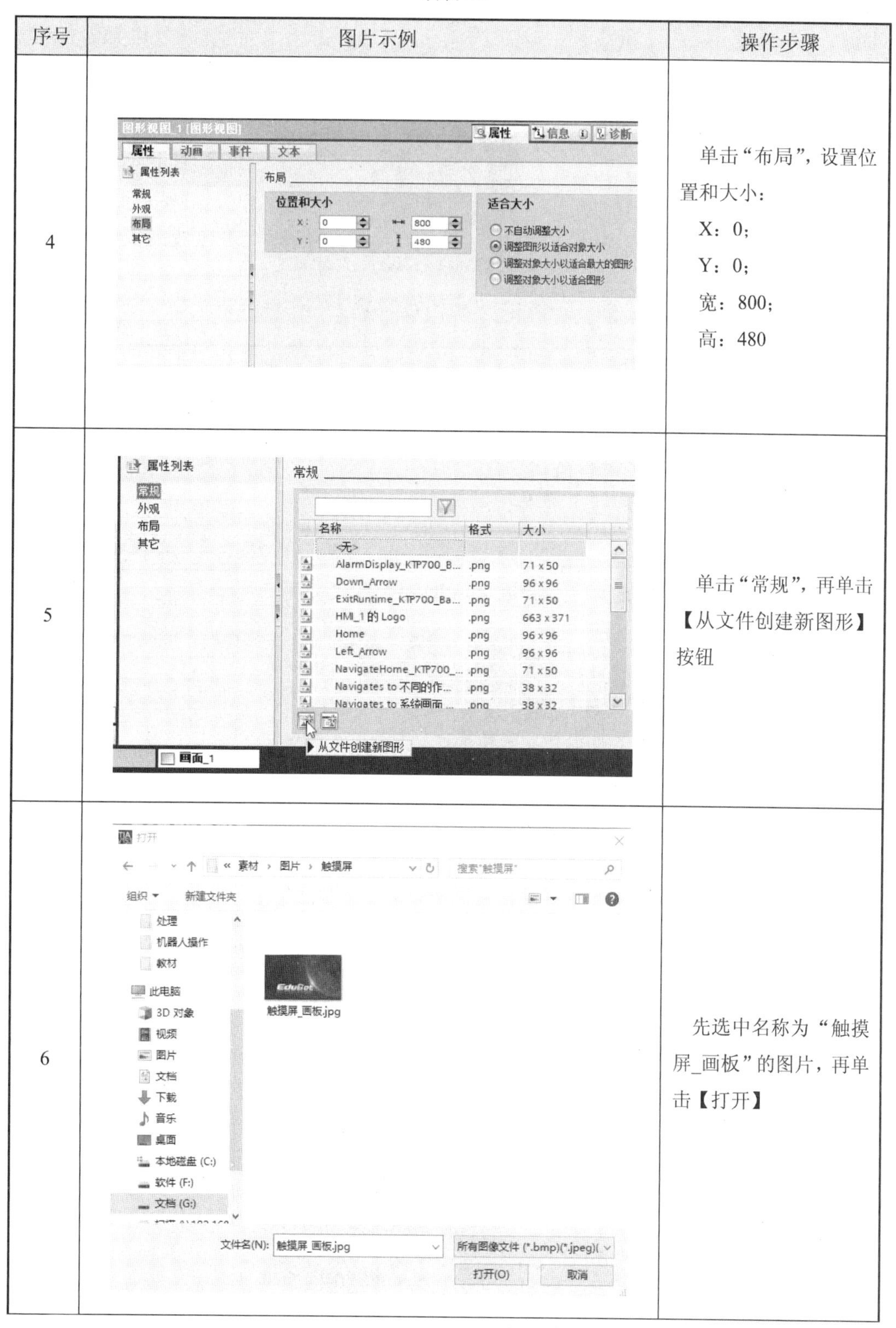

序号	图片示例	操作步骤
4		单击“布局”，设置位置和大小： X：0； Y：0； 宽：800； 高：480
5		单击“常规”，再单击【从文件创建新图形】按钮
6		先选中名称为“触摸屏_画板”的图片，再单击【打开】

续表 9.8

序号	图片示例	操作步骤
7		先选中名称为“西门子_画板 1”的图片，再单击【应用】

（2）添加按钮。

添加按钮的步骤见表 9.9。

表 9.9　添加按钮的步骤

序号	图片示例	操作步骤
1	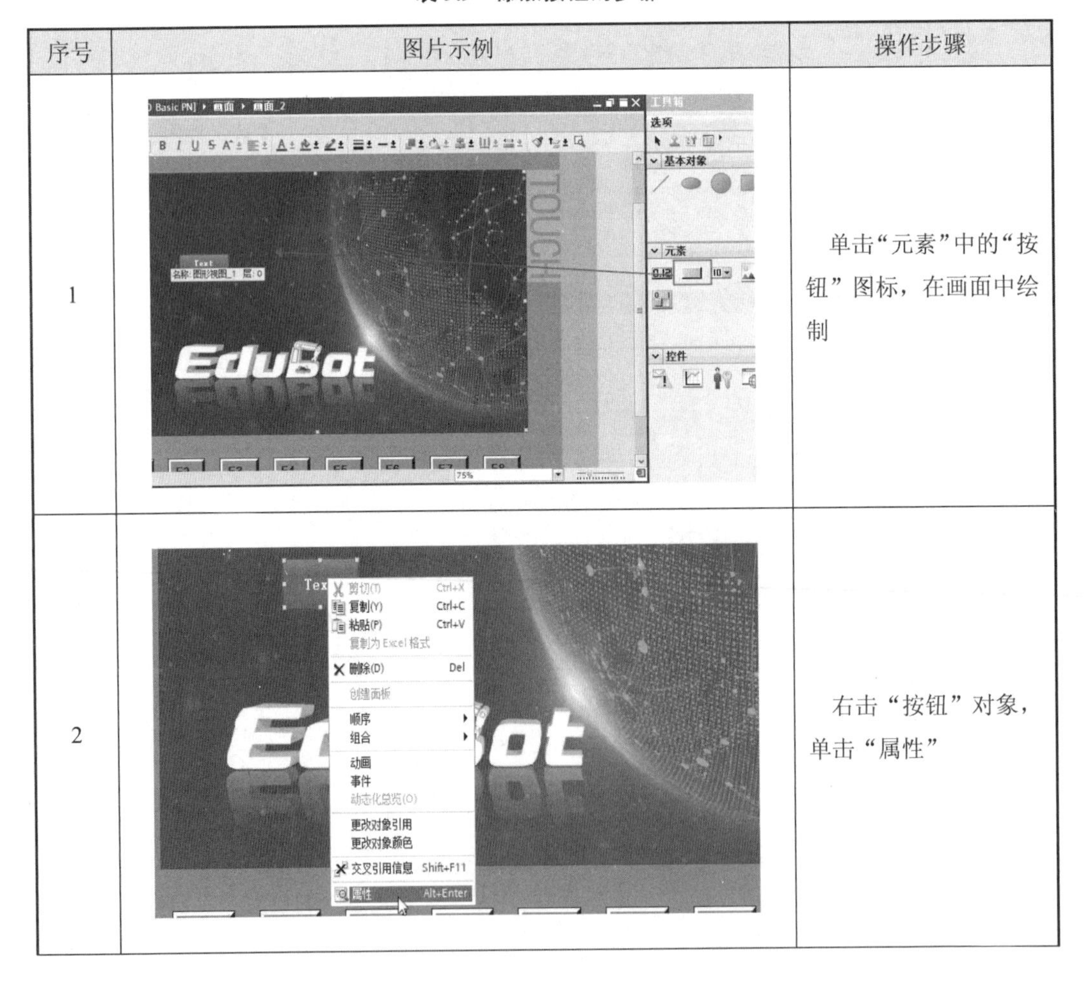	单击“元素”中的“按钮”图标，在画面中绘制
2		右击“按钮”对象，单击“属性”

续表 9.9

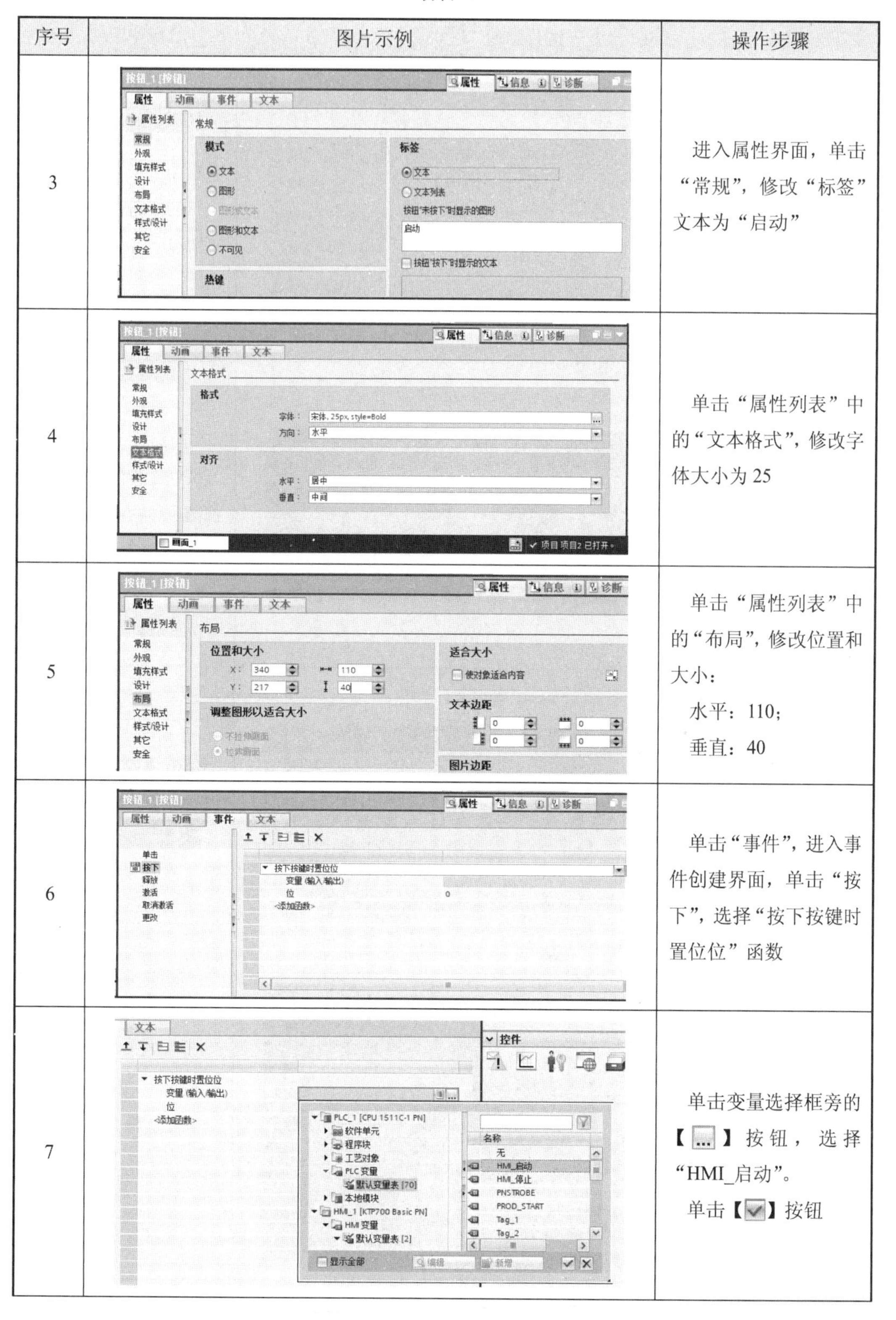

序号	图片示例	操作步骤
3		进入属性界面，单击“常规”，修改“标签”文本为“启动”
4		单击“属性列表”中的“文本格式”，修改字体大小为 25
5		单击“属性列表”中的“布局”，修改位置和大小： 水平：110； 垂直：40
6		单击“事件”，进入事件创建界面，单击“按下”，选择“按下按键时置位位”函数
7		单击变量选择框旁的【...】按钮，选择“HMI_启动”。 单击【✓】按钮

续表 9.9

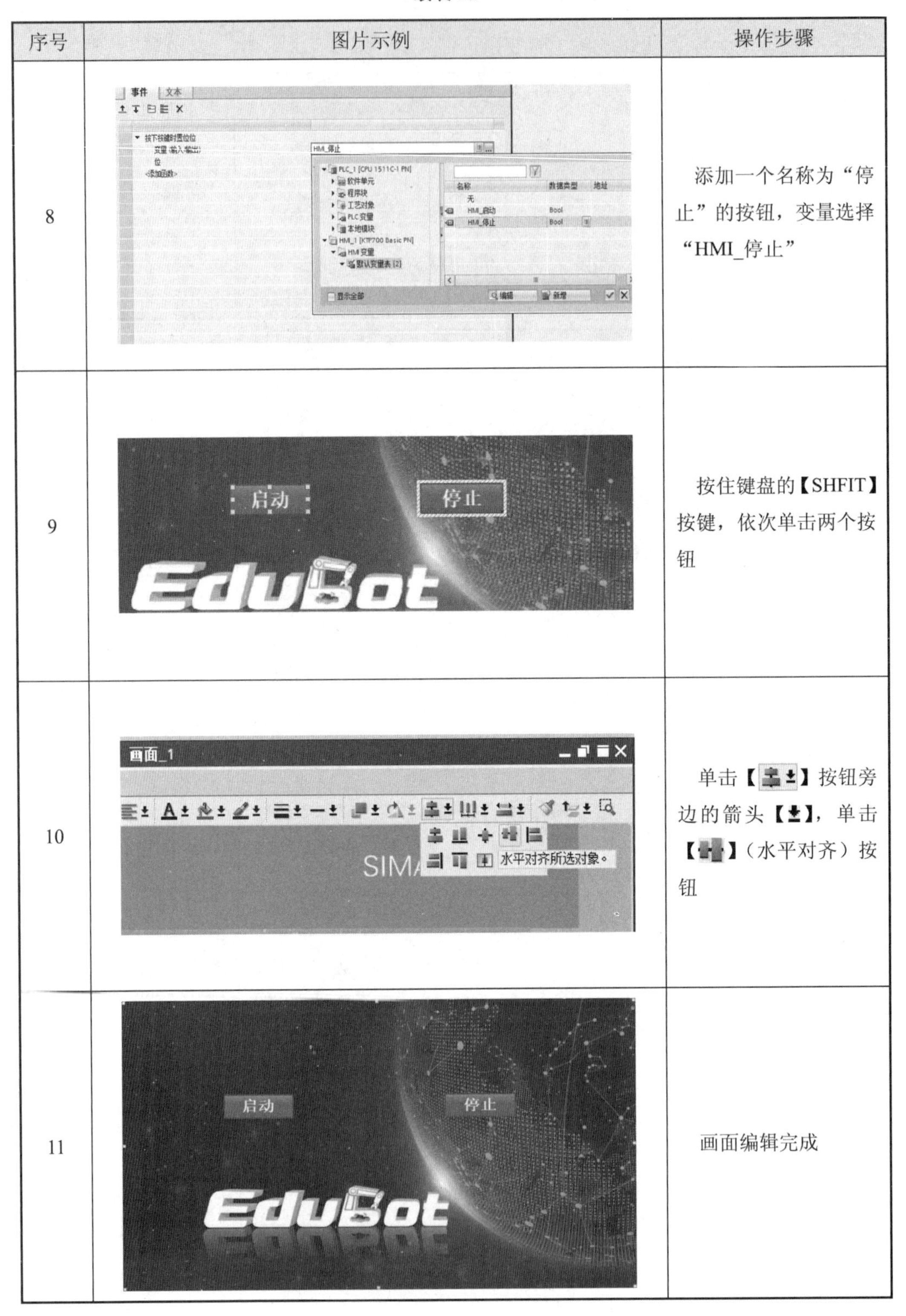

序号	图片示例	操作步骤
8		添加一个名称为“停止”的按钮，变量选择“HMI_停止”
9		按住键盘的【SHFIT】按键，依次单击两个按钮
10		单击【 】按钮旁边的箭头【 】，单击【 】（水平对齐）按钮
11		画面编辑完成

9.4.4 主体程序设计

主体程序设计包含初始化、物料抓取检测、物料加工打磨、物料装配、视觉应用、装载气动夹爪、卸载气动夹爪及 PLC 等程序设计。系统综合应用项目的主体程序如下：

ZONGHE	
1: LBL[1]	*//标签 1*
2: CALL INIT2	*//调用初始化程序*
3: WAIT 1.00 sec	*//等待时间*
4: CALL LOADING	*//调用装载气动夹爪程序*
5: WAIT 1.00 sec	*//等待时间*
6: J P[1] 20% FINE	*//机器人移动至安全点位置*
7: L P[2] 100mm/sec FINE	*//机器人移动至供料模块上方*
8: L P[3] 100mm/sec FINE	*//机器人移动至物料抓取点*
9. RO[1]=ON	*//气爪夹紧物料*
10: WAIT 1.00 sec	*//等待时间*
11: L P[2] 100mm/sec FINE	*//机器人返回至供料模块上方*
12: L P[1] 100mm/sec FINE	*//机器人移动至安全点位置*
13: CALL JIANCE	*//调用物料检测程序*
14: CALL NC	*//调用物料加工程序*
15: CALL BURRING	*//调用物料打磨程序*
16: CALL ZP	*//调用物料装配程序*
17: CALL SHIJUE	*//调用视觉检测程序*
18: CALL UNLOADING	*//调用卸载气动夹爪程序*
19: JMP LBL[1]	*//跳转至标签 1*
[End]	

9.4.5 项目程序调试

项目程序调试是指在程序编写完成后，对程序进行单步运行，以验证程序是否正确。项目程序调试的步骤见表 9.10。

表 9.10　项目程序调试

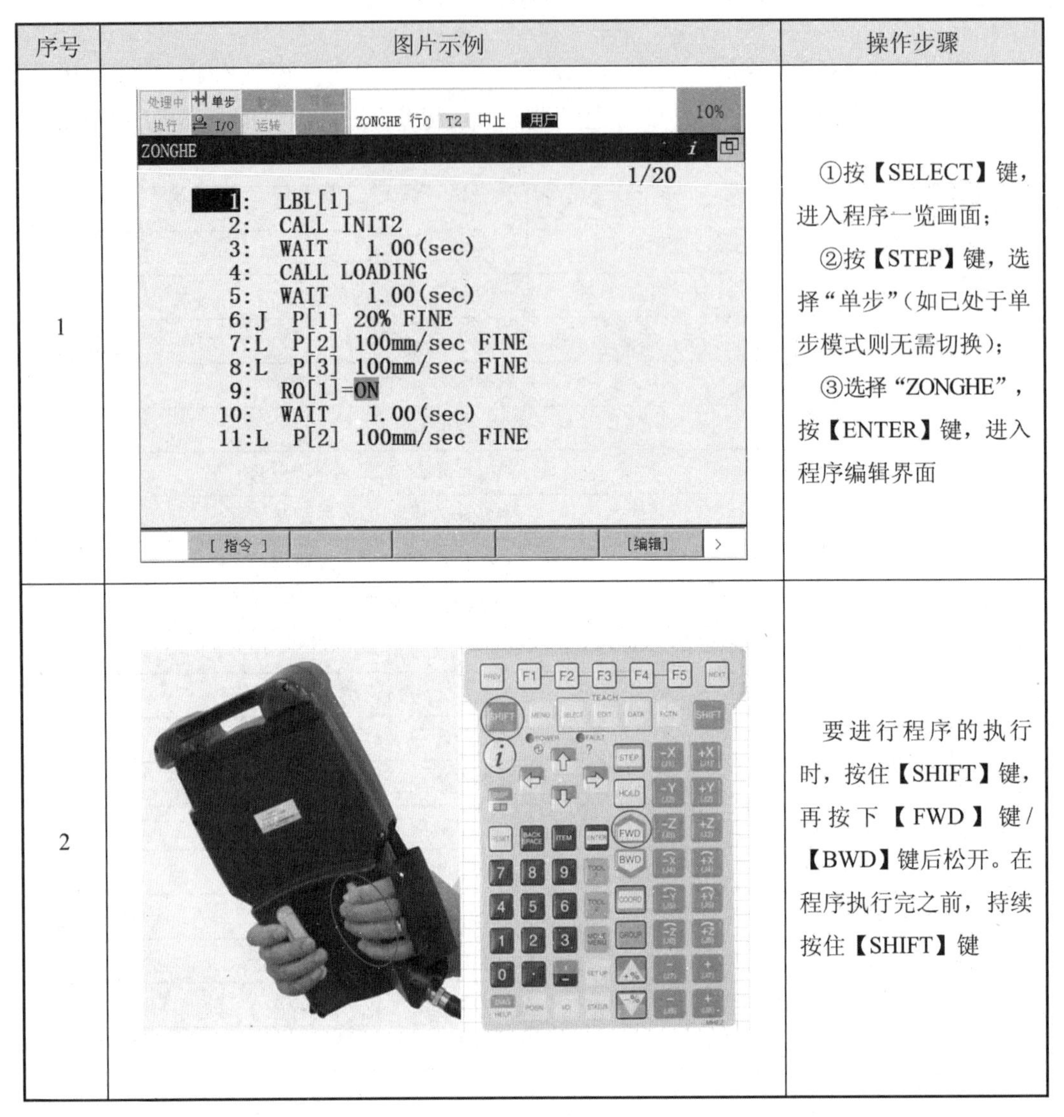

序号	图片示例	操作步骤
1		①按【SELECT】键，进入程序一览画面； ②按【STEP】键，选择“单步”（如已处于单步模式则无需切换）； ③选择“ZONGHE”，按【ENTER】键，进入程序编辑界面
2		要进行程序的执行时，按住【SHIFT】键，再按下【FWD】键/【BWD】键后松开。在程序执行完之前，持续按住【SHIFT】键

9.4.6　项目总体运行

根据项目需求，需配置机器人 UOP。按照 PNS 自动运转要求，设置 UI[1]、UI[3]、UI[8]（使能）为“ON”状态。UI[2]（HOLD）、UI[5]（复位）、UI[6]（Start）、UI[17]、UI[18]需要与机器人、PLC 进行关联配置。因为本项目被启动的程序名称为“PNS0001”，根据 PNS 命名规则，需要将 UI[9]置为“ON”，将“ZONGHE”重命名为“PNS0001”。

基于机器人服务请求（PNS）的自动运转操作步骤见表 9.11。

表 9.11　自动运转操作步骤

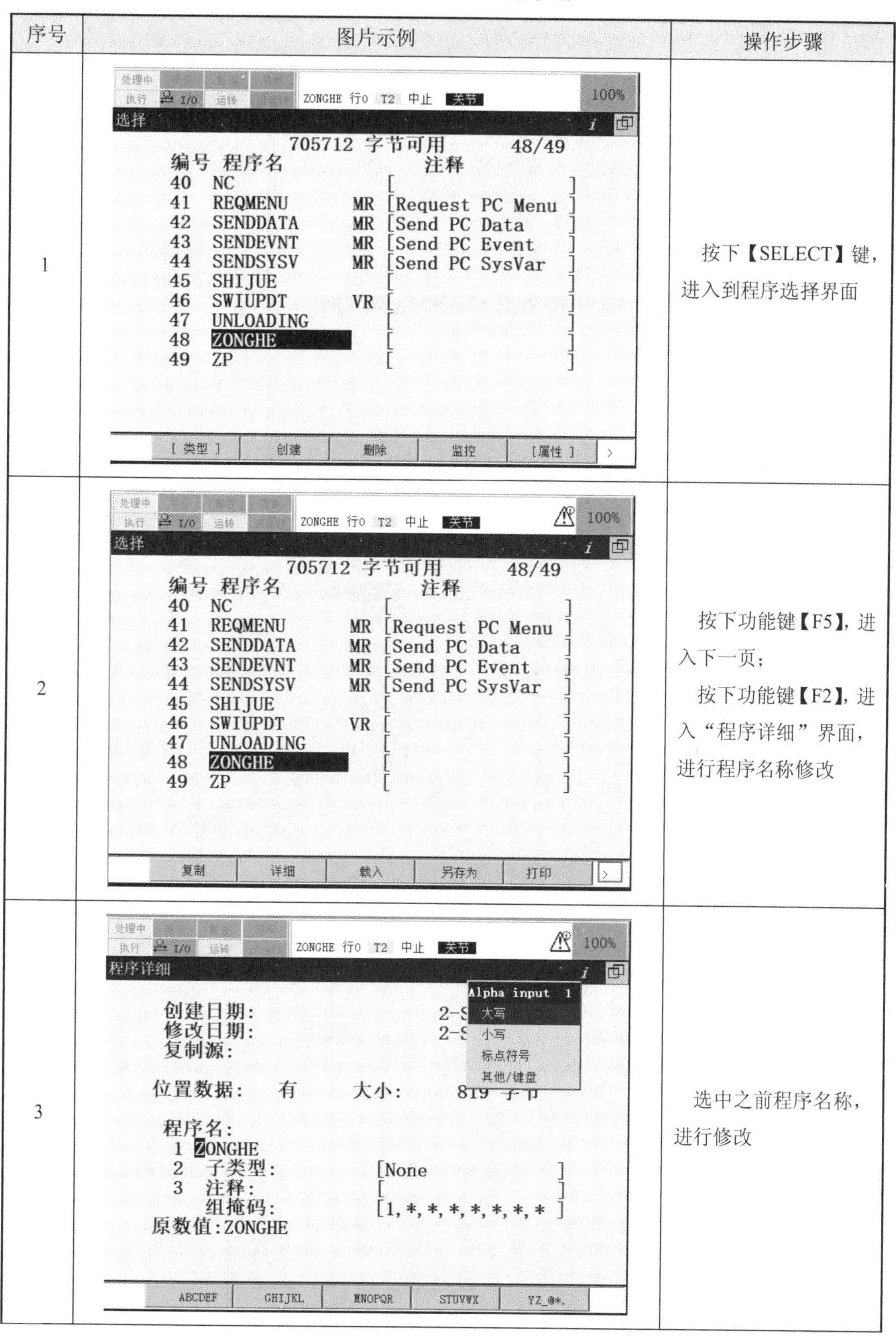

序号	图片示例	操作步骤
1		按下【SELECT】键，进入到程序选择界面
2		按下功能键【F5】，进入下一页； 按下功能键【F2】，进入“程序详细”界面，进行程序名称修改
3		选中之前程序名称，进行修改

续表 9.11

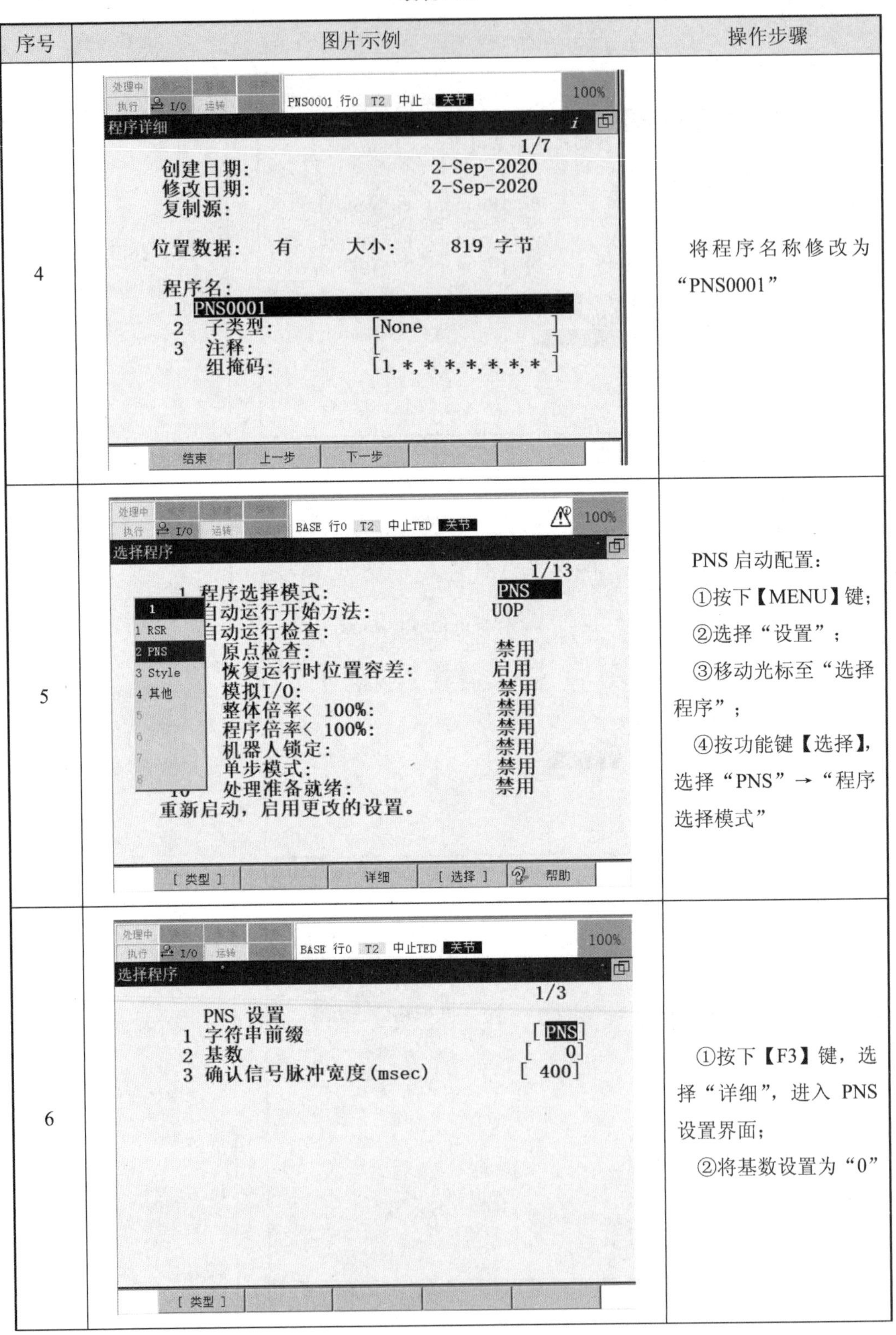

序号	图片示例	操作步骤
4		将程序名称修改为“PNS0001”
5		PNS 启动配置: ①按下【MENU】键; ②选择“设置”; ③移动光标至“选择程序”; ④按功能键【选择】，选择“PNS”→“程序选择模式”
6		①按下【F3】键，选择“详细”，进入 PNS 设置界面; ②将基数设置为“0”

续表 9.11

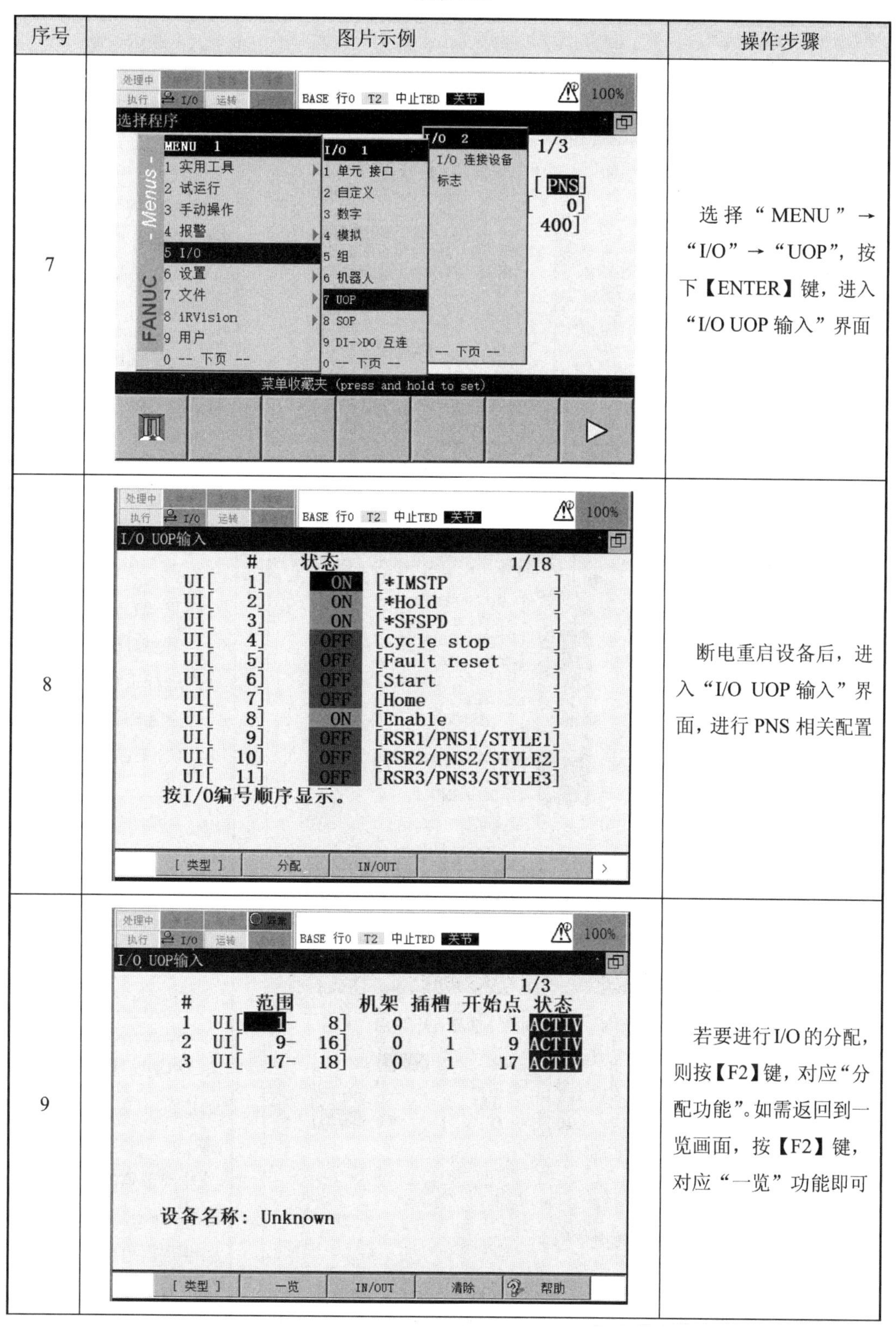

序号	图片示例	操作步骤
7		选择“MENU”→“I/O”→“UOP”，按下【ENTER】键，进入“I/O UOP 输入”界面
8		断电重启设备后，进入“I/O UOP 输入”界面，进行 PNS 相关配置
9		若要进行 I/O 的分配，则按【F2】键，对应“分配功能”。如需返回到一览画面，按【F2】键，对应“一览”功能即可

续表 9.11

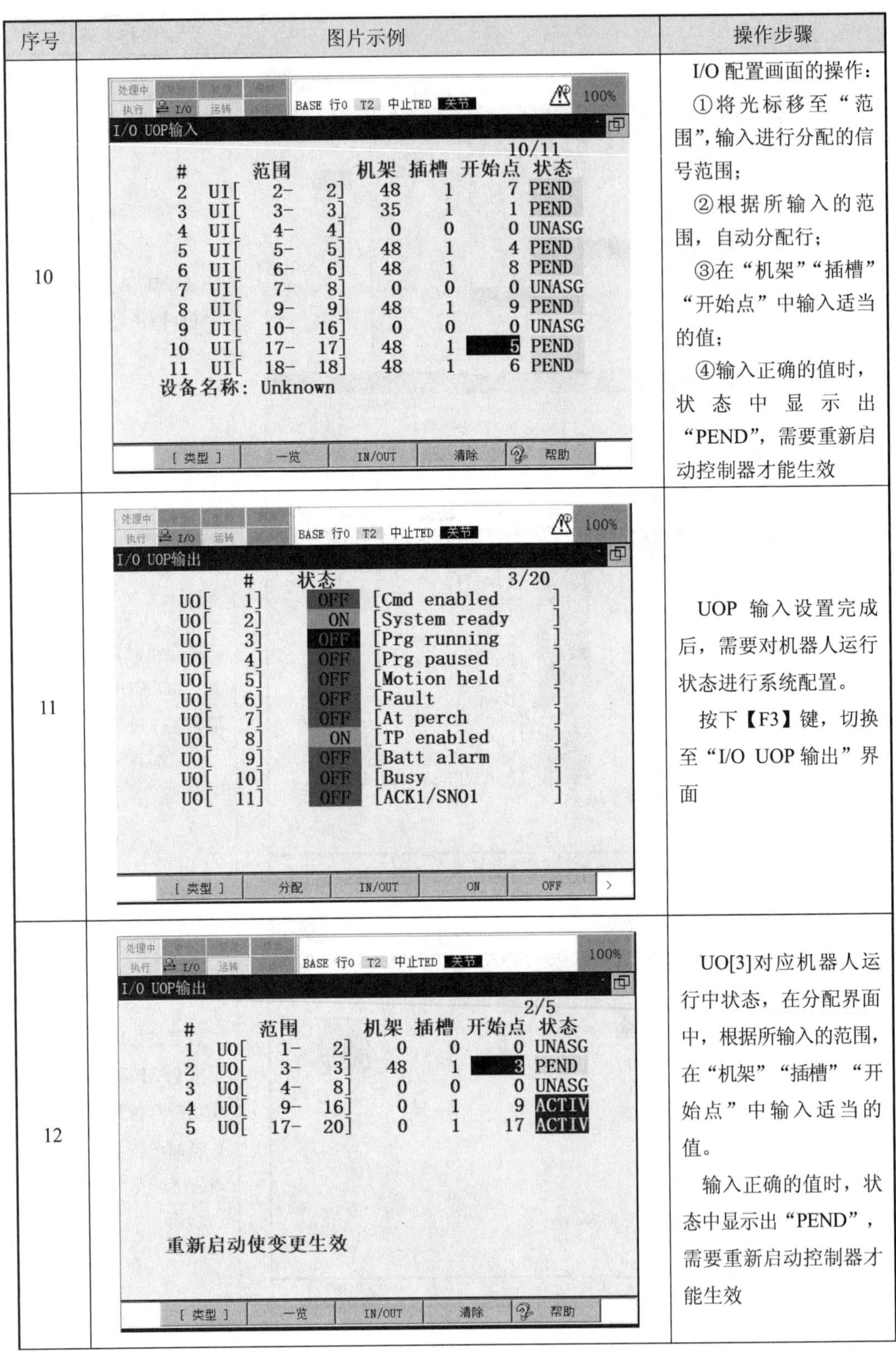

序号	图片示例	操作步骤
10		I/O 配置画面的操作： ①将光标移至“范围”，输入进行分配的信号范围； ②根据所输入的范围，自动分配行； ③在“机架”“插槽”“开始点”中输入适当的值； ④输入正确的值时，状态中显示出“PEND”，需要重新启动控制器才能生效
11		UOP 输入设置完成后，需要对机器人运行状态进行系统配置。 按下【F3】键，切换至“I/O UOP 输出”界面
12		UO[3]对应机器人运行中状态，在分配界面中，根据所输入的范围，在“机架”“插槽”“开始点”中输入适当的值。 输入正确的值时，状态中显示出“PEND”，需要重新启动控制器才能生效

续表 9.11

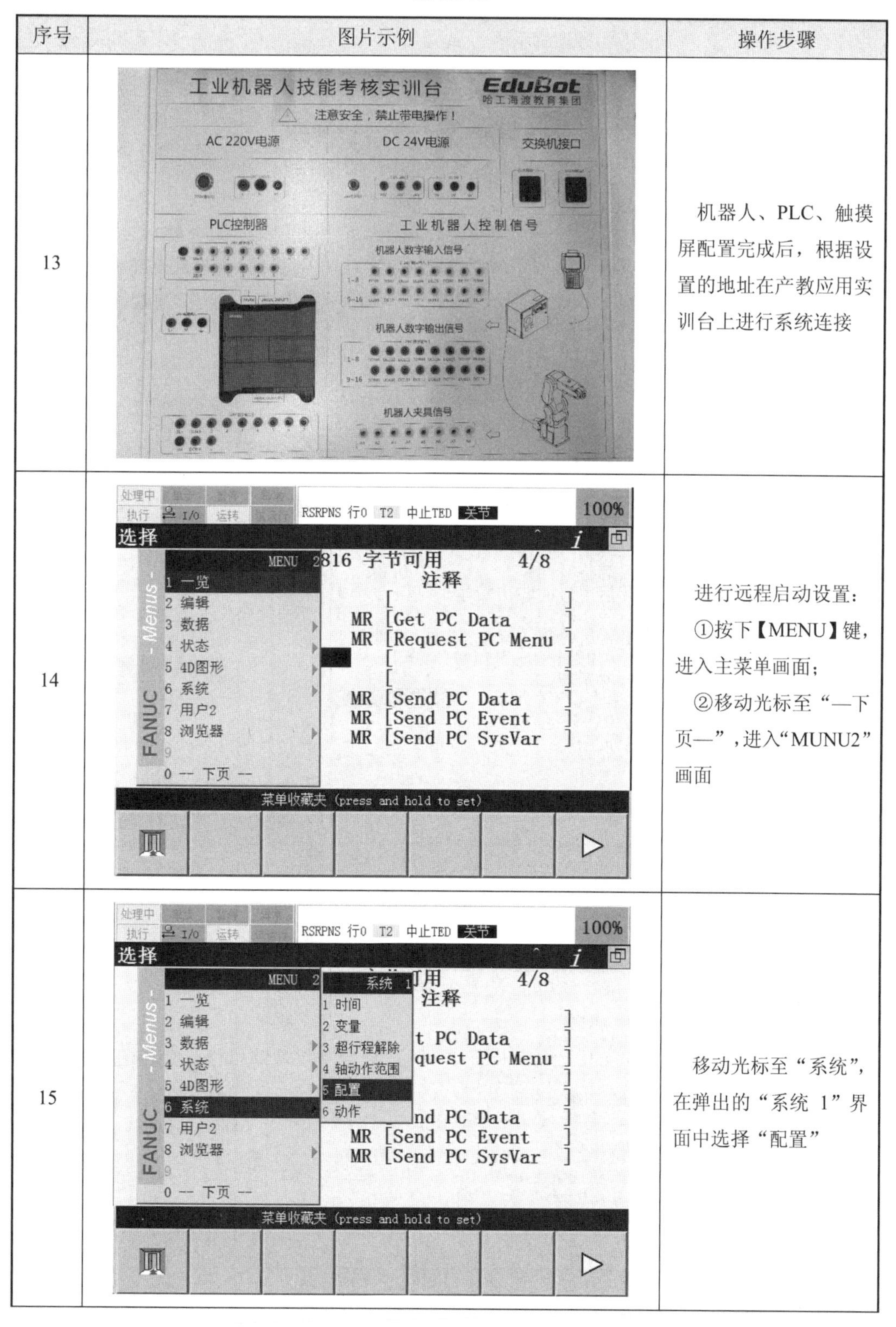

序号	图片示例	操作步骤
13		机器人、PLC、触摸屏配置完成后，根据设置的地址在产教应用实训台上进行系统连接
14		进行远程启动设置： ①按下【MENU】键，进入主菜单画面； ②移动光标至“—下页—”，进入“MUNU2”画面
15		移动光标至“系统”，在弹出的“系统 1”界面中选择“配置”

续表 9.11

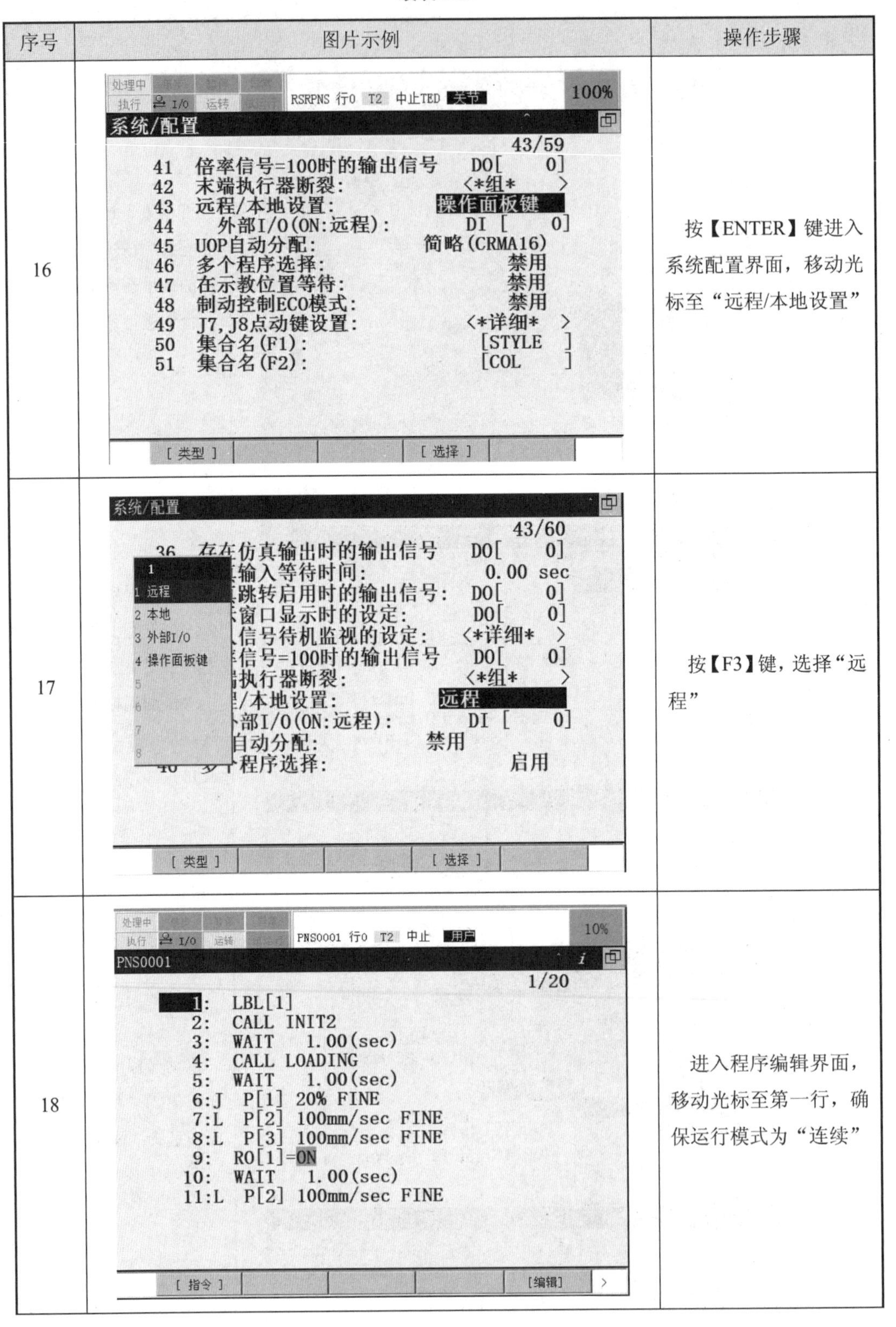

序号	图片示例	操作步骤
16		按【ENTER】键进入系统配置界面，移动光标至“远程/本地设置”
17		按【F3】键，选择“远程”
18		进入程序编辑界面，移动光标至第一行，确保运行模式为“连续”

续表 9.11

序号	图片示例	操作步骤
19	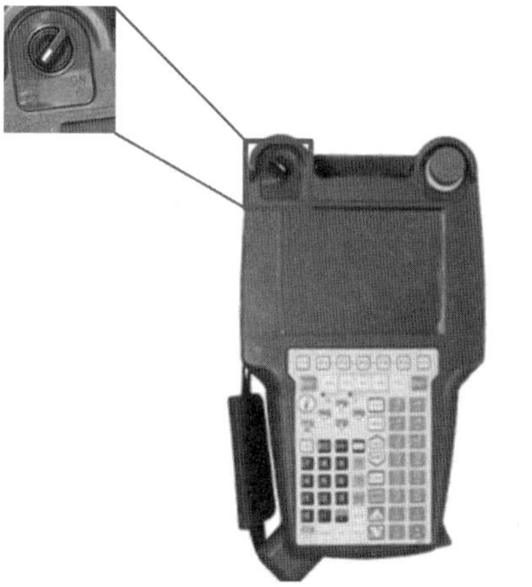	将示教器的有效开关旋转至“OFF”
20	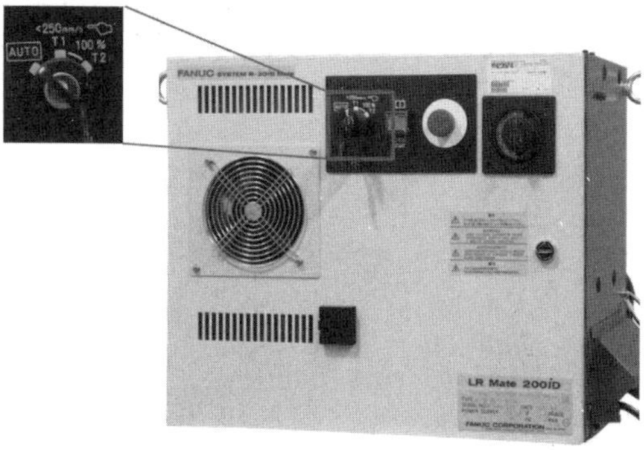	将控制器上的模式开关切换为“AUTO”模式
21	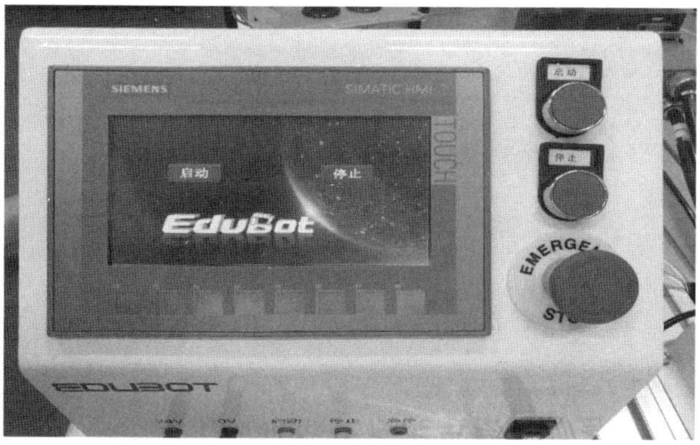	点击触摸屏画面中的【启动】按钮，即可启动“PNS0001”程序。 按下触摸屏画面中的【停止】按钮或外部【停止】按钮，可暂停运行中程序。 按下外部【启动】按钮，即可继续运行当前所暂停的程序

9.5 项目验证

9.5.1 效果验证

项目调试完成之后，观察程序运行过程，程序运行效果如图 9.11 所示。

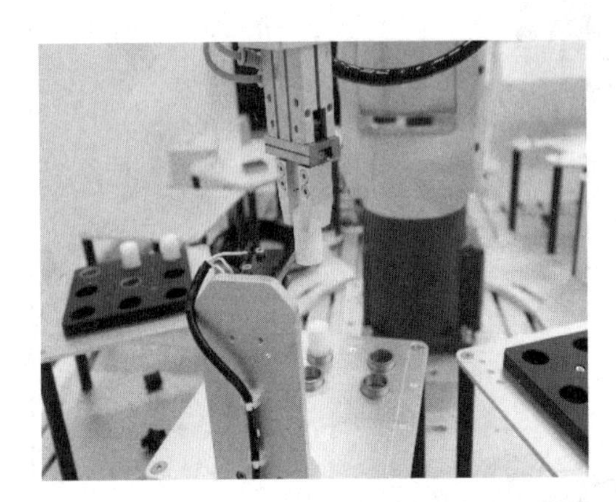

（a）物料检测

（b）物料加工

（c）物料打磨

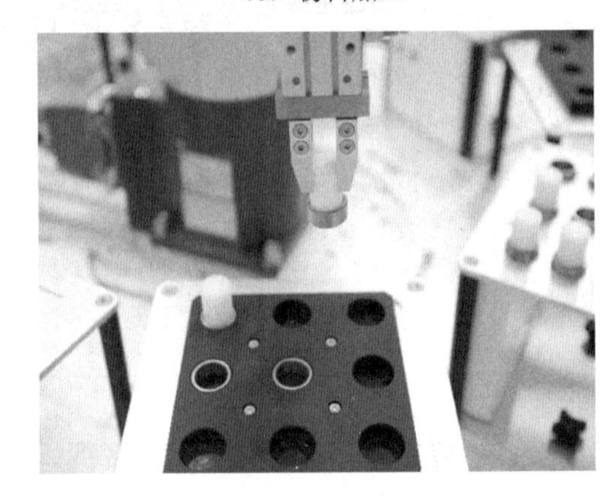

（d）物料装配

图 9.11 程序运行效果

9.5.2 数据验证

在完成 PLC 程序下载后，启动 PLC 的在线监视功能，观察监视表的状态，验证数据。启动在线监视的步骤见表 9.12。

表 9.12　启动在线监视的步骤

序号	图片示例	操作步骤
1		单击菜单栏中“在线”→“转至在线（N）”
2		确认 PLC_1 旁图标为【✔】
3		双击打开“监控表_1”。 单击监视表工具栏的【　】（全部监视）按钮。 观察监视值的变化

监视表的数据，如图 9.12 所示。

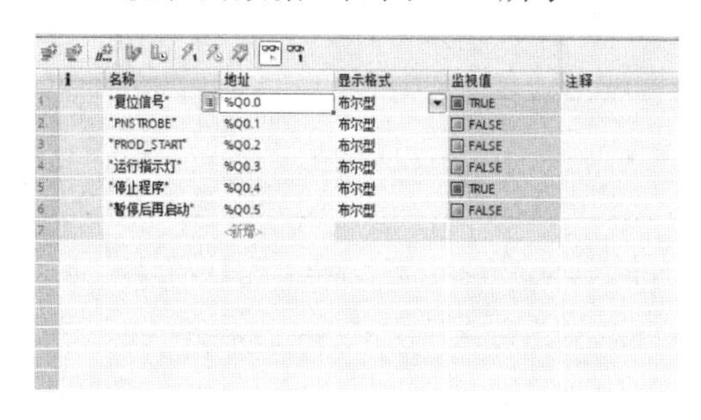

（a）按下【HMI_启动】，启动复位信号

（b）启动“PNSTROBE”

图 9.12　监视表的数据

	i	名称	地址	显示格式	监视值	注释
1		"复位信号"	%Q0.0	布尔型	FALSE	
2		"PNSTROBE"	%Q0.1	布尔型	FALSE	
3		"PROD_START"	%Q0.2	布尔型	TRUE	
4		"运行指示灯"	%Q0.3	布尔型	FALSE	
5		"停止程序"	%Q0.4	布尔型	TRUE	
6		"暂停后再启动"	%Q0.5	布尔型	FALSE	
7			<新增>			

（c）启动“PROD_START”

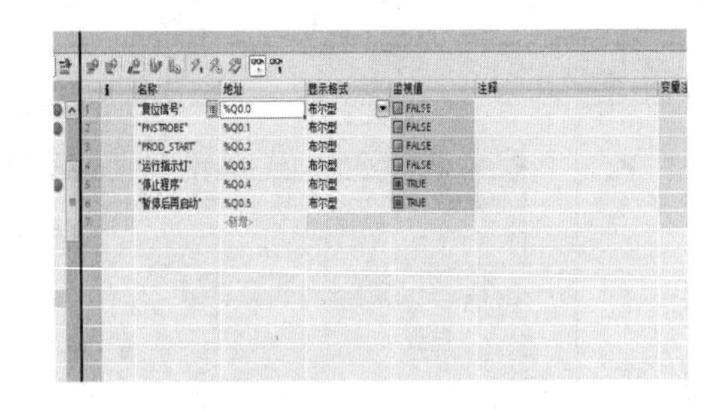

（d）按下外部【启动】按钮

续图 9.12

9.6 项目总结

9.6.1 项目评价

项目评价表见表 9.13。

表 9.13 项目评价表

项目指标		分值	自评	互评	评分说明
项目分析	1. 项目构架分析	6			
	2. 项目流程分析	6			
项目要点	1. 指令解析	4			
	2. 自动运转	6			
	3. PLC 应用	4			
	4. 触摸屏应用	4			
项目步骤	1. 应用系统连接	9			
	2. 应用系统配置	9			
	3. 关联程序设计	9			
	4. 主体程序设计	9			
	5. 项目程序调试	8			
	6. 项目总体运行	8			
项目验证	1. 效果验证	9			
	2. 数据验证	9			
合计		100			

9.6.2 项目拓展

FANUC 机器人接收外部信号进行启动分为 RSR 和 PNS 两种方式。本项目验证完成后，可尝试 RSR 自动运转方式。RSR 自动运转方式的启动程序命名必须以“RSR”开头，后面紧跟 4 位“程序号码”数字，从而构成程序名。程序号码与 RSR 登录号码、基本号码有关。

“程序号码”=“RSR*n* 登录号码”+“基本号码”

基于 RSR 的程序启动，需要将机器人切换至远程模式。此外，包含基于 RSR 动作组的程序启动，除了满足处于远程模式下的条件之外，在下面几个可动条件成立并输出 CMDENBL 信号后，才可正确启动 RSR 程序。基于 RSR 的自动运转顺序如图 9.13 所示。

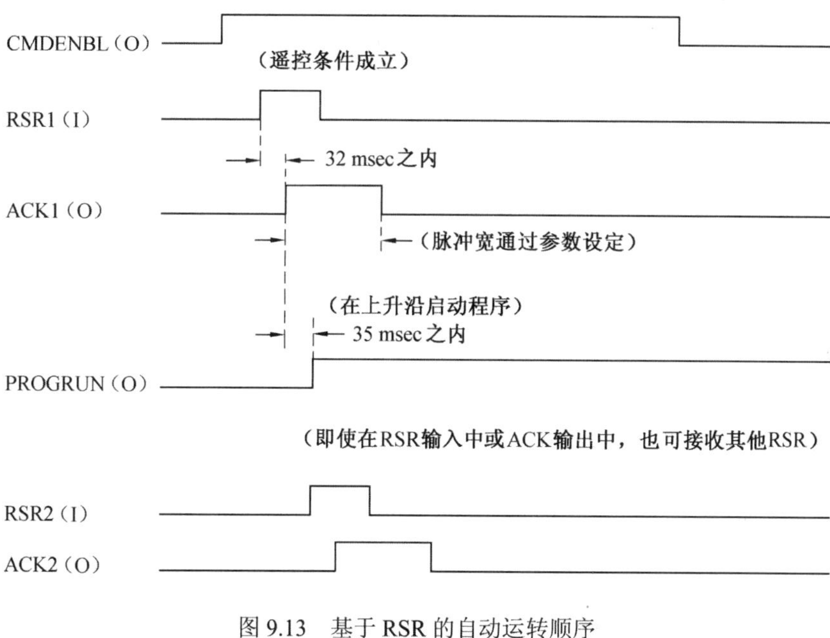

图 9.13 基于 RSR 的自动运转顺序

参考文献

[1] 张明文. 工业机器人技术人才培养方案[M]. 哈尔滨：哈尔滨工业大学出版社，2017.

[2] 张明文. 工业机器人技术基础及应用[M]. 哈尔滨：哈尔滨工业大学出版社，2017.

[3] 张明文. 工业机器人入门实用教程（FANUC 机器人）[M]. 哈尔滨：哈尔滨工业大学出版社，2017.

[4] 张明文. 工业机器人编程操作（FANUC 机器人）[M]. 北京：人民邮电出版社，2020.

先进制造业学习平台

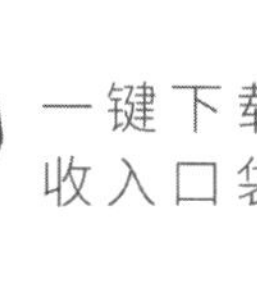

先进制造业职业技能学习平台

工业机器人教育网（www.irobot-edu.com）

先进制造业互动教学平台

海渡职校APP

一键下载
收入口袋

专业的教育平台	先进制造业垂直领域在线教育平台
更轻的学习方式	随时随地、无门槛实时线上学习
全维度学习体验	理论加实操，线上线下无缝对接
更快的成长路径	与百万工程师在线一起学习交流

领取专享积分

下载“海渡职校APP”，进入“学问”—“圈子”，
晒出您与本书的合影或学习心得，即可领取超额积分。

积分兑换

专家课程

实体书籍

实物周边

线下实操

教学课件下载步骤

步骤一

登录“工业机器人教育网”

www.irobot-edu.com，菜单栏单击【职校】

步骤二

单击菜单栏【在线学堂】下方找到您需要的课程

步骤三

课程内视频下方单击【课件下载】

咨询与反馈

尊敬的读者：

感谢您选用我们的教材！

本书有丰富的配套教学资源，在使用过程中，如有任何疑问或建议，可通过邮件（edubot@hitrobotgroup.com）或扫描右侧二维码，在线提交咨询信息。

全国服务热线：400-6688-955

（教学资源建议反馈表）

先进制造业人才培养丛书

工业机器人

教材名称	主编	出版社
工业机器人技术人才培养方案	张明文	哈尔滨工业大学出版社
工业机器人基础与应用	张明文	机械工业出版社
工业机器人技术基础及应用	张明文	哈尔滨工业大学出版社
工业机器人专业英语	张明文	华中科技大学出版社
工业机器人入门实用教程(ABB机器人)	张明文	哈尔滨工业大学出版社
工业机器人入门实用教程(FANUC机器人)	张明文	哈尔滨工业大学出版社
工业机器人入门实用教程(汇川机器人)	张明文、韩国震	哈尔滨工业大学出版社
工业机器人入门实用教程(ESTUN机器人)	张明文	华中科技大学出版社
工业机器人入门实用教程(SCARA机器人)	张明文、于振中	哈尔滨工业大学出版社
工业机器人入门实用教程(珞石机器人)	张明文、曹华	化学工业出版社
工业机器人入门实用教程(YASKAWA机器人)	张明文	哈尔滨工业大学出版社
工业机器人入门实用教程(KUKA机器人)	张明文	哈尔滨工业大学出版社
工业机器人入门实用教程(EFORT机器人)	张明文	华中科技大学出版社
工业机器人入门实用教程(COMAU机器人)	张明文	哈尔滨工业大学出版社
工业机器人入门实用教程(配天机器人)	张明文、索利洋	哈尔滨工业大学出版社
工业机器人知识要点解析(ABB机器人)	张明文	哈尔滨工业大学出版社
工业机器人知识要点解析(FANUC机器人)	张明文	机械工业出版社
工业机器人编程及操作(ABB机器人)	张明文	哈尔滨工业大学出版社
工业机器人编程操作(ABB机器人)	张明文、于霜	人民邮电出版社
工业机器人编程操作(FANUC机器人)	张明文	人民邮电出版社
工业机器人编程基础(KUKA机器人)	张明文、张宋文、付化举	哈尔滨工业大学出版社
工业机器人离线编程	张明文	华中科技大学出版社
工业机器人离线编程与仿真(FANUC机器人)	张明文	人民邮电出版社
工业机器人原理及应用(DELTA并联机器人)	张明文、于振中	哈尔滨工业大学出版社
工业机器人视觉技术及应用	张明文、王璐欢	人民邮电出版社
智能机器人高级编程及应用(ABB机器人)	张明文、王璐欢	机械工业出版社
工业机器人运动控制技术	张明文、于霜	机械工业出版社
工业机器人系统技术应用	张明文、顾三鸿	哈尔滨工业大学出版社
机器人系统集成技术应用	张明文 何定阳	哈尔滨工业大学出版社
工业机器人与视觉技术应用初级教程	张明文 何定阳	哈尔滨工业大学出版社

智能制造

教材名称	主编	出版社
智能制造与机器人应用技术	张明文、王璐欢	机械工业出版社
智能控制技术专业英语	张明文、王璐欢	机械工业出版社
智能制造技术及应用教程	谢力志、张明文	哈尔滨工业大学出版社
智能运动控制技术应用初级教程(翠欧)	张明文	哈尔滨工业大学出版社
智能协作机器人入门实用教程(优傲机器人)	张明文、王璐欢	机械工业出版社
智能协作机器人技术应用初级教程(遨博)	张明文	哈尔滨工业大学出版社
智能移动机器人技术应用初级教程(博众)	张明文	哈尔滨工业大学出版社
智能制造与机电一体化技术应用初级教程	张明文	哈尔滨工业大学出版社
PLC编程技术应用初级教程(西门子)	张明文	哈尔滨工业大学出版社

教材名称	主编	出版社
智能视觉技术应用初级教程(信捷)	张明文	哈尔滨工业大学出版社
智能制造与PLC技术应用初级教程	张明文	哈尔滨工业大学出版社

工业互联网

教材名称	主编	出版社
工业互联网人才培养方案	张明文、高文婷	哈尔滨工业大学出版社
工业互联网与机器人技术应用初级教程	张明文	哈尔滨工业大学出版社
工业互联网智能网关技术应用初级教程(西门子)	张明文	哈尔滨工业大学出版社
工业互联网数字孪生技术应用初级教程	张明文、高文婷	哈尔滨工业大学出版社

人工智能

教材名称	主编	出版社
人工智能人才培养方案	张明文	哈尔滨工业大学出版社
人工智能技术应用初级教程	张明文	哈尔滨工业大学出版社
人工智能与机器人技术应用初级教程(e.Do教育机器人)	张明文	哈尔滨工业大学出版社